高等学校通用教材

Verilog SOPC 高级实验教程

夏宇闻　黄　然　等编著

北京航空航天大学出版社

内 容 简 介

Verilog SOPC 高级实验教程是为学习 Verilog 语言之后,想在 FPGA 上设计并实现嵌入式数字系统的人们而专门编写的。本实验教程是《Verilog 数字系统设计教程》(第 2 版)的后续课程,是姊妹篇。本书通过由浅入深的 10 个实验,详细地介绍了 ModelSim 6.0 和 Quartus Ⅱ 8.1 的操作步骤,扼要地介绍了 Quartus Ⅱ 8.1 的主要设计资源和 SOPCBuilder 等工具的应用方法,并阐述了如何配合自己设计的 Verilog 模块和 FPGA 中的内嵌处理器 Nios Ⅱ 等现成 IP 资源,设计并实现高性能嵌入式硬件/软件系统。本实验教程也可以作为集成电路设计专业系统芯片(SoC)前端逻辑设计和验证课程的实验教材。为了使阐述的内容更加具体,本教程中的每个实验均选用 Altera FPGA(型号为 Cyclone Ⅱ EP2C35F672C8)实现,并在革新科技公司专业级实验平台 GX-SOC/SOPC 运行通过。

本书可作为电子信息、自动控制、计算机工程类大学本科高年级学生和研究生的教学用书,亦可供其他工程技术人员自学与参考。

图书在版编目(CIP)数据

Verilog SOPC 高级实验教程/夏宇闻,黄然等编著. — 北京:北京航空航天大学出版社,2009.9
 ISBN 978-7-81124-882-1

Ⅰ.V… Ⅱ.①夏…②黄… Ⅲ.硬件描述语言,Verilog—程序设计—教材 Ⅳ.TP312

中国版本图书馆 CIP 数据核字(2009)第 143172 号

Verilog SOPC 高级实验教程
夏宇闻 黄 然 等编著
责任编辑 金友泉

*

北京航空航天大学出版社出版发行
北京市海淀区学院路 37 号(100191) 发行部电话:010-82317024 传真:010-82328026
http://www.buaapress.com.cn,E-mail:bhpress@263.net
涿州市新华印刷有限公司印装 各地书店经销

*

开本:787 mm×1 092 mm 1/16 印张:17 字数:435 千字
2009 年 9 月第 1 版 2009 年 9 月第 1 次印刷 印数:5 000 册
ISBN 978-7-81124-882-1 定价:33.00 元(内配光盘)

序 言

我们知道,经过仿真证明是正确的 RTL Verilog 模块可以通过 EDA 工具综合成逻辑网表,并通过布局布线工具与物理电路对应起来。因此,正确无误的 RTL Verilog 模块可以很方便地转换成与某具体工艺对应的物理电路。这就是为什么说 RTL Verilog 模块比固定电路具有更大灵活性的缘故。RTL 模块不但可以映射到不同工艺和原理的基本电路,而且可以通过 Verilog HDL 语言支持的参数,将配置的参数值传入 RTL 模块,从而产生灵活多变的系列物理电路。

在本实验教程中,将从设计简单的模块开始,将其参数化,又通过参数设置将其转换成一个规模较大的电路。可以通过综合工具将其转变成逻辑网表,然后由布局布线工具将网表转换成某种 FPGA 芯片或某种工艺的物理电路。在本实验教程中,为了方便起见,只将其转换成 Altera Cyclone Ⅱ EP2C35 FPGA 实验板上能运行的物理电路。首先经过 ModelSim 仿真已被证明行为和时序都正确的 Verilog 模块,配置引脚后还需要进行一次布局布线,然后将所生成的物理电路文件下载到 Cyclone Ⅱ FPGA 实验板上,通过硬件运行,再一次验证所设计的电路是正确的,这样就有了一个随时可以使用的 RTL 模块。逐个积累每个模块的设计资源,再将这些模块配合系统中已经有的宏模块构成很大的系统,从而完成具有自己知识产权的复杂芯片设计。由此可见,所谓 SoC 芯片前端的逻辑设计过程,其实只是在理解芯片(设计项目)的功能和原理基础上,将其分割成可以操作的多个模块,逐块加以实现和验证,最后合在一起在大型 FPGA 上验证的过程。

在 Altera Quartus Ⅱ 8.1 的工具包中包含许多已经验证的宏模块(megacore),这些宏模块为设计者构建复杂数字系统提供了极大的便利。由于开发环境中已经有许多可以利用的资源,所以,合理地利用免费的或者需要付一定费用的技术资源能显著加快设计的进度,提高设计的质量。这对数字系统设计师而言,无疑是一个很重要的环节,使得我们能对商业化的设计资源进行估价,根据市场的大小、上市进度,以及设计经费的预算等因素,迅速地做出采用商业化 IP 资源的权衡和决策,并加以实施。这些能力是 SoC 设计师应该具备的。

在本实验教程中,第 1 讲至第 5 讲和实验是为了介绍 ModemSim 仿真工具和 Quartus Ⅱ 综合工具的使用,以及基本的设计方法、RTL 功能仿真、时序仿真和硬件运行仿真的概念;第 6 讲到第 10 讲内容和实验是为学习如何创建和利用现成的 IP 资源而专门设计的。

在本实验教程的后面,有很大一部分涉及 Nios Ⅱ CPU 核的使用。任何复杂的数字系统都离不开负责处理人机界面、数学计算、系统内存管理、进程管理,和外设管理等基本操作的 CPU。学会利用 Altera Quartus Ⅱ 的 SopcBuilder 工具,合理地配置系统所需要的嵌入式处理器核,并与自己设计的模块结合而构成一个完整的系统硬件架构,再配置合理的操作系统,并编写应用程序对于 SoC 系统的前端设计都是非常重要的。

SoC 芯片前端设计包括的内容非常广泛,数字电路的设计只是基础,而更多的内容涉及现成资源的合理配置和应用,特别是 CPU 资源的利用所涉及的面很广,不但有计算机体系结构、外围设备和操作系统的选择问题,还有运算速度和输入输出资源配套等问题。具体的设计方法不但与想要实现系统的功能技术指标有关,还与各种 EDA 开发环境密切相关。因此编写这样的教材具有相当大的难度。作为教师只能为学生举几个具体例子,如配合想要设计的系统功能要求,做一定的合理划分,给每个模块分配确定的技术指标;找到并熟悉宏函数库中的有关 IP 核的配置和使用;定义必须自己设计的 IP 核;在设计中将这些 IP 核的实例构成完整的硬件系统;编写相应的软件,并在硬件平台上进行实际运行调试。本书中的许多实验是专门为以上教学目标而编写的。

负责 SoC 设计课题的指导教师,应该挑选有学习主动性的学生,利用寒暑假,集中一至三月以上的时间,或者利用本科生的毕业设计时间,就系统原理、体系结构、现成资源的应用、操作系统的选择和改进、应用软件程序编制等主题进行深入的讨论,分工协作共同完成设计任务,并对设计工作中的优缺点进行有针对性的讲评,鼓励有创造精神的学生。教师必须有意识地培养设计小组的团队精神,唯有这样才能加快培养我国新一代的 SoC 设计大师,争取我国 IC 设计界的业务水准在未来的 10 年内逐步接近和赶上世界先进水平。

我们还将陆续推出一些用硬件实现快速算法基础的原理性实验资料。其目的是让学生能通过实践透彻地理解把复杂算法转变成为特定硬件来提高运算速度的原理,从而理解算法性能的提高是与硬件设计密切相关的;灵活运用实验教程中的原理,便于将其应用到课题研究中去。特定算法的硬件研究开发是嵌入式系统应用的重要方面之一,也是关系到国防电子产品和高级消费类电子产品发展的关键技术。

2006 年我从北京航空航天大学退休后,先后受北京神州龙芯和巨数 IC 设计公司的邀请,到公司担任培训和顾问工作。本书的编写工作是在巨数 IC 设计公司支持下完成的。本实验教程的许多例子是从作者多年来为学校和公司培训 FPGA 设计工程师而专门编写的教材中精选的。2006 年初我与革新科技公司合作,带领四位硕士研究生杨雷、陈先勇、杨鑫、徐伟俊,根据革新科技公司提出的需求开发了一个由 FPGA 直接控制的 LCD 显示器和配套的演示软件。最后三讲中的 LCD 控制器硬件/软件接口实验是根据这个项目,为实现教学目标,经多次简化修改后定稿的。这个原创性的开发工作,对本实验教程的技术水准有至关重要的影响。作为本实验教程的合作者黄然、甘伟、陈岩和徐树,在学习期间帮助作者核对和整理了本教材中从第 1 讲到第 10 讲的全部实验资料。《Verilog SOPC 高级实验教程》是在这些实验材料的基础上,由我和所有这些年轻人经过多次共同讨论,互相启发,前后总共花费两年半时间编写成。初稿完成后,石家庄军械学院的满梦华老师认真审查了全书的实验,并把所有插图更新为 Quartus Ⅱ 8.0 版本。特别应该感谢黄然工程师,他提出了许多宝贵的修改意见,把所有插图更新为 Quartus Ⅱ 8.1 版本,再次核对了所有实验代码,做了相应的文字调整,补充了关于软件设计说明的小节,完成了所有思考题的标准答案,并且下载了必要的英文资料,刻录了供出版用的,带有所有课堂实验和思考题解答源代码和 Quartus Ⅱ 8.1 工程文件的光盘中,方便了读者,提高了书的质量。全书的最后定稿由夏宇闻完成。

值此本书付梓之际,让我向巨数 IC 设计公司的商松董事长,邵寅亮技术总监,革新科技公司的沙时辉总裁,北京未名芯锐培训学校的曲韩宾校长和巨数 IC 设计公司的全体员工,以及所有为本书出版做出过贡献的人们表示衷心的感谢。

夏 宇 闻

北京巨数 IC 设计公司

目 录

第1讲 ModelSim SE 6.0 的操作 ································ 1
    1.1 创建设计文件的目录 ··· 2
    1.2 编写 RTL 代码 ··· 3
    1.3 编写测试代码 ··· 3
    1.4 开始 RTL 仿真前的准备工作 ································· 4
    1.5 编译前的准备、编译和加载 ··································· 5
    1.6 波形观察器的设置 ··· 5
    1.7 仿真的运行控制 ··· 5
    总　结 ··· 6
    思考题 ··· 6

第2讲 Quartus 8.1 入门 ·· 8
    2.1 Quartus Ⅱ 的基本操作知识 ································· 8
    2.2 Quartus Ⅱ 的在线帮助 ·· 9
    2.3 建立新的设计项目 ··· 9
    2.4 用线路原理图为输入设计电路 ······························ 12
        2.4.1 图块编辑器的使用 ······································ 12
        2.4.2 线路原理图文件与 Verilog 文件之间的转换 ········ 16
    2.5 编译器的使用 ·· 16
    2.6 对已设计的电路进行仿真 ···································· 19
    2.7 对已布局布线的电路进行时序仿真 ······················· 20
    总　结 ·· 21
    思考题 ·· 21

第3讲 用 Altera 器件实现电路 ··································· 23
    3.1 用 Cyclone Ⅱ FPGA 实现电路 ····························· 23
    3.2 芯片的选择 ··· 24
    3.3 项目的编译 ··· 26
    3.4 在 FPGA 中实现设计的电路 ································ 27
    总　结 ·· 35
    思考题 ·· 35

第 4 讲　参数化模块库的使用 ································ 37

4.1　在 Quartus Ⅱ 下建立引用参数化模块的目录和设计项目 ············ 37
4.2　在 Quartus Ⅱ 下进入设计资源引用环境 ·························· 37
4.3　参数化加法－减法器的配置和确认 ······························ 38
4.4　参数化加法器的编译和时序分析 ································ 43
4.5　复杂算术运算的硬件逻辑实现 ·································· 43
总　结 ·· 44
思　考　题 ··· 45

第 5 讲　锁相环模块和 SignalTap 的使用 ························ 48

5.1　在 Quartus Ⅱ 下建立引用参数化模块的目录和设计项目 ············ 48
5.2　在 Quartus Ⅱ 下进入设计资源引用环境 ·························· 49
5.3　参数化锁相环的配置和确认 ···································· 49
5.4　参数化锁相环配置后生成的 Verilog 代码 ························ 53
5.5　参数化 PLL 的实例引用 ·· 57
5.6　设计模块电路引脚的分配 ······································ 59
5.7　用 ModelSim 对设计电路进行布局布线后仿真图 ·················· 60
5.8　Signal Tap Ⅱ 的使用 ·· 62
　　5.8.1　Signal Tap Ⅱ 和其他逻辑电路调试工具的原理 ············ 63
　　5.8.2　调用 Signal Tap Ⅱ 的方法 ······························ 63
　　5.8.3　Signal Tap Ⅱ 的配置 ·································· 64
总　结 ·· 70
思　考　题 ··· 71

第 6 讲　Quartus Ⅱ SOPCBuilder 的使用 ·························· 73

6.1　Quartus Ⅱ SOPCBuilder 的总体介绍 ···························· 73
6.2　SOPCBuilder 人机界面的介绍 ·································· 73
6.3　将 Nios Ⅱ 处理器核添加到系统 ································ 75
6.4　部件之间连接的确定 ·· 76
6.5　系统内存部件的确定及其在系统中的添加 ························ 77
6.6　系统构成部件的重新命名和系统的标识符 ························ 78
6.7　基地址和中断请求优先级别的指定 ······························ 78
6.8　Nios Ⅱ 复位和异常地址的设置 ·································· 79
6.9　Nios Ⅱ 系统的生成 ·· 79
6.10　将配置好的 Nios Ⅱ 核集成到 MyNiosSystem 项目 ················ 81
6.11　用 Nios Ⅱ 软件集成开发环境 IDE 建立用户程序 ················ 83
6.12　软件代码解释 ·· 87
总　结 ·· 88

思考题和实验 ……………………………………………………………………… 88

第7讲 在 Nios Ⅱ 系统中融入 IP …………………………………………………… 91

7.1 Avalon 总线概况 ………………………………………………………………… 91
7.2 设计模块和信号输入电路简介 ………………………………………………… 92
   7.2.1 LED 阵列显示接口的设计（leds_matrix.v） ……………………………… 92
   7.2.2 按钮信号的输入（button.v） ……………………………………………… 98
7.3 硬件设计步骤 …………………………………………………………………… 100
   7.3.1 建一个目录放置设计文件 ………………………………………………… 100
   7.3.2 创建设计的组件 …………………………………………………………… 101
   7.3.3 Nios Ⅱ 系统的构成 ………………………………………………………… 105
   7.3.4 对 Verilog 文件的归纳和编写设计项目的顶层文件 …………………… 108
   7.3.5 用.tcl 文件对 FPGA 引脚的定义 ………………………………………… 110
   7.3.6 对项目的编译 ……………………………………………………………… 113
   7.3.7 把编译生成的电路配置代码下载到 FPGA …………………………… 114
7.4 软件设计步骤 …………………………………………………………………… 114
   7.4.1 建立软件程序目录并调用 Nios Ⅱ IDE ………………………………… 114
   7.4.2 程序的运行 ………………………………………………………………… 118
总 结 ……………………………………………………………………………………… 118
思 考 题 …………………………………………………………………………………… 119

第8讲 LCD 显示控制器 IP 的设计 ………………………………………………… 121

8.1 LCD 显示的相关概念介绍 ……………………………………………………… 121
   8.1.1 位图的基础知识 …………………………………………………………… 121
   8.1.2 位图的尺寸 ………………………………………………………………… 122
   8.1.3 位图颜色 …………………………………………………………………… 122
   8.1.4 地址的线性、矩形选择 …………………………………………………… 122
   8.1.5 alpha 混合 …………………………………………………………………… 122
   8.1.6 TFT-LCD 彩色显示控制时序图 ………………………………………… 123
   8.1.7 显示器控制接口（IP）知识产权核介绍 ………………………………… 124
8.2 显示控制器 IP 核总体结构及其与嵌入式 Nios Ⅱ 处理器核的关系 ………… 125
8.3 端口信号的说明 ………………………………………………………………… 127
8.4 显示控制器 IP 核的基本操作 ………………………………………………… 128
8.5 显示控制器 IP 寄存器的说明 ………………………………………………… 128
   8.5.1 寄存器总体介绍 …………………………………………………………… 128
   8.5.2 控制寄存器组 ……………………………………………………………… 129
   8.5.3 时序寄存器组 ……………………………………………………………… 130
   8.5.4 背景层相关寄存器组 ……………………………………………………… 131
8.6 模块划分及模块功能简介 ……………………………………………………… 132

8.7　LCD IP 模块的测试 …… 137
8.8　在 SOPC 系统中应用 LCD 显示控制器 IP 核 …… 137
8.9　构建 SOPC 系统 …… 145
8.10　引脚分配 …… 151
8.11　软件开发 …… 153
8.12　软件代码解释 …… 158
总　结 …… 158
思 考 题 …… 159

第 9 讲　BitBLT 控制器 IP …… 161

9.1　图形加速及 BitBLT 相关概念介绍 …… 161
  9.1.1　位图和 BitBLT …… 162
  9.1.2　调色板 …… 162
  9.1.3　颜色扩展 …… 163
  9.1.4　颜色键控 …… 163
  9.1.5　光栅操作 …… 163
9.2　BitBLT 控制器 IP 介绍 …… 164
  9.2.1　BitBLT 控制器 IP 结构和系统结构框图 …… 164
  9.2.2　BitBLT 控制器 IP 寄存器说明 …… 166
  9.2.3　BitBLT 控制器 IP 模块说明 …… 167
9.3　BitBLT 控制器 IP 使用示例 …… 169
  9.3.1　构建 SOPC 系统 …… 169
  9.3.2　引脚分配 …… 173
  9.3.3　软件开发 …… 176
  9.3.4　软件源程序 …… 182
  9.3.5　软件代码解释 …… 189
总　结 …… 190
思 考 题 …… 191

第 10 讲　复杂 SOPC 系统的设计 …… 192

10.1　本讲使用的主要组件简介 …… 193
  10.1.1　LCD 控制器 …… 193
  10.1.2　BitBLT 控制器 …… 193
10.2　硬件设计步骤 …… 193
  10.2.1　Quartus Ⅱ 工程的建立 …… 193
  10.2.2　在工程中加入 LCD 控制器和 BitBLT 控制器 …… 194
  10.2.3　Nios Ⅱ 系统的构成 …… 194
  10.2.4　编写设计项目顶层文件 …… 194
  10.2.5　FPGA 引脚定义 …… 194

  10.2.6 编译和下载项目 …… 194
 10.3 软件开发 …… 194
  10.3.1 软件程序介绍 …… 194
  10.3.2 软件结构 …… 195
  10.3.3 软件源程序 …… 195
  10.3.4 软件代码解释 …… 203
 总 结 …… 203
 思 考 题 …… 205
本书的结束语 …… 206

附录 GX-SOC/SOPC 专业级创新开发实验平台 …… 207
 附录1 GX-SOC/SOPC-DEV-LAB Platform 开发实验平台概述 …… 207
 附录2 GX-SOC/SOPC-DEV-LAB Platform 创新开发实验平台简介 …… 209
 附录3 GX-SOC/SOPC-DEV-LAB Platform 创新开发实验平台的组成和结构 …… 210
 附录4 GX-SOPC-EP2C35-M672 Cyclone Ⅱ 核心板硬件资源介绍 …… 253

参考文献 …… 259

第1讲 ModelSim SE 6.0 的操作

前 言

在《Verilog 数字系统设计教程》中我们学习了 Verilog 的语法,学习了如何用 Verilog 语言来描述可综合成实际电路的组合逻辑、时序逻辑、状态机和复杂数字系统,最后学习了如何用描述行为的 Verilog 测试模块对被设计的复杂电路进行全面的测试和仿真。但这并没有深入讲解设计过程中所使用的工具,以及如何借助于仿真和综合工具,逐步实现设计电路的细节。

在本讲中将通过一个简单的设计示例,首先介绍如何使用 ModelSim SE 6.0 工具进行功能仿真,然后在以后几讲中分别介绍 Quartus Ⅱ 8.1 工具,以及如何在 FPGA(Altera Cyclone Ⅱ EP2C35F672C)上实现数字逻辑电路,产生时序仿真必须的带延迟的门级模型。在此基础上,学生可以自己动手在开发平台上,下载 Quartus Ⅱ 工具生成的电路构造信息,生成具体的物理电路,从而进行一系列实验。实验的安排从简单到复杂,循序渐进,直至利用商业化的 CPU 核和高级的外围 IP 核,并配合自己设计的 IP 核,在 FPGA 上实现极其复杂的数字系统的硬/软件设计。

为了使讲解更具体和更具有针对性,将选用网络上可以下载的,并在 PC 机上运行的 ModelSim 和 Quartus Ⅱ 两个工具,以及性能稳定可靠的革新科技公司开发的 FPGA 平台,作为硬/软件运行的实验环境。同学们在掌握工具的基础上,阅读本教程,就可以自己动手逐个完成教程指定的示范实验,并按照思考题改进设计,在开发平台上运行自己设计的逻辑电路和系统。

这样的独立自主的实验活动,无疑能提高同学们的学习兴趣,培养团队精神和解决实际问题的能力。作者建议有数字系统设计教学任务的电子、计算机和控制工程专业的院系应该提供相应的实验室和设备,利用寒假和暑假,24 h 对学生开放。在完成教学任务的基础上,集中一至三个月以上的时间,鼓励有兴趣的学生独立完成整套实验,由负责教师进行讲评。只有采用启发式的教学方法,注重实际动手能力的培养,未来中国集成电路的前端设计人才会源源不断地涌现。

设计数字电路必须首先了解电路的功能,如果功能很简单,可以立即开始编写寄存器传输级(RTL)代码。例如要设计一个 2 选 1 多路选择器,就可以用 ModelSim 所带的文本编辑器或者任何一种文本编辑器编写一个模块,存入指定的目录。如果功能比较复杂,就需要认真分析,将其分割成可以操作的功能块,逐块加以解决。

为了使同学们入门容易,先从如下简单的例子开始,学习工具的使用步骤,然后通过循序渐进的实验练习,构建起一个比较复杂的数字系统。

1.1 创建设计文件的目录

设计工作的第一步是在计算机的文件系统中创建一个目录,目录的名称要反映设计的内容,例如 C:\vlogexe\book\muxtop。这里设计的模块是一个位宽可变的 2 选 1 多路器。为了达到设计目标,首先设计一个位宽为 1 的 2 选 1 多路器。单击 ModelSim 图标,随即弹出 ModelSim SE 6.0 的主窗口,如图 1.1 所示。

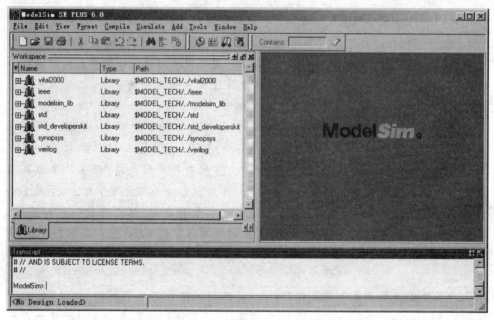

图 1.1 ModelSim SE 6.0 主窗口

主窗口分成三部分:工作空间(workspace)子窗口、主窗口内容和执行情况报告子窗口(Transcript)。单击子窗口右上角带箭头的符号,可以将子窗口脱离主窗口单独显示,再次单击又可以回到主窗口。子窗口的分布和大小可以通过鼠标调整,也可以通过单击主窗口主菜单栏的 Window 命令进行设置。

有些命令,必须按顺序访问两个或者两个以上的菜单。为了简单地说明命令的使用步骤,可约定使用:菜单1>菜单2>具体项 来表示选择操作命令的步骤。用户先在菜单1有关项上单击鼠标的左键,然后在此产生的下拉或弹出菜单2中单击具体项。举例说明如下:可以通过单击子窗口右上角的图标按钮将子窗口独立出来、放大、缩小或者关闭。而单击 Window>InitialLayout 命令就可以把分布很乱的子窗口恢复原始状态。大家可试验一下,如何正式开始整个设计过程。

单击主窗口中的命令序列:File>Change Directory...,在弹出的窗口上选择工作目录为:C:\vlogexe\book\muxtop,这样就把工作路径改到指定目录下了。然后单击命令 File>New>Source>Verilog,随即在主内容窗口上出现文本编辑窗口,设计者就可以开始编写 Verilog 代码。

1.2 编写 RTL 代码

[例1] 设计一个位宽可变的 2 选 1 多路器。

学习过《Verilog 数字设计教程》的同学,可以很容易地编写出如下的 Verilog 代码:

```
module  mymux(a,b,sel,out);
`parameter  width= 1;
input sel;
input  [width- 1:0] a;
input  [width- 1:0] b;
output [width- 1:0] out;
reg [width- 1:0] out;
always @ (*)      //Verilog 2001支持用这种方式表达敏感列表
    if(sel)
        out= a;
    else
        out= b;
endmodule
```

将以上文件存入 C:\vlogexe\book\muxtop\mymux.v 文件中。再编写以下代码,m2 实例引用了上面已设计的模块 mymux,并将参数(parameter)width 在 m2 中重新定义为 2。在 m2 实例引用 mymux 时,用 #2 将新定义的参数 width=2 传入。完整的代码如下所示:

```
module muxtop(sel,a2,b2,out2);
input sel;
input  [1:0]  a2,  b2;
output [1:0]  out2;

mymux  # 2  m2(.a(a2),.b(b2),.sel(sel),.out(out2));

endmodule
```

将以上文件存入 C:\vlogexe\book\muxtop\mux_top.v 文件中。

1.3 编写测试代码

为了验证设计的 RTL 代码是否正确,还需要编写测试模块。测试 muxtop 模块的代码如下所示:

```
`timescale 1ns/1ns
`define period 100
module t;
reg sel;
reg clk;
reg[1:0]  a2,  b2;
```

```
wire [1:0] out2;
initial
begin
    clk= 0;                          //时钟值初始化
    sel= 1;
    # (1000* `period)MYMstop;        //等待 1 000 个周期后停止仿真
end
always# (`period/2)  clk = ~ clk;    //产生测试用时钟
always# (`period* 20)  sel = ~ sel;  //产生选择信号的改变
always @ (posedge clk)
    begin
      # 1  a2= {MYMrandom} % 4;      //位拼接符可以使$ramdom 只产生正的随机数
      # 2  b2= {MYMrandom} % 4;      //产生 0~3 之间的随机数序列
    end

  muxtop  m1(.a2(a2),.b2(b2),.out2(out2),.sel(sel));

endmodule
```

将以上文件存入 C:\vlogexe\book\muxtop\t.v 文件中。

1.4　开始 RTL 仿真前的准备工作

在进行功能仿真前,必须先建立一个 Library(库)来记录有关功能仿真的信息。命令序列为:File＞New＞Library,随即弹出一个对话框,键入 Library(库)的名字,随便起一个名字即可,但最好有含义,例如现在是做功能仿真,起名 RTLsim 比较合适。起完名后,在工作空间的子窗口就能见到生成一个空的 RTLsim 新目录。然后单击主窗口上的编译图标(类似几页纸上面一个蓝色的向下箭头),或者用命令序列:Compile＞Compile…,随即弹出一个初次编译对话窗口,如图 1.2 所示。

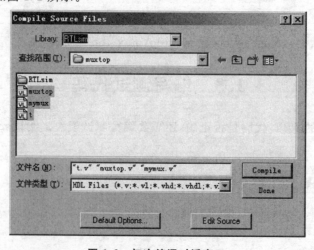

图 1.2　初次编译对话窗口

1.5 编译前的准备、编译和加载

编译前的准备、编译和加载步骤是：单击 Library 选择框的右侧，在出现的下拉菜单中选择 RTLsim，然后选择 mymux.v，muxtop.v，t.v，单击上述窗口中的 Compile，即可完成编译。随后在主窗口中的工作空间子窗口中的 RTLsim 目录中就会出现这三个文件的名字，说明编译顺利通过。在报告子窗口中也有信息表明编译顺利完成。如果编译出现错误，双击报告子窗口中出现的错误信息，便能自动地提示发生错误的程序行，帮助设计者发现错误。双击工作空间子窗口中 RTLsim 目录下的 t，随即就可以将编译后的代码加载到仿真器。必须注意 Library 的名称是你想要的(本例子中为 RTLsim)，编译后的信息都记录在这个库中。如果加载成功，就可以准备波形观察器的信号设置。如果加载不成功，报告子窗口中将出现错误信息提示，必须认真分析错误信息，从而找到问题出在哪里。加载成功后，工作空间子窗口将自动从 Library 子窗口转移到 sim 子窗口。

1.6 波形观察器的设置

在工作空间(workspace)子窗口 sim 中，右击想要观察波形的模块 t，然后在出现的菜单上单击 Add＞Add to Wave 项，就出现带有可观察信号的波形框图。若还需要观察其他模块的信号波形，可以用类似方法添加。

1.7 仿真的运行控制

单击波形观察器窗口上面(图案为文本右侧有一个蓝色双箭头)的 Run－All 图标，就可以将测试模块运行到结束，因为在测试程序 t 中，设置了控制仿真时间(注意：t 模块中，initial 块中的最后一句语句是 #1000 * `period $stop;)，所以，到指定时间仿真会自动停止，就可以显示仿真波形。也可以在主窗口下的 Transcript 子窗口下键入命令：run 100000。还可以用主窗口台头下的命令序列：Simulate＞Run＞Run－All，或者其他选择项。设计者可以根据实际情况，自行控制运行的时间延续时间。muxtop RTL 级 Verilog 模块的仿真波形如图 1.3 所示。

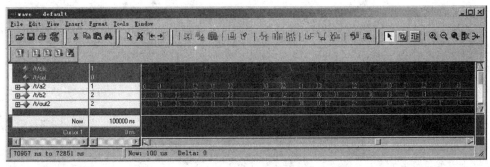

图 1.3 muxtop RTL 级 Verilog 模块的仿真波形

从波形图上可以清楚地看到当 sel 信号为 1 时,输出信号 out2＝a2;而当 sel 信号为 0 时,输出信号 out2＝b2。因此,这个 2 选 1 多路器的功能是正确的。由于测试信号是随机发生的,所以,可以测试很长的时间,设计者可以仔细地观察波形,发现问题就及时修改。波形观察器上显示的数据的格式可以单击信号名,然后通过波形观察器菜单栏命令 format＞Radix＞unsigned 来改变。默认情况下显示的是二进制数。波形内数据的格式可以有多种选择,也可以将波形显示的数字转变成波形幅度,总之变化是非常丰富的。必须认真阅读 Help 有关细节才能有更多的了解,多实践,就能丰富自己的实际操作经验,从而更加灵活地应用环境资源。

到目前为止,我们已经讲解了:

(1) 怎样用 RTL Verilog 设计位宽可变的 2 选 1 多路器的基本方法;

(2) 怎样编写行为模块对设计模块进行的测试,观察波形以进行功能验证。

在第 2 讲中,将讲解如何用 Quartus 进行综合,产生可以进行布线后仿真的 Verilog 模块,在这里仍旧用 ModelSim 对其进行布线后的 Verilog 模型进行仿真,以进一步确认设计的正确性。如果布线后仿真是正确的,就可以通过 Quartus Ⅱ 工具将生成的逻辑配置信息下载到 FPGA 芯片中,利用革新科技公司的开发平台,试验实现电路的功能是否正确。

总 结

第 1 讲介绍的方法是最基本的,ModelSim SE 6.0 以上版本有非常强大的功能,同学们若想要全面地掌握这个工具,必须认真阅读与 ModelSim 工具有关的手册,更重要的是必须敢于实践,勤于实践,不断地摸索。读者可以利用这个例子,改动程序,故意让程序出错,然后观察系统的反应,用系统提示的错误信息,查找设计中的错误,随意做各种试验,以逐步了解每个窗口的各种命令和选择项的含义。

思 考 题

(1) 为什么必须首先定义一个自己的目录来放置设计文件? 这样做有什么好处?

答:为了与 ModelSim 原有的库相区别,创建一个自己的工作目录。

(2) 如何将 ModelSim 环境中的路径转变到自己设置的目录?

答:方法一,File＞change directory。

方法二,可以把带扩展名 .v 的源程序与 ModelSim 关联起来,单击 Verilog 源文件就可把 ModelSim 自动引入文件所在目录。

(3) 为什么每次设计之前必须新建 Library?

答:ModelSim 的 Library 是用来记录编译过程中产生的信息,如果不建立 Library,工具就无法知道编译后的信息放在哪里。因而无法开始编译工作。

(4) Verilog 模块编译时产生的信息记录在什么地方?

答:产生的信息记录在 Library 中,运行信息显示在 Transcript 窗口中。

(5) 如何使用编译工具? 有几种方式启动编译工具?

答:方法一,Compile 菜单;方法二,单击编译图标。

(6) 为什么每次使用独立编译窗口时,必须核对一下 Library 是否正确?

答:防止将编译得到的库错误存入到其他原有库中,默认并不一定是自己创建的库。

(7) 如果在编译过程中发现错误怎么办?如何利用报告子窗口的错误提示信息?

答:双击错误地方可跳转到相应出错地点。

(8) 如何根据这些错误信息发现代码中的问题?

答:见(7)。

(9) 什么是加载?如果加载出现错误怎么办?

答:加载即将编译产生的代码加载到仿真器中。如果出错,查看编译后的记录是否正确。

(10) 加载成功后 ModelSim 自动激话波形观察器的设置环境,如何设置想要观察的信号波形?

答:Add＞Add to Wave。

(11) 怎样开始运行仿真?有几种方式可以启动仿真?如果程序中没有仿真时间控制,Run－all 会发生什么情况?如何停止无穷长时间的仿真?

答:方法一,在 Transcript 子窗口下键入 run xxxx;

　　方法二,Simulate＞Run＞Run‐All;

　　方法三,用图标直接执行。

如果没有仿真时间控制,Run－All 会一直让仿真持续。用户可以使用 Simulate＞break 让仿真停住。

(12) 如何改变显示信号波形中的数据格式?

答:Format＞Radix＞…。

(13) 是否可以将显示的数据转变成幅度大小不一且类似连续模拟信号的台阶显示?

答:选中想显示的数据信号,在主菜单的 Format＞Analog 下将显示的数据转变的幅度大小的类似连续模拟信号。

(14) 自己动手在 ModelSim 上重复做一遍第 1 讲的实验。

答:按第 1 讲的方法步骤细致认真地重做书中实验。

(15) 修改 muxtop.v 的 Verilog 代码,将该多路器选择的 a,b 两路信号的位宽改为 8。

答:见书中所附光盘的源代码和仿真波形部分。

(16) 分别用实例引用的办法和用 RTL 级的 always 语句描述,为每路 8 位宽共 4 路信号的 4 选 1 多路器,编写相应的可综合 Verilog 代码和测试代码,并注意选择信号的位宽,注意使用参数的好处。用 ModelSim 进行功能仿真,观察可综合模块在激励信号下生成的波形。

答:见书中所附光盘的源代码和仿真波形部分。

第 2 讲　Quartus 8.1 入门

前　言

在本讲中,我们将介绍 Quartus Ⅱ 8.1 开发工具最基本的使用方法。讲解 Quartus Ⅱ 几个主要窗口的功能和操作步骤,介绍几个重要的概念,诸如:设计项目(project)、设计文件、原理图和 Verilog 代码的关系,在设计中添加元件、编译、布局布线后仿真等。本讲还将介绍编译工具的四个模块(即步骤),讲解如何查阅编译报告,如何产生可进行时序仿真的 Verilog 文件,如何进行时序仿真,如何及时发现设计中的隐患。

2.1　Quartus Ⅱ 的基本操作知识

操作 Quartus 前必须做的准备工作是创建目录来放置设计文件,设计者可以将目录设置到计算机文件系统的任何路径下,电路的设计往往由多个分层次的文件组成,由最高层文件统管的设计文件组被称为项目(project)。Quartus Ⅱ 软件对项目文件组进行处理,并把处理所产生的信息保存到用户指定路径的目录中。

启动 Quartus Ⅱ 软件,读者可看到如图 2.1 所示的主窗口出现在计算机的显示屏上。该窗口由多个子窗口组成,这些窗口提供了 Quartus Ⅱ 软件的所有功能特性的访问途径,使用者可以用计算机鼠标在有关窗口上选取这些功能特性。

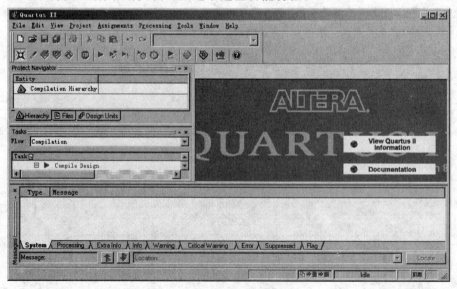

图 2.1　Quartus Ⅱ 8.1 的主窗口

由 Quartus Ⅱ 提供的大多数命令都可以用管理器主窗口菜单栏下的命令启动。例如，在图 2.1 中，在命令栏的 File 处左击，随即打开如图 2.2 所示的文件菜单，单击该菜单的 Exit，即可从 Quartus Ⅱ 处退出。一般情况下，只要是用鼠标选择，总是单击鼠标的左键。以后不再提及单击鼠标的哪个键，而只在个别有必要使用右键的场合，需要明确地加以说明。有些命令，必须按顺序访问两个或者两个以上的菜单。

这里约定：菜单 1＞菜单 2＞具体项来表示选择操作命令的步骤。用户先在菜单 1 上有关项上单击，然后在由此产生的下拉或弹出菜单 2 中单击具体项。例如，File＞Exit 表示先单击主窗口台头下面的 File 命令，再单击由此弹出的下拉菜单中的 Exit 项，便可以使系统从 Quartus Ⅱ 环境中退出。许多常用的 Quartus Ⅱ 命令也可以直接单击工具栏上图标按钮进行操作，这些图标按钮排列在主窗口菜单栏下面的工具栏中。

图 2.2　文件菜单

2.2　Quartus Ⅱ 的在线帮助

Quartus Ⅱ 提供在线帮助文档，可以帮助用户解答在使用该软件时遇到的大多数问题。通过管理器窗口的 Help 菜单可以访问在线帮助文档。选择 Help＞How to Use Help，随即显示可查询的在线帮助文档的全部目录。就第一次接触 Quartus Ⅱ 的读者而言，通过 Help 菜单浏览一下在线帮助文档总共包括哪些内容是很有必要的。

通过选择 Help＞Search，即可打开一个对话框，键入想要寻找的关键字，用户便可从在线帮助文档中找到想要搜寻的文件。还提供了另外一种方法，称为内容敏感的帮助（context－sensitive help），可以很快地找到特定题目的文档。在运行某个应用程序期间，按一下键盘上的 F1 功能键，便能打开帮助信息，随即展示该应用程序可用的各种命令。

2.3　建立新的设计项目

着手做一个新的设计项目必须做的第一件事情是定义一个新的设计项目（design project）。选择 File＞New Project Wizard 便可以弹出一个窗口，再按该窗口下的 Next 键便可得到图 2.3 所示的"设置工作目录和项目名"窗口。在第一个长方框内键入想要建立的目录名，设置工作目录，或用浏览器寻找已建立的目录：C:\vlogexe\book\muxtop。项目必须有特定的项目名，项目的命名与目录名相同或者不同都可以。现将这个项目命名为：muxtop，将其填入第 2 和第 3 个长方框内。因为用 Verilog 来描述这个设计，该文件就是 muxtop.v。接着按 Next 键，若还未创建目录：C:\vlogexe\book\muxtop，Quartus Ⅱ 显示一个如图 2.4 所示的弹出对话框，问是否想要创建目录。单击 Yes，便产生如图 2.5 所示的窗口。在该窗口中，设计者可以指定哪些现存的文件（如果有的话）应该包括本项目。在本例中，还有哪些层次低于 muxtop.v 的文件，如 mymux.v 等，所以，可以将最高层的文件名填入 New Project Wizard:Add Files 对话框的长方框内，然后单击 Next 键。

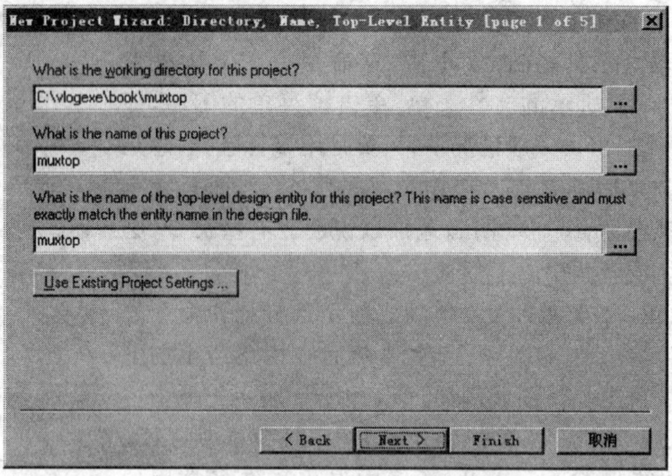

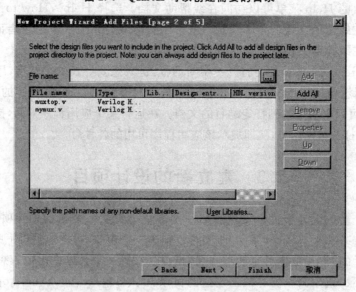

图 2.3 设置工作目录和项目名

图 2.4 Quartus 可以创建需要的目录

图 2.5 指定设计项目所包含的设计文件名

图 2.6 所示的窗口可用来指定实现设计电路的器件型号,也可以从器件列表中选择任何型号的器件来实现设计电路,Cyclone Ⅱ 系列的 FPGA 器件只是其中之一。在本书中将使用 Cyclone Ⅱ 系列器件,这是因为附录所介绍的开发平台和核心板使用的是 Cyclone Ⅱ EP2C35F672C8 型号的 FPGA 器件的缘故。

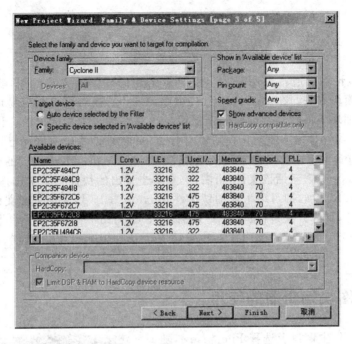

图 2.6　指定具体器件

此时，出现如图 2.7 所示的窗口。该窗口允许设计者指定第三方提供的 EDA 工具，该缩写来自于电子—设计—自动化三个英文词的头一个字母。在软件仿真时将选用 ModeSim 仿真器，所以，在 simulation 中 Tool name 对应的下三角按钮中单击，再选择 ModelSim，格式选择 Verilog，这样在综合后可以在项目的子目录 simulation 下的子目录 model-Sim，产生可以进行布线后仿真的文件 muxtop.vo 和布线延迟文件 muxtop_v.sdo。然后单击 Next 键，弹出一个屏幕并显示出已进行的操作，再单击 Finish 键便返回到如图 2.1 所示的 Quartus Ⅱ 8.1 主窗口，此时已经将 muxtop 指定为一个新项目了。

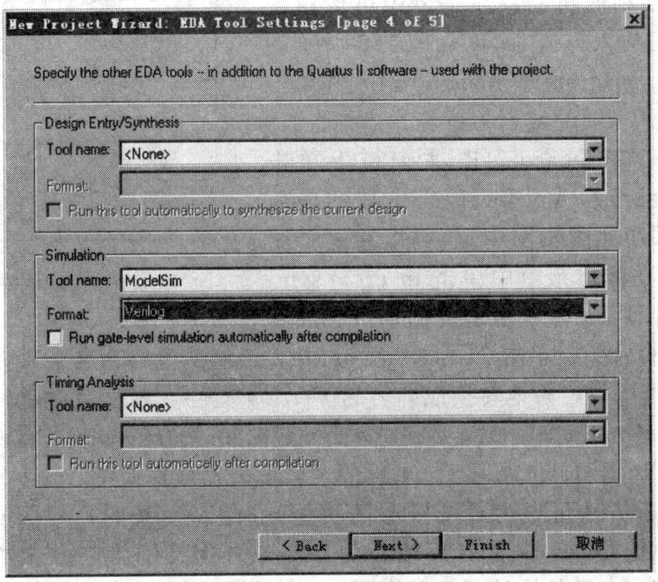

图 2.7　指定第三方提供的 EDA 工具

2.4 用线路原理图为输入设计电路

10多年前设计输入通常采用基本电路符号搭建原理图的方法,而目前通常采用编写Verilog代码的模块方法。在Quartus Ⅱ 环境中,Verilog模块可以很容易地转变为电路图块,因而用电路图块来搭建复杂电路的顶层设计也是一种很常用的方法。该方法就本质而言,与用Verilog编写顶层实例引用模块没有什么不同,只是手段不同而已。在项目浏览器(project navigator)下单击窗口标签Files,然后单击device design files前的+号小方块将其展开,再单击muxtop.v,激话该文件,再右击,在单击弹出的快捷菜单中选择Create Symbol Files for Current File项,即可以生成图块文件muxtop.bsf。线路原理图文件也可以转换成Verilog模块文件,具体方法是:激活有关文件后,在Quartus Ⅱ 主窗口台头栏上单击命令序列File>Create/Update>Create HDL Design File for Current File 就能自动地实现这个转换。

2.4.1 图块编辑器的使用

在 Quartus Ⅱ 主窗口上选择 File>New,随即出现如图2.8所示的窗口,并允许设计者选择所创建的文件类型。可选择的文件类型包括线路原理图、Verilog HDL 代码和其他的硬件描述语言文件,例如 VHDL 和 AHDL(Altera 公司专用的硬件描述语言)。也可以用第三方的综合工具来生成可表示电路逻辑结构的标准格式文件,这种格式称为EDIF(electronic design interface format,即电子设计接口格式)。该 EDIF 标准为 EDA 工具之间交流信息提供了一个便利的机制。在本节中可以用图说明线路原理图的输入方式,所以在图2.8所示的窗口中选择 Block Diagram/Schematic File 并单击OK。这个选择打开了图块编辑器的窗口,如图2.9右窗口所示。可以在 Quartus Ⅱ 主窗口上单击File>open,选取已经从 Verilog 代码生成的任何.bdf 文件图块,添加到逻辑图中;还可以在逻辑图窗口中通过单击,在弹出菜单中单击 insert>symbol…,在接着弹出的窗口中选取适当的部件添加到

图2.8 选择设计文件的类型

电路图中,在主窗口台头栏单击 File>Save as,并将绘制的电路命名存入设计项目目录。新生成的.bdf 文件可以很容易地转换成同名的 Verilog 文件。方法是在 Quartus Ⅱ 主窗口上单击 File>Create/Update>Create HDL Design File for Current File,在弹出的对话框中选择 Verilog,单击 OK 即可将扩展名为.bdf 的逻辑图转换成对应的 Verilog 文件。逻辑图转变为 Verilog 文件的方法可以为系统资源的实例化,编写复杂的顶层 Verilog 模块提供方便。可以很容易地把 Quartus Ⅱ 宏库或者 Quartus Ⅱ 支持的第三方软件库中的宏组件用逻辑符号的方法调到自己的设计项目逻辑图中,然后借助于以上方法,自动生成规模很大的

可综合的 Verilog 顶层模块。以后在复杂的设计项目中将用这种生成 Verilog 文件的方法。

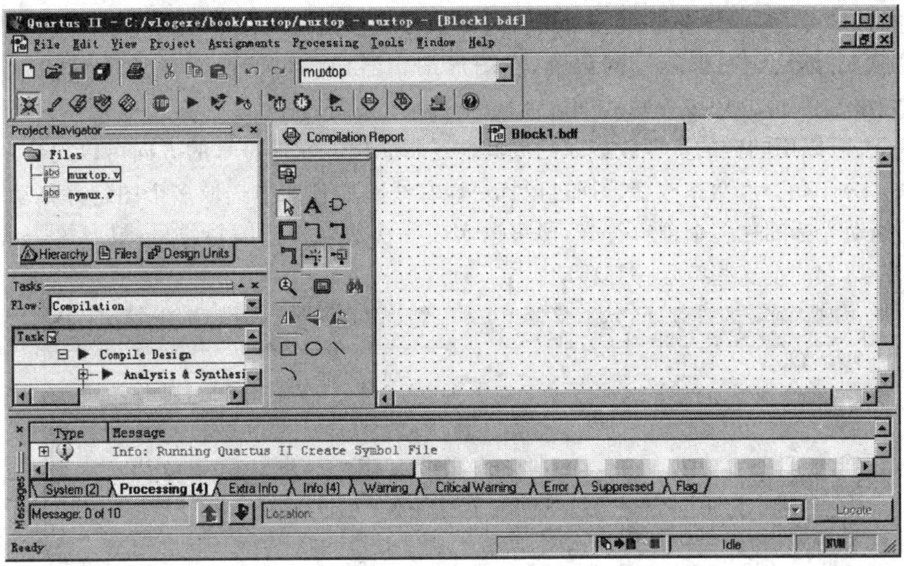

图 2.9 图块编辑器窗口

1. 输入由 Verilog 模块自动生成图块符号

在图块编辑器中的空白区右击,在弹出菜单上单击 insert>symbol…,随即弹出如图 2.10 所示的窗口。在该窗口图上,在 Libraries 框内选取 Project 目录下的 muxtop,可以用 Verilog 生成的 muxtop 电路块加入逻辑图。用同样的方法还可以添加 Quartus Ⅱ 符号库内的基本元件和宏元件,在标有 Libraries 的方框内列出了几个由 Quartus Ⅱ 提供的库。单击图 2.10 中 Libraries 方框中的＋号可以展开 Altera 库里面有许多现成的元件,从基本逻辑元件,到较复杂的宏组件都可以用相同的方法提取。

单击图 2.10 左下方的 OK,该逻辑符号就出现在新打开的 block1.bdf 图形文件框内。用鼠标将符号移动至它应该出现在线路图上的位置,单击后把该符号选取放置妥当,如图 2.11 所示。

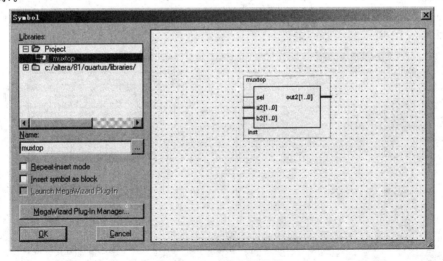

图 2.10 选择逻辑图符

线路原理图中的任何符号都可以用鼠标选取。移动鼠标将光标置于线路符号的上面，单击鼠标选取该符号，该符号颜色变亮。按下鼠标的按钮，拖拉鼠标，可以移动选取的符号。为了更加容易地确定图形符号的位置，在图形编辑器窗口里可以选择显示图形的定位格。选择的方法是：View>Show Guidelines。

接下去可以用同样的步骤放进非门或其他逻辑元件。元件符号的方向可以用命令 Edit>Rotate by Degrees>度数来改变。通过鼠标可以在线路原理图中选取多个图符并移动，只要单击鼠标，拖动光标圈住多个逻辑符号，便可以实现一次选取多个逻辑符号；只要单击其中某一个逻辑符号，就能把这些符号一起移动。

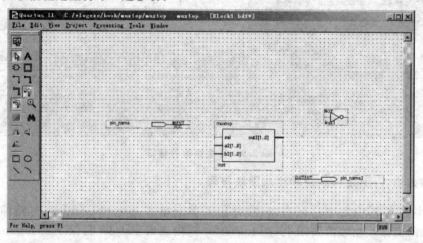

图 2.11　添加逻辑门的图符

2. 添加输入/输出符号

现在，辑门符号已经添加到线路原理图中去了，至此还需知道，在线路原理图中如何添加表示电路输入和输出端口的符号。再次打开原语库，向下拉动滚动条，在逻辑门符号的后面有引脚（pins），把名字为 input（输入）的符号添加到线路原理图中，再添加两个输入符号的实例。为了表示电路的输出，打开原语库，添加名为 output（输入）的符号，最后把逻辑符号排列成如图 2.12 所示的线路原理图。

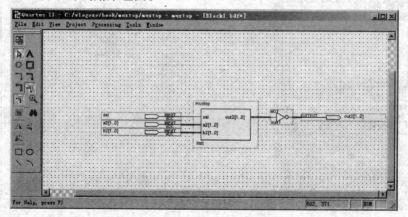

图 2.12　逻辑块、基本元件和引脚的布置

3. 把节点连接起来

下一个步骤是画线（连接线），即把线路原理图中的符号连接在一起。沿着管理器窗口的左侧边，有一个看上去很像箭头的图标，单击这个图标，该图标被称为 Selection and Smart Drawing（选择和智慧绘图）工具。该工具允许图块编辑器自动地在屏幕上从选择符号的模式改变为画线模式，来完成连接符号的工作。模式的选择可以由光标所处的位置自动决定。

4. 给输入/输出引脚符号指定名字

把光标移动至位于线路原理图左上角的输入引脚符号的 PIN_NAME 上面，双击后引脚名被选中；此时还允许再键入新的引脚名，如键入 sel 作为引脚名。在键入引脚名后，立即按回车键，光标直接指到刚已被命名下面的那个引脚，这个方法可以被用来命名任意多个引脚，分别把线路原理图左边的输入引脚命名为 sel，a2[1..0]，b2[1..0]，最后把输出引脚命名为 out2[1..0]。

在线路原理图的右侧，把输出 out2[1..0] 跟非门连接起来的步骤如下：移动鼠标至非门，按下鼠标将非门拖动至与 out2[1..0]输出线连接处，然后放开按钮。这两个线头现在连接在一起了，代表了电路中的一个节点。

图 2.13 展示了放大后的部分电路图，在这部分电路图中有到目前为止所画的连接。为了放大或者缩小线路原理图在显示器上展现的部分，可以使用管理器窗口左边类似放大镜的图标。

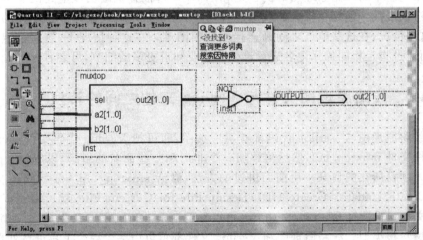

图 2.13　放大后的部分电路图

有一点需要注意的是，非门和 muxtop 模块以及非门和 out2[1..0]引脚之间的连接是 Bus Line，也就是该非门是两输入两输出非门。如果在连接符号时发生任何错误，可以用鼠标选取错误的线条，然后按一下 Delete（删除）键或者选择 Edit＞Delete 便可以清除错误的线条，最后完成的线路原理图如图 2.14 所示。用 File＞Save As 保存线路原理图，并选择 muxtop_top 作为文件名。请注意该保存的文件名为 muxtop_top.bdf。

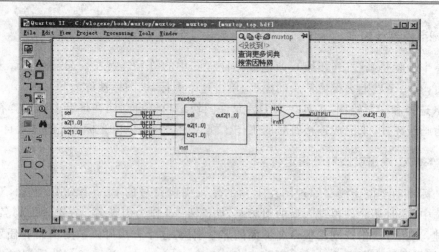

图 2.14 完整的线路原理图

试着选择其中一个部件并移动它,可重新安排电路的布局。观察部件的移动,所有的连接线也会自动地调整。因为 Quartus Ⅱ 增加了橡皮筋功能,所以才出现这种现象,只要选择使用 Selection and Smart Drawing tool,便能在默认情况下启动 橡皮筋 功能。在工具栏上有一个橡皮筋功能 图标,该图标看起来象一个 L 形的线在角上有一个小的勾号。请注意观察:该图标被按下表示正使用橡皮筋功能。把该图标关闭,移动其中一个门,注意观察橡皮筋功能 是否还起作用。

因为以上所举的线路原理图的例子是相当简单的,很容易画出该电路的所有连接线路而不至于造成混乱。但是在较大的线路原理图中,有些必须被连接的节点之间的距离相当远,遇到这种情况,在这些节点之间画连接线就很困难。在这种情况下,这些节点可以不必画连线,而通过指定相同的标记名进行连接。想要知道更多的细节,可参看 Help。

2.4.2 线路原理图文件与 Verilog 文件之间的转换

任何线路原理图与 Verilog 代码都有对应关系,即可把 Verilog 代码文件 muxtop.v 转变成电路图文件 muxtop.bdf,然后再添加一个非门和一些命名的引脚,以 muxtop_top.bdf 文件名存入项目所在的目录。用前面讲过的方法,激活 muxtop_top.bdf 线路图文件,用命令 File>Create/Update>Create HDL Design File for Current File,就可以生成 muxtop_top.v;用文本编辑器打开 muxtop_top.v,可以看到由 Quartus Ⅱ 自动生成的 Verilog 文件,这与人工编写很类似。线路原理图和 Verilog 文件都可以由多个综合工具进行处理。Quartus 综合流程中的第一个步骤是确定对哪个电路进行综合。本项目中的逻辑电路分成了几个层次,最低层是 mymux.v,上面一层是 muxtop.v,最上面一层是 muxtop_top.v,每个 Verilog 文件都可以生成对应的线路图。

2.5 编译器的使用

编译器,也就是综合工具,可以将线路原理图或者 RTL Verilog 代码翻译成逻辑表达式,然后进行技术映射,确定每个逻辑表达式如何用目标芯片中的逻辑单元来实现。因此,就生成具体电路而言,在开始编译前,必须明确综合器处理的对象,就本讲所举的例子中,已假设本设计项目的顶层为 muxtop,其中包括 mymux.v。而后来为了展示线路图工具的能力,又生成了 muxtop_top.v。如果想把 muxtop_top.v 变成本项目的顶层,还需要修改项目文件的组织,将该文件添加进目录,并将该文件设置为顶层文件。在图 2.15 的左上角的项目浏览器窗口,单击子窗口标签 Files,可以看到本项目包含的文件,单击该子窗口内的Files,再右击和单击 Add/Remove Files in Project...,随即弹出一个窗口,设计者可以方便地添加或删除需要综合的文件;若单击 Set as Top-Level Entity,则把 muxtop_top.v 设置成本项目的顶层。设计者应该在开始编译前,检查此目录中的文件,需要的文件及时添加到项目,把多余的文件及时删除,以免造成项目中综合文件的混乱。在综合前还需要检查一下所用的器件,用 Quartus Ⅱ 主窗口命令 Assignments>Device..,随即弹出一个窗口,核对选用的器件和型号是否选择正确;单击 Familiy 方框下的按钮 Device & Pin Options,随即又弹出一个窗口,如图 2.16 所示。

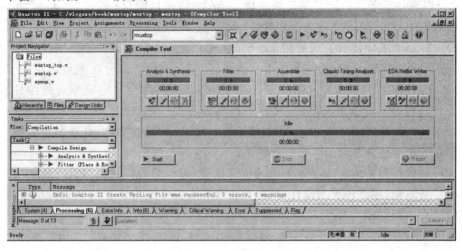

图 2.15 编译工具窗口

在这个子窗口中有许多与电路实现有关的参数可以配置。一般情况下用默认设置即可实现电路,但在有些情况下必须认真考虑是否需要设置才能达到理想的实验效果,如所用的实验板是革新科技公司的开发板。由于开发板 FPGA 芯片有几个引脚与 Flash 存储器存在着固定的线路连接,所以当运行自行开发的逻辑时,必须把与 Flash 存储器连接的线路断开。否则,当 FPGA 复位后将自动地加载 Flash 存储器中的逻辑,从而造成无法运行下载的逻辑网表。所以,必须把不用的引脚设置成三态型,往实验板 FPGA 下载的逻辑构造才不至于被 Flash 存储器中的逻辑构造信息重新设置。在图 2.16 所示的子窗口中单击上面的窗口标签 Unused Pins,显示

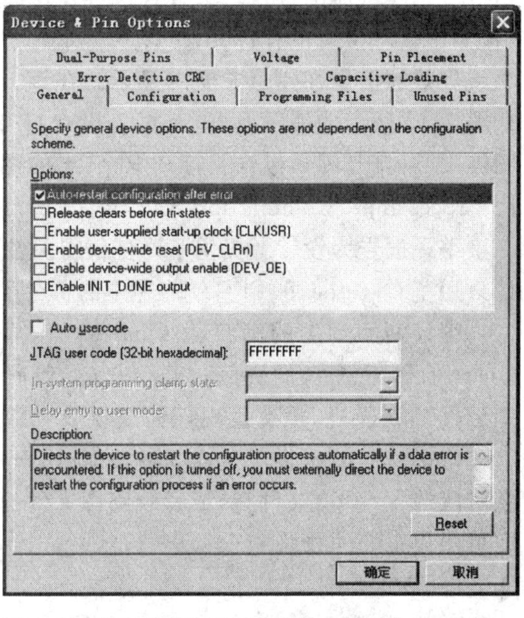

图 2.16 综合前将 FPGA 不用的引脚设置成三态型

的窗口随即发生改变,在选择框内单击 As input tri-stated 即可把不用的引脚设置成三态型,综合后的电路便切断了 FPGA 与 Flash 存储器的硬线连接。

Quartus Ⅱ 中可用的 EDA 工具被划分为几个模块。选择 processing>Compiler Tool,随即打开如图 2.15 所示的窗口,在该窗口上展现四个模块。其中 Analysis & Synthesis(分析和综合)模块进行 Quartus Ⅱ 中的综合步骤。该模块的作用是生成由逻辑单元组成的电路,其每个单元都能直接在目标芯片上实现。Fitter 模块确定由综合器生成的每个元件究竟由芯片中哪个确切位置的逻辑单元来实现。

这些 Quartus Ⅱ 模块是由编译器应用程序控制的。该编译器可以每次只运行单个模块,也可以每次按顺序启动多个模块。借助于 Quartus Ⅱ 主窗口上的用户接口界面,可以用多种方法启动编译器。在图 2.15 所示的窗口上,单击 Analysis & Synthesis 下最左面的■按钮就可以启动编译器。同样单击该图最左面的■按钮也能执行 Fitter 模块。单击 Start 按钮将按顺序运行图 2.15 中的各个模块。

另外一种启动编译器的方法是用 Processing>Start 菜单。启动综合器模块的命令是:Processing>Start>Start Analysis & Synthesis。综合模块的部分功能可以用如下命令启动:Processing>Start>Start Analysis & Elaboration。该命令只完成综合的预处理工作,即检查设计项目的语法错误,核对本项目中出现的主要子模块的名字。命令 Processing>Start Compilation 等价于单击图 2.15 中的 Start 按钮。工具栏中也有该命令的图标,该图标的外形是一个紫色的三角形。

只运行设计过程特定阶段必须操作的编译模块,可以节省机时。因为有些 EDA 工具运行起来很花费时间,在编译大型设计时,往往需要花费几个小时。分阶段进行编译有利于及时发现问题并进行修改。

选择 Processing>Start>Start Analysis & Synthesis,使用工具栏上相应的图标,或者只用快捷键 Ctrl-k,都可以启动编译器。随着编译工作的进展,在 Quartus Ⅱ 主窗口右下角显示编译进展的报告。该报告也可在左边的实用状态窗口(Status utility window)中显示(若实用状态窗口没有打开,可以用 View>Utility Windows>Status 打开该窗口),编译成功或失败的信息在弹出方框内显示。在该方框内单击 OK 表示已经知道编译的结果,检查如图 2.17 所示的编译报告,若报告没有打开,则在编译窗口的相应工具栏上,单击 Report 图标,即可打开编译报告。打开 Report 的图标外型类似一张纸放在蓝色的芯片上,也可以用 Processing>Compilation Report 来打开编译报告。

编译报告为设计者提供了许多值得关注的信息,例如图 2.17 所示的报告说明这个小设计只用了 Cyclone Ⅱ FPGA 芯片中的 7 个引脚和 2 个逻辑单元。

编译期间产生的消息由 Quartus Ⅱ 显示在消息窗口,消息窗口位于图 2.1 所示的 Quartus Ⅱ 主窗口的底部。若 Verilog 代码正确,则报告将显示一条消息告诉设计者:编译已经顺利通过,没有发现任何错误或者警告。

Quartus Ⅱ 提供了这样一种功能:用户只需要在某条错误消息上双击鼠标,出现错误消息对应的 Verilog 文件行(或者线路图文件有关元件)将会被点亮。修改程序,并重新编译,即可生成正确的线路。

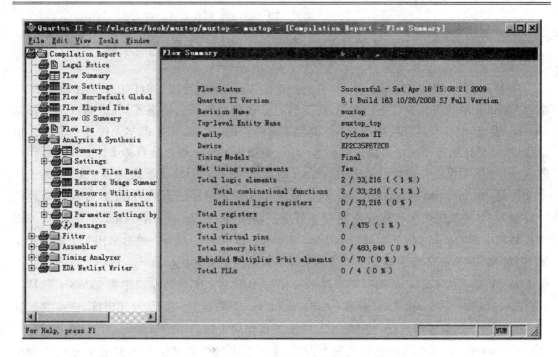

图 2.17 编译报告的总结

2.6 对已设计的电路进行仿真

Quartus Ⅱ 软件包中虽然包含能用于对已设计电路的行为进行仿真的工具,但仍建议在设计中使用可以在 PC 机上运行的 Mentor 公司的 ModelSim 6.0 仿真工具。在第 1 讲中已经讲解过如何使用 ModelSim SE 6.0 编写 Verilog 行为模块对可综合的 RTL Verilog 模块仿真,以进行全面的功能验证。所以在本讲中省略了如何用 Quartus Ⅱ 进行仿真的阐述。

功能仿真所花费的机时远少于时序仿真,所谓时序仿真是建立在门级和触发器级别电路结构模型基础上器件和连接线都有延迟的仿真。为了发现电路的时序故障,仿真的计算步长远小于功能仿真。对于一般的 FPGA 而言,仿真步长/精确度通常定义为 `timescale 1ps/1ps,而且此时 RTL 级的 Verilog 设计模块和连线模型都已经被转换成对应的逻辑门、触发器和延迟器件的 Verilog 模型。在用 Quartus Ⅱ 对设计进行处理前已经用 ModelSim 进行过功能仿真,但那时的功能仿真是用 RTL 级的 Verilog 模块进行的。也可用同样的方法,在 ModelSim 环境下,对由独立的第三方综合器(如 Synplify 等)生成的逻辑网表或门级结构的 Verilog 模型进行一次仿真,先不考虑器件和连接线的延迟,这样的仿真是介于功能仿真和时序仿真之间的仿真,这种仿真对于发现逻辑设计问题很有价值。然后在五个编译阶段全部完成之后,用 ModelSim 对由 Quartus Ⅱ 生成的 Verilog 模型(位于 C:\vlogexe\book\muxtop\ simulation\modelsim\muxtop.vo 和 muxtop_v.sdo)再进行一次仿真,这次仿真是带器件和布线延迟的,而且必须有 Cyclone Ⅱ 仿真库的支持才能进行仿真。具体操作方法以下所述。

2.7 对已布局布线的电路进行时序仿真

用 ModelSim 对由 Quartus Ⅱ 综合后产生的 Verilog 模型进行时序仿真的步骤与 RTL 级的 Verilog 功能仿真是完全相同的,所不同的是被测试模块的形态不同,虽然这两者都是 Verilog 模型,但综合后产生的 Verilog 模型是由对应的 FPGA 库中基本元件或者宏库的模型组成,并且还生成了一个可以反标到 Verilog 模型中的待定延迟参数的文件。综合后产生的 Verilog 模型可以在设计目录中的\simulation\modelsim 子目录下找到三个文件,其中两个文件是:muxtop.vo 和 muxtop_v.sdo。这两个文件是时序仿真所必须的,必须复制到设计目录下,与测试模块 t.v 放置在同一个目录下,同时必须在 Altera Quartus Ⅱ 的资源库中找到相应的 Verilog 仿真库,即 cycloneii_atom.v 和 altera_mf.v。然后采用第 1 讲中的步骤,先在 ModelSim 环境中建立一个新的 Library,用来记录时序仿真产生的信息。我们将新的 Library 命名为 postsim,按照第 1 讲的办法在如图 1.2 所示的窗口中将 Library 选择为 postsim,然后对 muxtop.vo,t.v 和 cycloneii_atom.v 进行编译,如果使用宏库,还需要编译 altera_mf.v。如果编译成功,在 ModelSim 的工作空间子窗口下的 postsim 目录展开后会出现很长的编译后元件和代码模块的列表,在这个列表中找到测试模块 t,双击 t,就可以加载并进行时序仿真的 Verilog 代码。如加载成功,就添加需要观察波形的信号,然后运行仿真,就能看到布线后带延迟仿真产生的波形,分析波形能帮助设计者找到电路中存在的缺陷。用 ModelSim 编译综合后生成的模块名是图 2.18 方框中的 muxtop.vo。其中 cycloneii_atoms.v 是资源库中对应器件的仿真库。

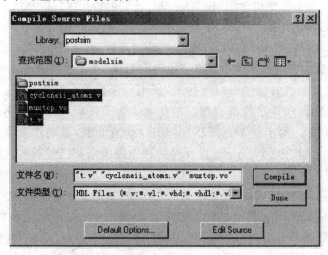

图 2.18 用 ModelSim 编译综合后生成的模块

粗心的同学们可能觉得奇怪,为什么综合后的仿真波形(见图 2.19)与第 1 讲的 RTL 级仿真波形不同(见图 1.3)。细心的同学一定注意到,在第 2 讲中,在 muxtop.v RTL 级仿真成功的基础上,通过线路图绘制工具在输出端 out2 前添加了一个反向器,以 muxtop_top.bdf 为名存盘,然后将其转换成 muxtop_top.v 后添加到项目文件组中,并将其设置为设计项目文件组的顶层文件。所以，测试文件 t 的内容也必须做一个小小的修改，实例引用的可综合模块应该是 muxtop_top，而不再是 muxtop，而此时项目名仍旧保留原名不变。从波形可以看出当 sel 为 1 时，out2＝～a2；而当 sel 为 0 时，out2＝～b2。而且 out2 与 a2 和 b2 的变化之间有 15～18 ns 之间的延迟。

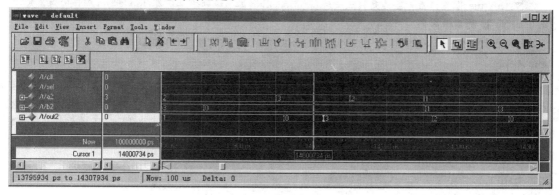

图 2.19 用 ModelSim 观察综合后电路的波形

总　结

对数字逻辑电路和系统设计而言只有 RTL 级的 Verilog 设计和功能仿真是不够的，设计的目的是生成可以实际运行的符合时序要求和功能的具体电路。为了验证电路的时序和功能，必须借助于 EDA 工具进行综合、布局布线；而采用 Quartus Ⅱ 的第一个目的是生成可以进行时序仿真的扩展名为 .vo 的逻辑元件文件和扩展名为 .sdo 的布线延迟文件，然后借助仿真工具，如 ModelSim 进行时序仿真，发现 RTL 级 Verilog 模型中的漏洞。第二个目的是生成可以在 FPGA 上运行的真实的逻辑结构文件，即扩展名为 .sof 文件。如何生成这个可以下载到 FPGA 芯片中的 .sof 文件，以及如何运行设计生成的实际电路，并验证运行结果的正确性，将在下一讲中阐述。

思 考 题

(1) 经过 RTL 仿真验证被证明是正确的设计文件组应该放置在一个专门的目录中，这个目录是否就是进入 Quartus Ⅱ 软件时定义的项目(project)？

答：不是，需要设置用户指定的工作目录。

(2) Quartus Ⅱ 项目文件中是否应该包括 ModelSim 仿真时使用的测试文件(例如第 1 讲中的 t.v)？

答：不应该包括测试文件，因为测试文件是不可综合的。

(3) 为什么说，Quartus Ⅱ 项目文件中的顶层文件的含义与 ModelSim 仿真时的顶层文件的含义有什么不同？

答：Quartus Ⅱ 的顶层文件可以综合，而 ModelSim 的顶层文件用于测试，不可综合。

(4) 为什么说，RTL 级的 Verilog 模块与 Quartus Ⅱ 的扩展名为 .bdf 的线路逻辑图文件有着对应关系，表示的是同一个物理对象？

答：因为在 Quartus Ⅱ 中两者可以相互转化。

(5) 在 Quartus Ⅱ 项目文件中是否有必要既要有 RTL 级的 Verilog 模块,又要有扩展名为 .bdf 的线路逻辑图文件?

答:没有必要。如果需要的话,可以两者都包含。

(6) Quartus Ⅱ 的编译和 ModelSim 的编译的含义有什么不同?

答:Quartus Ⅱ 编译后产生的是网表文件,而 ModelSim 的编译则用于仿真,ModelSim 编译的对象可以是 Quartus Ⅱ 的编译结果。

(7) 为什么在用 Quartus Ⅱ 进行编译前必须检查项目文件的完整性和设置顶层文件,并删除不需要的多余文件?

答:为的是避免项目中综合文件的混乱。

(8) 为什么在用 Quartus Ⅱ 进行编译前必须确定器件的型号,设置未使用引脚的状态?

答:不同的器件编译的结果不同,因此要选定实际使用的器件型号;未使用引脚一般要设置成三态型,保证不会影响其他的电路。

(9) 如果编译时没有安排引脚,综合后电路的时序仿真是否能保证100%的正确?

答:不一定,存在着隐患。不使用引脚要定义成三态型。

(10) 为什么建议在大型设计时将编译的全过程分四部分单独进行?

答:如果遇到编译过程出现的错误和警告可以更加准确的定位。

第 3 讲 用 Altera 器件实现电路

前 言

在本讲中,将更详细地介绍如何使用 Quartus Ⅱ 编译器,包括映射器(fitter)、布局编辑器(floorplan editor)和时序分析器(timing analyzer)工具,以及讲解和演示引脚分配工具的使用。最后还将阐明如何将编译的最终代码下载到 FPGA 芯片中,构成新的逻辑系统,并在自己构造的 FPGA 中运行和验证设计所实现的逻辑功能。本讲中仍用 muxtop 项目作为例子给以讲解。

3.1 用 Cyclone Ⅱ FPGA 实现电路

选择 File>Open Project,然后浏览至目录:c:\vlogexe\book\mutop,在该目录中有本教程第 1 讲和第 2 讲所用到的 Verilog 设计文件。如图 3.1 所示,用鼠标选择项目 muxtop(扩展名为.qpf 的 Quartus Ⅱ 项目文件),然后单击弹出窗口右下方的打开(Open)按钮,并将层次目录展开便可以看到项目文件的组织层次:最低层的是 mymux.v,上面一层是位宽参数定义为 2 的 2 选 1 多路器 muxtop.v,最高层是 muxtop_top.v,这是由设计者用绘制线路图的工具在输出端添加了一个两位的反相器后,让 Quartus Ⅱ 自动生成的 Verilog 模块。在编译前曾经将 muxtop_top.v 设置为顶层文件,所以,在目录 muxtop 中,最高层文件名已从原先的 muxtop.v 变为当前的 muxtop_top.v,因此综合后的电路应该包括最后在位宽为二的 2 选 1 多路器的输出端,通过电路图绘制工具所添加的位宽为二的反相器(非门)。

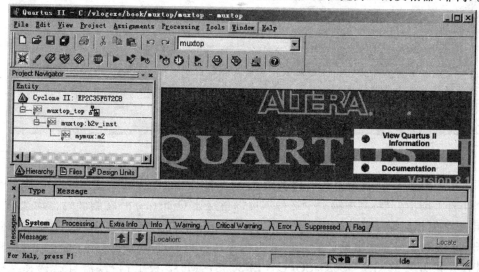

图 3.1 打开 muxtop 项目

3.2 芯片的选择

在第 2 讲中,曾经用编译器进行综合,综合后生成了用 ModelSim 进行时序仿真所需要的名为 muxtop.vo 的 Verilog 门级模块,以及名为 muxtop_v.sdo 的布线后延迟参数文件。这两个文件保存在项目目录 C:\vlogexe\book\muxtop\ simulation\ modelsim\ 中。在本讲中将详细讲解如何把由 Quartus Ⅱ 编译器综合产生的逻辑网表文件 muxtop.sof 文件下载到在 FPGA 中实现物理电路,然后进行硬件运行的测试。

为了指定所用芯片的型号,选择 Assignments>Device,随即打开如图 3.2 所示的窗口。单击 Device family 长方框的下拉菜单,选择 Cyclone Ⅱ。

注意:在某些场合,Quartus Ⅱ 将会显示"所选择的器件系列已经改变消息和想删除所有的引脚分配吗?"的对话框,单击 Yes,关闭该弹出方框。

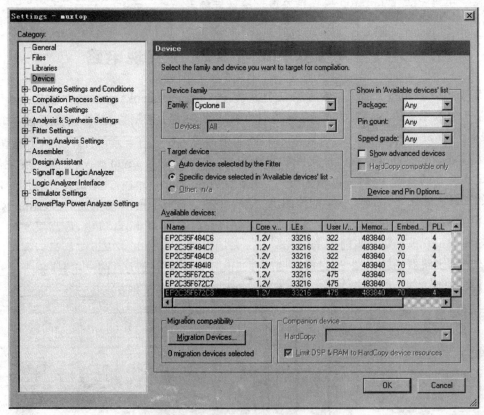

图 3.2 选择一款 Cyclone Ⅱ 器件

如图 3.2 所示窗口中找到右侧台头为 Device 的大框,再找到由细兰色线包围的带有 Target device 的子方框,其中第一个选择项可以指定让 Quartus Ⅱ 在编译时自动选择一款器件,即可产生相应型号器件的构造代码。让 Quartus Ⅱ 自动选择一款芯片有时能给设计者带来一些便利。但通常由设计者自己来指定采用什么器件,本讲所举的例子由于使用在革新科技公司开发的 GX - SOC/SOPC - EP2C35 - M672 板上运行,需自己选择型号为 EP2C35F672C8 的芯片,所以先在 Target Device 的子方框内选定第 2 项,然后在标有 Available Devices 的列表项中单击上述器件型号。

在标有 Available Devices(可用器件)的方框内列出了属于 Cyclone Ⅱ 系列的各种不同型号的芯片,其中一款可用的芯片是 EP2C35F672C8(若该型号器件没有列在清单上,可将 Filter(过滤器)长方框内的速度等级(Speed Grade)改变为 Any)。芯片命名的规则为:EP2C 是指该型号芯片是 Cyclone Ⅱ 系列的成员,35 表明该芯片中逻辑单元的个数;编号 F672 表明其封装为细线(fineline),672 引脚球格阵列封装(ball grid array package);C6[Frankl]给出了该芯片的速度等级。如图 3.2 所表明的那样,选择芯片 EP2C35F672C8,然后单击 OK 按钮,随即关闭该设置窗口(Settings window)。关于革新科技公司的 Altera 开发板的将在附录中给以介绍。

注意:在第 2 讲中我们曾提到调用 Device & Pin Options 选项来分配不用的引脚。在图 3.2 所示的 Device 方框内,在右侧中部也能找到 Device & Pin Options 选项,单击图 3.2 中的 Device and Pin Options 按钮随即弹出一个窗口,如图 2.16 所示,在这个子窗口中可实现有关的参数的配置。一般情况下用默认设置即可实现电路参数的设置。若采用的实验板是由革新科技公司的开发板,则由于开发板 FPGA 芯片的许多引脚已经分配给如 Flash 存储器等的外围器件或者开发板的某些开关,当运行自己开发的逻辑时,必须把 FPGA 尚未分配的引脚与测试电路无关的连接断开,否则当 FPGA 复位后这些固定的连接会破坏任务的执行,所以,必须把不用的引脚设置成三态输入信号,在图 2.16 所示的子窗口中单击上面的窗口标签 Unused Pins,显示的窗口随即发生改变(见图 3.3),在选择框内单击As input tri-stated 即可把不用的引脚设置成三态型,综合后的电路便切断了 FPGA 与无关硬线的连接。

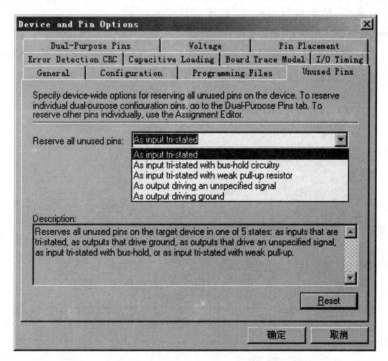

图 3.3 切断 FPGA 未定义引脚与固定外围器件的连接

3.3 项目的编译

在第 2 讲中,只介绍了如何借助于命令序列:Processing＞Start＞Start Analysis & Synthesis 运行综合工具。若想要按照次序运行 Quartus Ⅱ 软件中四个与编译工作有关的工具模块(图 2.16 曾展示了这四个工具模块):综合器(Synthesis)映射器(Fitter)、组装器(Assembler)和时序分析器(Timing Analyzer),在启动这些工具模块前,打开 Tools＞Options 下的菜单,接着在左边的框内选择 General＞Processing 命令序列,然后在右边的框内,在 Automatically generate equation files during compilation(在编译时自动生成逻辑表达式文件)左边的小方块内单击。该选择项可以使得 Quartus Ⅱ 编译器把编译过程期间生成的逻辑表达式记录到报告文件中。

选择 Processing＞Start Compilation,或者使用工具条上看上去像实心紫色三角形的图标,可以启动编译工具。正如在第 2 讲中所见到的,编译处理经过每个 Quartus Ⅱ 模块的进展都清楚地显示在 Quartus Ⅱ 主显示窗口左边的状态窗口中。分析和综合模块将 Verilog 代码转换成由 Cyclone Ⅱ 逻辑单元组成的电路,完成这一过程后,由映射器(Fitter)模块确定这些逻辑单元应放置在 Cyclone Ⅱ FPGA 芯片中的相应位置。

当编译完成时,产生如图 3.4 所示的编译报告,即映射器自动生成的逻辑方程。单击编译报告左侧目录树中的小＋号,即可把报告中关于 Fitter(映射器)的那一段目录展开,然后单击 x=b Equations,报告结果如图 3.4 所示。拉动滚动条阅读有关电路逻辑表达式的报告。在该报告的底部,输出信号 out2 用如下表达式表示:

out2[0]=OUTPUT(! C1L1);
out2[1]=OUTPUT(! C1L2);

而在输出信号的前面有许多逻辑表达式,说明 C1L1 和 C1L2 的来源:

```
……
C1L1= sel & a2[0]# ! sel &(b2[0]);
……
C1L2= sel & a2[1]# ! sel &(b2[1]);
……
a2[0]= INPUT();
……
b2[0]= INPUT();
……
sel= INPUT();
……
a2[1]= INPUT();
……
b2[1]= INPUT();
- - out2[0] is out2[0] at PIN_AE12
- - operation mode is output
out2[0]= OUTPUT(! C1L1);
- - out2[1] is out2[1] at PIN_Y12
```

- - operation mode is output

out2[1]= OUTPUT(! C1L2);

上面式子表明 out2 将由芯片的引脚 Y12 和 AE12 输出,而且该输出信号是由名为 C1L2 和 C1L2 逻辑表达式的求反定义的。实现 C1L2 和 C1L2 的逻辑表达式分别为:

C1L2=sel & a2[1]#! sel &(b2[1]);

C1L2=sel & a2[1]#! sel &(b2[1]);

注意:该表达式中的 # 号在 Quartus Ⅱ 的 Fitter(映射器)中表示"或"操作。

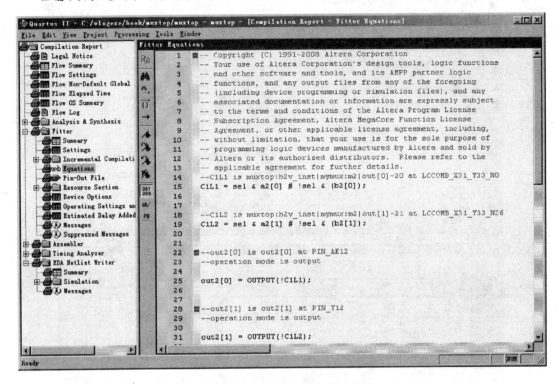

图 3.4　映射器自动生成的逻辑方程

3.4　在 FPGA 中实现设计的电路

本小节将重点讲解如何在 FPGA 芯片中实现所设计的电路,讲解如何用手工方法确定器件的引脚,用作电路的输入和输出,还将描述如何使用 Quartus Ⅱ 编程工具把编译完的电路构造信息下载到所选择的 FPGA 芯片中。

1. 分配引脚

在第 2 讲中进行编译综合布局布线时并未进行引脚分配,器件的引脚是由编译器自动地分配给输入和输出信号的。在许多场合,设计者必须用手工将某个引脚分配给焊接到电路的某个元件。也就是说,电路板上的 FPGA 芯片的某些引脚可以用硬线连接到某些元件,例如开关或者发光二极管(LED)等。为了让设计电路用这些引脚,设计者必须事先将 FPGA 芯片的某几个引脚分配给电路中这几个指定的信号,然后再编译一次,生成符合新定义引脚要求的逻辑网表。

为了用手工分配引脚,必须指定所选用的芯片类型。前面已曾叙述过,当时曾选用 EP2C35F672C8 型号的芯片来实现逻辑电路,如图 3.2 所示。

为了看清楚这些引脚是如何对应于 FPGA 芯片封装的引脚的,可以使用引脚布局工具(Pin Planner tool)。选择 Assignments>Pin Planner,随即打开如图 3.5 所示的窗口显示。可以通过 View 命令组合:View>Package Top,View>Show xx 等,在 Pin Planner 窗口中观察有关封装和引脚等更详细的信息。

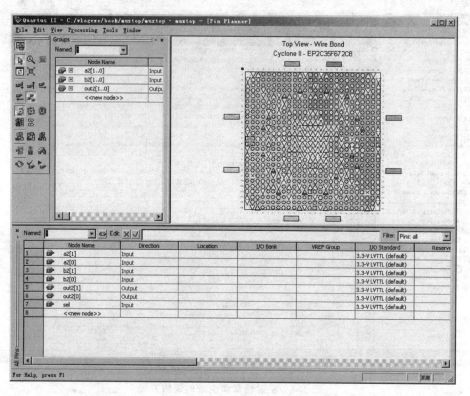

图 3.5 布局器上显示的引脚

图 3.5 上部右边窗口的图像表示从型号为 EP2C35F672C8 的芯片顶上往下看去,所看到的芯片封装。虽然在这个窗口中有许多信息可以利用,但只是为了分配引脚的目的,一般没有必要仔细地观察。若要放大观看,可以单击图 3.5 左边第三个图标(外型类似屏幕),再次单击可恢复到原来的大小。引脚的位置用行和列标记,行用字母标记,列用数字标记。例如,最上面一行的第 5 列的引脚被称为引脚 A5,最底下的一行的第 5 列的引脚被称为 AF5。用于编译后生成电路的引脚被填满颜色。在引脚的符号上面移动鼠标,可以看到分配给该引脚的信号名。若提示工具还没有启动,引脚的信号名是看不到的。此时可选择 Tools>Options,然后在弹出的如图 3.6 所示的窗口左边的目录框中单击 Pin Planner(引脚布局),并在右边的 View Setting 框内选择 Show node name on pin or pad。单击 OK 键后,随即在引脚上移动鼠标便可看到分配给该引脚的信号名。

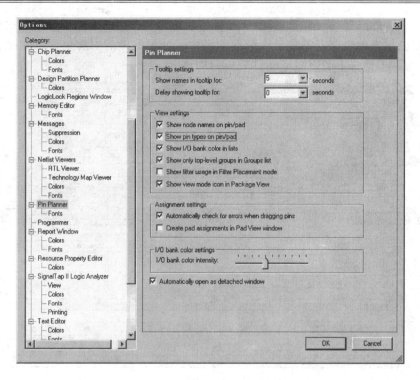

图 3.6 引脚提示信息的设置窗口

图 3.5 下部的表列出了设计项目的输入和输出端口，根据此表可以把这些端口分配给指定的引脚。为了连接输入信号 a2[0]，双击该表的 Location 列，如图 3.7 所示，然后从显示的清单中选择引脚 PIN_B21。PIN_B21 已经连接到革新科技开发箱上的乒乓开关（请参考附录中的材料），在进行实验时，可以通过拨动开关提供 1 或 0 的逻辑电平。重复以上过

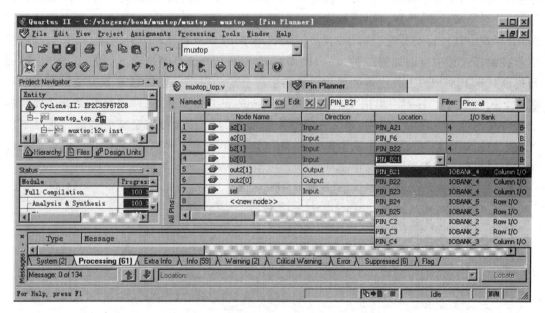

图 3.7 引脚的分配

程完成所有引脚的分配,完整的引脚分配完毕的表如图 3.8 所示。除了分配新引脚之外,引脚布局器也能用来编辑或者删除已经分配的引脚。分配完毕的引脚也可以删除,即只要选择该引脚,按一下键盘上的删除键(Deletekey)即可。

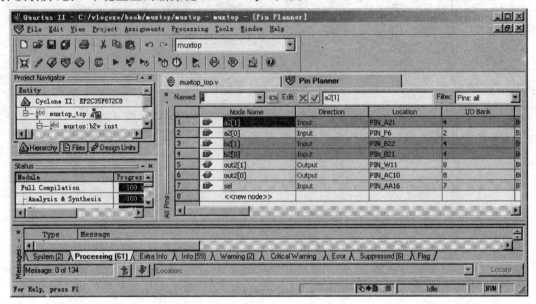

图 3.8 完整的引脚分配

2. 引脚分配完毕后再次对设计项目进行编译

既然尚未对 muxtop 项目进行再次编译,因此对引脚的分配应该不会对上次编译的结果产生影响。为了使引脚的分配方案能够实现,必须对项目进行再次编译。在这次编译过程期间,映射器(Fitter)将把由用户所指定的引脚分配给指定的端口;而其他未指定具体引脚的端口,则由软件自动分配引脚(对有些特定的用于 FPGA 编程和配置的端口,其引脚的指定是在编译过程中自动地完成的,在引脚布局器(Pin Planner)中是看不到的)。此时,引脚布局器(Pin Planner)工具应该能展现正确的引脚分配。引脚分配信息编译后被保存在扩展名为 .qsf 文件中。读者可以用文本编辑器打开 muxtop_top.qsf 文件查看有关设计项目和引脚分配的信息。在第 6 讲中,还将介绍修改扩展名为 .qsf 文件来定义引脚的方法。下面列出了适用于革新科技开发实验台添加到 muxtop_top.qsf 文件中,可替代在人机界面上逐个地配置引脚的信息。

```
# - - - - 添加到 muxtop_top.qsf 文件中的引脚信息- - - - - - - - - - -
set_location_assignment PIN_A21- to a2[1]
set_location_assignment PIN_F6- to a2[0]
set_location_assignment PIN_B22- to b2[1]
set_location_assignment PIN_B21- to b2[0]
set_location_assignment PIN_W11- to out2[1]
set_location_assignment PIN_AC10- to out2[0]
set_location_assignment PIN_AA16- to sel
# - - - - - - - - - - - - - - - - - - - - - - - - - - - - - - - -
```

3. FPGA 芯片器件的编程和配置

在本讲中,将假设由项目 muxtop 生成的电路将在革新科技公司的开发平台(见图 3.9)上实现(有关革新科技公司的开发平台的技术资料见本书所附光盘)。这是由一小块可以插拔的 Altera Cyclone Ⅱ FPGA 芯片线路板和一个可以配置多种外围器件主板组成的实验箱,由革新科技公司开发。虽然这个功能强大的开发平台具有许多功能,但是简单的操作将只使用该实验箱右下角的几个乒乓开关和发光二极管。电路的输入 a2[0],a2[1] 和 b2[0],b2[1] 和 sel 分配给名字为 SW1A、SW2A、SW3A、SW4A 和 SW5A 的五个乒乓开关,这五个开关分别连接到 FPGA 的引脚 F6、A21、B21、B22 和 AA16。电路的输出 out2[0] 和 out2[1] 分别被连接到引脚 AC10 和 W11,并将被连接到绿色的发光二极管 LED0 和 LED1 中。

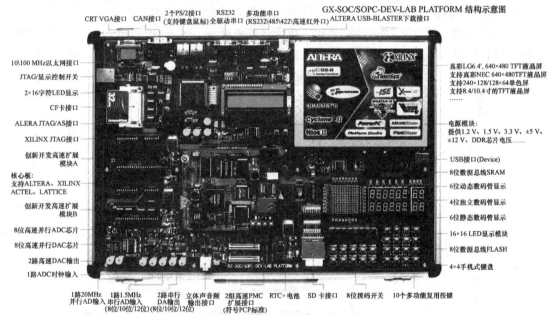

图 3.9 革新科技开发平台

设计项目一旦通过编译,所生成的电路构造文件 muxtop.sof 的代码就可以下载到革新科技开发板的 FPGA 芯片中。还需要注意的一点是:引脚分配后再进行一次编译不但生成了电路构造文件 muxtop.sof,还同时更新了带延迟的门级仿真 Verilog 模型文件,即位于 C:\vlogexe\book\muxtop\simulation\modelsim\ 目录下的两个文件 muxtop.vo 和 muxtop_v.sdo。对于运行速度要求很高的项目,还必须进行一次时序仿真,以验证人工分配引脚后的电路,与自动分配引脚的电路的延迟差别不至于会影响该电路的时序需求。

革新科技公司的开发箱可支持一种叫做 JTAG 编程的编程模式。用一条电缆将开发箱上面最右边的 USB 接口与主计算机的 USB 接口连接起来,便可将电路构造配置数据从运行 Quartus Ⅱ 软件的主计算机中传送到开发板。为了使用该连接,必须安装 USB－Blaste 驱动程序。在使用开发板前,请先确认 USB 电缆连接是否可靠,然后再接通该开发板的电源开关。

在JTAG模式中,配置数据被直接下载到FPGA芯片中。JTAG是由联合测试行动小组(Joint Test Action Group)这四个英文字的第一个字母组成的缩写词。该小组定义了测试数字电路的简单方法以及为数字电路加载数据的简单方法,这些方法已成为IEEE标准。若用这种简单的方法来配置FPGA,只要电源继续维持有效,则该FPGA将保留这次配置信息。电源关断后配置信息就会立即丢失。没有使用过革新科技开发板的读者还不知道如何下载电路配置数据,但是下载的步骤还是很容易按照以下的说明可以学会的。

4. USB下载线驱动安装

在安装Quartus软件时,USB下载线驱动程序的安装文件被复制到电脑的一个固定位置,即C:\altera\81\quartus\drivers\usb-blaster\x32(如果操作系统是64位,则是C:\altera\81\quartus\drivers\usb-blaster\x64),但是它并没有被安装。

在进行下面步骤之前,先要用USB下载线将革新科技开发箱和电脑连接。打开开发箱电源,这时,电脑右下角系统托盘会提示发现新硬件,并弹出如图3.10所示对话框一。

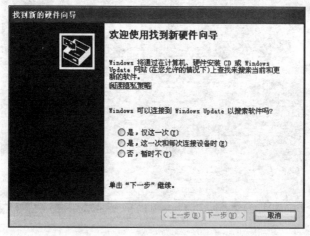

图3.10 找到新的硬件对话框一

无须上网搜索,只要选择"否,暂时不",并单击下一步,出现如图3.11所示对话框二。

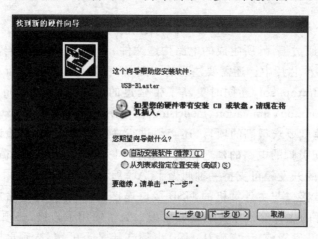

图3.11 找到新的硬件对话框二

选择从列表或指定位置安装(高级)(s)选项,并按下一步,出现如图 3.12 所示对话框。

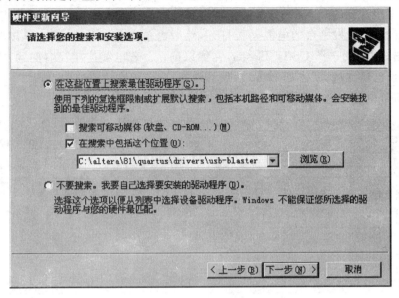

图 3.12　硬件更新向导对话框

选择"在搜索中包括这个位置",并在下面文本框中输入图中所示路径。也可以单击右边的浏览按键,逐级选择路径。单击下一步,屏幕会弹出如图 3.13 所示的对话框。单击仍然继续即可,然后驱动程序就安装上了。

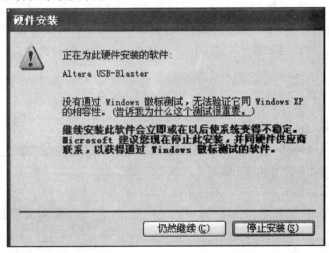

图 3.13　硬件安装对话框

5. JTAG 编程

USB 下载线驱动程序安装完毕后,就可以进行 JTAG 的编程和配置,具体操作步骤如下:在 Quartus Ⅱ 主窗口台头下选择 Tools>Programmer 命令(也可以单击相应的图标),随即出现如图 3.14 所示的窗口。此时应该检查开发平台 USB 电缆是否与 PC 机的 USB 接口连接正确。如果连接正确则应该在编程子窗口左上角的 Hardware Setup.. 按钮右边的长方形框中看到 USB—Blaster[USB—0],在左边标有 Mode 的模式选择框中选择 JTAG。若在长方形框中看到的是 No Hardware,则需要再次检查开发平台 USB 电缆是否与 PC 机的 USB 接口连接,开发平台的电源是否打开,然后再单击 Hardware Setup 按钮,并在弹出的窗口(见图 3.15)中选择 USB—Blaster,并加以确认。若电缆连接没有问题,USB—Blaster 的驱动程序也已经加载,项目 muxtop 也编译通过,则应该在主窗口中出现如 3.14 所示的变化(编程子窗口位于主窗口的右上侧),其窗口标签为 muxtop.cdf。

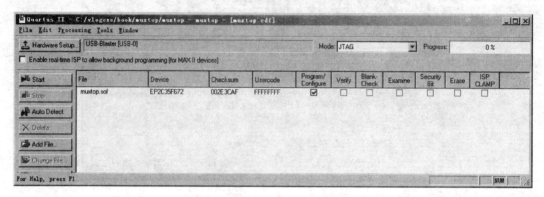

图 3.14 编程器窗口

此时必须注意核对抬头为 muxtop.cdf 窗口中下载的文件是否存在,是否为需要的 muxtop.sof,所用器件是否正确,编程配置的小方格是否已经确认。如果全部正确就可以单击如图 3.14 所示窗口中标有 Start 的启动按钮,开始下载 FPGA 硬件配置数据。如果有不正确的地方,必须解决后才能启动下载。当配置数据下载成功后,开发板上绿色的发光二极管将会点亮。若用户看到 Quartus II 软件发出表明编程失败的错误报告,则应该首先检查开发板和下载电缆,确认连接是否可靠,开发板的电源是否已经打开。

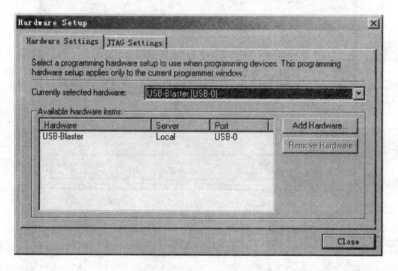

图 3.15 硬件设置窗口

把配置数据下载到 FPGA 芯片中后,用户就能测试所实现的电路。因为在配置芯片引脚时将 a2[0]、a2[1]、b2[0]、b2[1] 和 sel 分别分配给名字叫 SW1A、SW2A、SW3A、SW4A 和 SW5A 的五个乒乓开关,而我们设计的逻辑是一个二位宽的 2 选 1 多路器在输出端加了一个二位宽的反相器。所以，改变与 sel 信号连接的 SW5A 的开关状态，就可以使与 out2[0] 和 out2[1] 连接的绿色发光二极管 LED0 和 LED1 状态与 SW1A、SW2A 或者 SW3A、SW4A 开关状态相对应。仔细核对该电路是否实现了项目 muxtop 代码指定的逻辑功能。若电路工作不正常，用户需要确认键入和编译的引脚分配是否正确。若用户想要在设计的电路中做一些修改，首先关闭编程器窗口。然后在该设计对应的 Verilog 文件中做想要的修改，重新编译产生新的电路配置数据，重新下载配置数据，其操作步骤与上面讲述的一样。

总　结

前面三讲均通过一个简单的 2 选 1 多路器的设计了解如何用 ModelSim 对编写可综合的 RTL Verilog 代码进行功能仿真验证，还知道了如何用 Quartus Ⅱ 软件的编译器生成可以在 ModelSim 上进行时序仿真的由门级别模型和延迟模型组成的 Verilog 文件。本讲结合一个简单 2 选 1 多路器实际例子对 Quartus Ⅱ 软件的几个最基本的功能进行了介绍，其中包括：

（1）编译器工作步骤；
（2）引脚分配步骤；
（3）最基本的硬件调试方法。

但是 Quartus Ⅱ 可用的功能还有许多，这里不逐一介绍。内容全面的 Quartus Ⅱ 自学教材丛书可以在 Altera 公司网站有关网页上找到。

思 考 题

（1）为什么往往需要用人工进行引脚分配？除了通过人机界面分配引脚外，还有什么别的办法？
答：在很多情况下，电路板上的 FPGA 芯片的某些引脚已经用硬线连接到某些元件，所以必须人工分配。通过直接修改 qsf 文件也可以分配引脚。
（2）如果让 Quartus Ⅱ 编译工具自动地进行引脚分配所生成的电路与用人工进行引脚分配后由 Quartus Ⅱ 编译工具所生成的电路有什么不同？它们的时序仿真模型会有什么不同？
答：自动分配会尽量地使得时序满足于要求，引脚使用是不确定的；而人工分配引脚虽然引脚确定，但需要再次仿真来验证延迟要求是否满足电路时序。
（3）在用 Quartus Ⅱ 进行编译前确定器件的型号，设置人工分配的引脚以及未使用引脚的状态为什么必须引起设计者的注意？如果不注意会发生什么情况？
答：Quartus Ⅱ 中所选器件型号和实际电路的器件型号如果不匹配，下载时就会出现问题，而如果不定义未使用引脚，那么很有可能造成硬件电路的混乱。
（4）JTAG 是哪些英文字母的缩写，它表示什么意思？该组织定义了什么标准？
答：JTAG 全称为 Joint Test Action Group，即联合测试行动小组，是一种国际标准测试协议，主要用于芯片内部测试。该组织成立于 1985 年，是由几家主要的电子制造商发起制定的 PCB 和 IC 测试标准。
（5）JTAG 编程是什么意思？在开始 JTAG 编程前必须完成的基础工作有哪几项？
答：标准的 JTAG 接口是 4 线：TMS、TCK、TDI、TDO，分别为模式选择、时钟、数据输入和输出输出线。JTAG 测试允许多个器件通过 JTAG 接口串联在一起，形成一个 JTAG 链，对器件进行分别测试。在 JTAG 编程之前需要选择器件、分配引脚、编译、安装下载驱动等步骤。
（6）在 Quartus Ⅱ 主窗口台头下选择 Tools＞Programmer 命令，在随即出现如图 3.14 所示的 JTAG

编程子窗口中的最上面 Hardware Setup.. 按钮右边的长方形框中如果出现的是 No Hardware 而不是 USB－Blaste[USB-0] 怎么办？有什么解决的办法？

答：检查开发平台 USB 电缆是否与 PC 机的 USB 接口连接正确，开发平台的电源是否已经打开，驱动是否装好。

(7) 如果 JTAG 编程子窗口中没有出现编程所需要的 muxtop.sof 文件怎么办？

答：重新编译工程，得到正确的 sof 文件。

(8) 为什么在用 Quartus Ⅱ 进行编译前必须明确设置项目的顶层文件，删除不需要的多余文件？

答：顶层文件决定了整个逻辑的架构，如果没有指定会造成混乱，导致编译的文件并不是自己需要的。

(9) 用 Quantus Ⅱ 重新做一遍第 1 讲中 2 选 1 多路器的引脚分配，然后再次进行编译，检查产生的编译报告中的最坏路径延迟，与第 2 讲中的最坏路径延迟进行比较。

(10) 在革新开发平台上运行下载引脚分配后生成的 muxtop_top.sof，用硬件开关的状态作为输入，观察发光二极管的发光是否与输入信号有相应的关系。

答：查看附录 3 中革新资料中硬件连接（包括开关和 LED 指示灯）来理解实验现象。

第4讲 参数化模块库的使用

前 言

在 Quartus Ⅱ 软件工具中,有许多现成的设计资源可以被用来构建自己设计的数字系统,参数化模块库(LPM)中的模块就是可以利用的资源之一。在本讲中,将讲解如何配置和实例引用参数化模块库中的加法—减法器,生成设计中的加法器电路,从而熟悉 Quartus Ⅱ 工具的使用。在为本讲安排的实验中,要在已掌握参数化模块库(LPM)应用步骤的前提下,通过自己的操作,学会如何在设计中使用 FPGA 芯片上自带的 ROM、RAM、双口 RAM 和 FIFO 等 LPM 模块。通过这几种基本模块的学习,希望读者能达到举一反三的目的,从而更好地利用 LPM 库中更多的现成资源,为今后设计更复杂的系统打下坚实的基础。通过本讲的学习,我们将能更深入地理解、积累有用的设计资源,并将其参数化,对提高设计效率和改善设计环境的巨大意义。

4.1 在 Quartus Ⅱ 下建立引用参数化模块的目录和设计项目

为了掌握配置和实例引用参数化模块库中模块,可以用一个简单的 8 位加法器的设计来说明这个过程。首先在自己的工作目录 C:\vlogexe\book\ 下,创建一个名为 myadder 8 的新目录。选择与前面几讲中相同类型的 FPGA 作为实现该电路的目标芯片,并用第 2 讲的方法在创建的目录中建立 myadder 8 新项目。接下去的具体操作步骤如下。

4.2 在 Quartus Ⅱ 下进入设计资源引用环境

在 Quartus Ⅱ 主窗口中选择 Tools > MegaWizard Plug-in Manager 命令,便可以启动配置参数化模块的人机对话。随即在显示主窗口的屏幕上弹出如图 4.1 所示的对话窗口,选择其中第一项,即创建一个新的由用户定义参数的宏模块(megafunction),然后单击 Next 选项,在随即弹出如图 4.2 所示对话框的左侧目录树中,可以看到很多设计资源。这些资源分为两大部分:

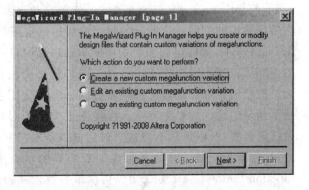

图 4.1 在参数化模块库中创建一个 LPM 实例

(1) 已经安装的资源；
(2) 需要从网上下载和购买的资源。

已经安装的资源包括的范围很广：Altera 芯片 SOPC Builder 中的 Nios Ⅱ CPU 核、算术运算组件、通信组件、DSP 处理的组件、各种类型的门、输入/输出接口、各种 ROM/RAM 和 FIFO 等。在资源目录树中选择第一部分 Arithmatic(算术)目录下的 LPM_ADD_SUB 模块。

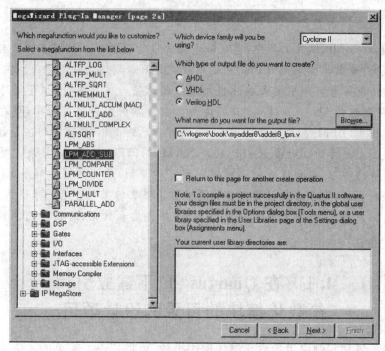

图 4.2 设置选用 Verilog 描述的参数化模块库(LPM)

4.3 参数化加法－减法器的配置和确认

在图 4.2 所示对话框中确认位于右上角的长方格中已经规定使用 Cyclone Ⅱ 系列的 FPGA，然后确认选择 Verilog HDL 作为创建的设计文件所用的语言。将输出文件命名为 adder 8_lpm.v(文件的扩展名为 .v，能被自动地添加到输入文件名之后)，单击 Next 选项后在随即弹出的如图 4.3 所示的对话窗口中指定用户需要的只是一个 8 位的加法器电路。单击 Next 选项，随即得到如图 4.4 所示的对话窗口，然后接受默认的设置，表明两个输入信号的值均可以变化。再次单击 Next 选项，随即弹出如图 4.5 所示的对话窗口，可在其中指定无论进位输入和进位输出都是需要的。观察该图所显示的加法器的图形符号，该加法器包括了指定的输入端和输出端。再接下去弹出的对话窗口中将呈现流水线选项，用户可以不做任何设置，所以也就不把这个对话窗口呈现在书上了。这之后再出现的对话窗口如图 4.6 所示，告诉我们做功能仿真时必须要用到的仿真库名为 LPM 宏函数仿真库(LPM magafunction Simulation Library)。再次单击图 4.6 中的 Next 选项，最后出现的对话窗口如图 4.7 所示，表明由这些配置操作最后所生成的各种类型的文件。单击图 4.7 中右上角 Documentation>Generate Sample Waveforms,查看产生的波形是否满足项目需求(见图 4.8)。由于只对其中的 adder 8_lpm.v 文件感兴趣,所以只需在 adder 8_lpm.v 文件前的小方格中打一个勾号,表示已被选中,将会生成该文件。最后单击 Finish,随即完成这些文件的生成和确认。

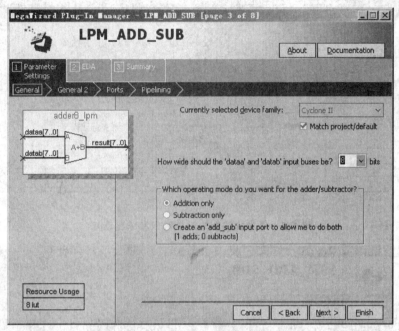

图 4.3　设置加法器的选择项和确定加法器的位数

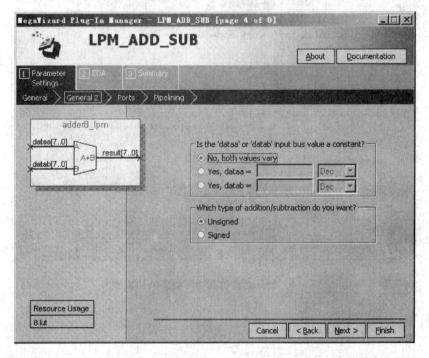

图 4.4　确认两个输入值都会发生变化但都是无符号数

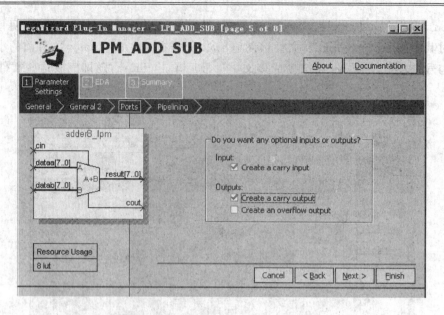

图 4.5 添加加法器的进位输入和输出连接

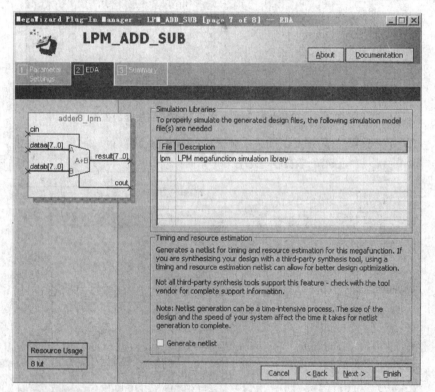

图 4.6 确认功能仿真时所需要的仿真库

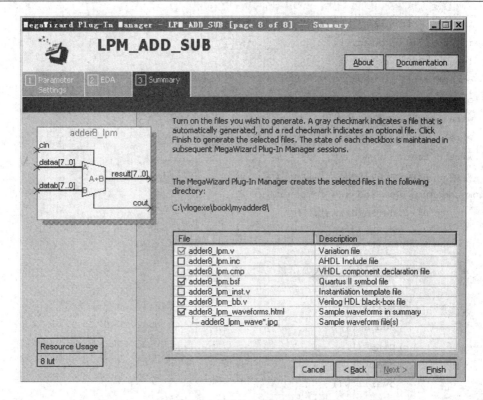

图 4.7 由参数化加一减模块生成 8 位加法器生成的文件

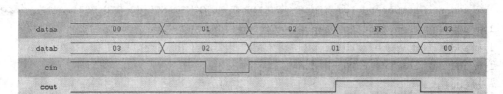

图 4.8 查看波形是否满足项目要求

图 4.9 展示了由 Quartus Ⅱ 自动生成 adder 8_lpm.v 模块代码。为了使程序代码更为紧凑,删除了许多注释语句。到此为止,我们从现成的 LPM 库中选择并配置了一个所要的 8 位加法器,但尚未使用这个从库中取用的组件。

```
`timescale 1 ps/1 ps
module adder 8_lpm(
    cin,
    dataa,
    datab,
    cout,
    result);
```

```verilog
    input    cin;
    input    [7:0]  dataa;
    input    [7:0]  datab;
    output cout;
    output [7:0]  result;
    wire    sub_wire0;
    wire    [7:0] sub_wire1;
    wire    cout= sub_wire0;
    wire    [7:0] result= sub_wire1[7:0];
    lpm_add_sub    lpm_add_sub_component(
                .dataa(dataa),
                .datab(datab),
                .cin(cin),
                .cout(sub_wire0),
                .result(sub_wire1),
                .aclr(),
                .add_sub(),
                .clken(),
                .clock(),
                .overflow()
                );
defparam
lpm_add_sub_component.lpm_direction= "ADD",
lpm_add_sub_component.lpm_hint= "ONE_INPUT_IS_CONSTANT= NO,CIN_USED= YES",
lpm_add_sub_component.lpm_representation= "UNSIGNED",
lpm_add_sub_component.lpm_type= "LPM_ADD_SUB",
lpm_add_sub_component.lpm_width= 8;
endmodule
```

图 4.9　加法器宏模块的 Verilog 代码

最后需要编写一个名为 myadder 8 的 Verilog 模块,实例引用 adder 8_lpm.v 模块,如图 4.9 所示,将它保存在名为 myadder 8.v 的文件中。这说明参数化模块必须用自己命名的模块接口加以包装并与有关信号线连接后才能使用。在设计中必须清楚地意识到模块的组织层次,必须注意顶层 Verilog 模块的命名应该与项目名称完全一致,只有这样在编译时 Quartus Ⅱ 才能清楚地知道项目文件是如何组织的,不至于造成系统代码层次的混乱。编译成功后,在 Quartus Ⅱ 主窗口左上角的项目浏览器子窗口里,可以清晰地看到本项目的组织层次,如图 4.10 所示。

```verilog
module myadder8(carryin,x,y,sumout,carryout);
input carryin;
input [7:0] x,y;
output [7:0] sumout;
output carryout;
adder 8_lpm  adder8_block(
```

```
        .cin( carryin ),
        .dataa( x ),
        .datab( y ),
        .cout( carryout ),
        .result(sumout )
        );
endmodule
```

图 4.10　实例引用加法器的 Verilog 顶层代码

4.4　参数化加法器的编译和时序分析

　　启动编译器,对 myadder 8 项目进行编译。编译完成后所生成的编译报告中的时序分析总结如图 4.11 所示。在该设计中,最坏情况下的传播延迟大约为 17.689 ns。若曾经借助于全加器模块自己构建过逐位进位的加法器,则可以发现其速度远比由逐位进位的全加器构成的 8 位加法器的速度快。这是因为参数化库中的加法器宏模块利用了该 FPGA 中专门为执行加法操作而设计的特殊电路,通常将这种电路称为进位链(carry-chain)电路。因此可以得到这样一个结论:若在 LPM 库中有合适的模块存在的话,则在一般情况下,设计者应该采用 LPM 库中的宏模块,而不要用门级结构去编写算术运算电路。

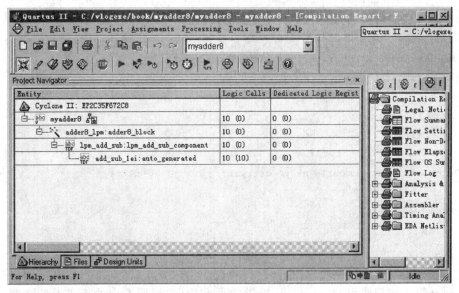

图 4.11　myadder 8 项目模块组织层次

4.5　复杂算术运算的硬件逻辑实现

　　加法和乘法算术运算完全可以用加法运算符描述的 Verilog 模块来实现,而不需要用上面介绍的 LPM 库相应模块的配置和实例引用生成。用 Quartus Ⅱ 编译产生的电路会自动采用参数化库中的相应的宏器件,所以产生的电路其最坏情况下的延迟几乎与采用 LPM 库中的相应库的没有什么差别。读者可以用图4.12所示代码进行编译,检查所生成的时序分析报告,从而得出以上结论。而对于Verilog语言不支持的除法、平方根、指数、对数等复杂的算术运算或者浮点运算,作者建议尽量利用资源库中的组件来实现,否则必须在理解该算术运算的二进制原理后,自己用逻辑门来构造(即编写门级的Verilog代码),这是一项很专业的工作。没有高深的算法和逻辑化简基础,没有足够的时间和精力,很难把复杂的算术运算组件设计得很好。只要运算速度能满足要求,也可以用CPU和现成的软件算法来实现复杂的浮点数运算。在Quartus Ⅱ资源库目录树DSP的分支里面有许多必须付费的高性能资源可供设计者选购。

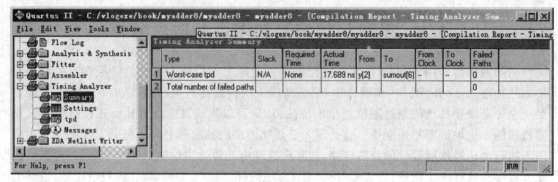

图4.12　myadder8加法器电路最坏的延迟情况

以下是8位加法器的另外一种实现方法的代码。

```
module myadder8_RTL(carryin,x,y,sumout,carryout);
input carryin;
input [7:0] x,y;
output [7:0] sumout;
output carryout;

assign {carryout,sumout}= x+ y+ carryin;

endmodule
```

总　　结

本讲介绍了如何使用Quartus Ⅱ提供的参数化库,利用库中的现成设计资源,按照需求加以配置,使其变成自己设计中的部件,这是一种很常用的高效率的设计方法。学会LPM库和其他商业化IP库的应用,学会通过交易买到别人的或者卖出自己设计的IP是中国集成电路设计行业发展的关键之一。重复别人做过的设计,不但浪费人力物力,也不能提高设计行业的技术水平和整体效益。所以,从事自己擅长的设计方向,认真做好自己设计的每个IP模块,学会与别人分享设计成果,建立并且遵守合理的商业规则是这个行业能否健康发展的关键。

思 考 题

(1) 用 Quartus Ⅱ 工具中参数化库中的现成模块配置并生成一个名为 dp_ram 的双口 RAM，该 RAM 的写入和读出的时钟周期有些差别。地址总线只有 5 位宽(总共 32 个地址)，存储的数据为字节(8 位宽)，数据的写入和读出都有寄存器寄存。参考本讲介绍的利用参数化库中的加法—减法模块的操作步骤，配置并生成双口 RAM，并用以下代码测试该双口 RAM 的基本功能是否符合要求。

答一：本书所附光盘中已经给出本题的解答工程。仿真可在 ModelSim 中运行 simulation 目录下的 rtl-sim.do 和 postsim.do 进行前仿真和后仿真观察结果。

解释为什么必须在 Altera 安装目录里找到 Altera_mf.v 和 cycloneii_atom.v，并将其复制到自己安排的目录下后，才能用 ModelSim 对该双口 RAM（即 dp_ram 模块）进行较全面的功能测试。

答二：因为 lpm 会引用 Altera 库中的双端口 RAM 模块，所以 Altera_mf.v 文件是需要的。而如果做后仿真，那么 cycloneii_atom.v 中的一些模块会被后仿真 .vo 文件所引用，比如 cyclone ii_io。

```verilog
////////////////////////////////////////////////////////////////////
//      本模块描述了对 dp_ram 模块读写的过程，并验证 dp_ram 模块是否能按要求将指定
//  数据记录在该双口 RAM 的指定地址，核对读出数据是否与写入的数据一致。本模块说明：
//      由 Quartus Ⅱ 工具生成的双口 RAM 如何使用，dp_ram 是一个符合题 1 指标要求的
//  双口 RAM 模块，该模块由 tools>MegaWizard Plug-In Manager 自动生成的 dp_ram.v
//  文件描述。
//      本代码中的 m1 是本测试模块引用 dp_ram 模块的实例。
//      为了能对 m1 进行存取数据的仿真，必须使用 Quartus Ⅱ 仿真库中的宏函数库：
//      Altera_mf.v 和 cycloneii_atoms.v。注意 ram 的第一次写入需要两个时钟：第 1 个时
//  钟沿用来确定地址，第 2 个时钟沿用来确定写入该地址的数据，同时确定第 2 个写入地址。
////////////////////////////////////////////////////////////////////
`timescale 1ns/1ns
`define period 100
module  t;
reg rst;
reg [7:0]  wr_data;
reg [4:0]  rd_addr;
reg     rd_clk;
reg     rd_ena;
reg [4:0]  wr_addr;
reg     wr_clk;
reg     wr_ena;
wire [7:0] rd_data;

initial
begin
    rd_clk= 0;          //设置读时钟初始值
    wr_clk= 1;
    wr_ena= 0;
    rd_ena= 0;
```

```verilog
        wr_data= 0;
        wr_addr= 0;
        rd_addr= 0;

        rst= 0;
     # 2 rst= 1;
     # (`period+ 2)rst= 0;

        repeat(5)
         begin
           # 3 wr_ena= 1;
           # ((`period+ 18)* 32 )wr_ena= 0;
           # ( `period* 16)  rd_ena= 1;
           # (`period * 33+ 5)rd_ena= 0;
           # `period;
         end
         # `period  MYMstop;   //运行5次测试后停止仿真
    end

always# (`period/2)  rd_clk= ~ rd_clk;          //产生读周期时钟
always# ((`period+ 18)/2)  wr_clk= ~ wr_clk;    //产生写周期时钟,两时钟频率有些不同

always @ (posedge wr_clk)
    begin
     if( wr_ena)
       begin
         # 10 wr_addr= wr_addr+ 1;
         # 10 wr_data= wr_data+ 1;
       end
       else
         begin
           wr_addr= 0;
           wr_data= 0;
         end
    end

always @ (posedge rd_clk)
     if(rd_ena)
       # 10 rd_addr= rd_addr+ 1;
         else
            rd_addr= 0;
```

第4讲 参数化模块库的使用

```
    dp_ram m1(
        .data(wr_data),
        .rdaddress(rd_addr),
        .rdclock(rd_clk),
        .rden(rd_ena),
        .wraddress(wr_addr),
        .wrclock(wr_clk),
        .wren(wr_ena),
        .q(rd_data));

endmodule
```

- -

(2) 用 Quartus Ⅱ 工具对 dp_ram.v 进行编译,由综合和布局布线工具自动生成的 Verilog 代码在什么子目录下? 为什么用 ModelSim 进行布局布线后,进行时序仿真时必须使用这两个文件。这两个自动生成的可以用来做时序仿真的文件叫什么名字?

答:由综合和布局布线后生成的 Verilog 代码位于 C:\vlogexe\book\dp_ram\simulation\modelsim 下,用于后仿真使用。两个文字是:一个是 vo 文件,另一个是 sdo 文件。

(3) 用第(1)题中的 t.v、题(2)中所提到的两个自动生成的可用于时序仿真的文件,以及在测试文件 t.v 开头注释中所介绍的 LMP 库文件,在 ModelSim 下进行时序仿真,仔细观察时序仿真的波形,分析它与功能仿真的波形具有不同的原因。

答:功能仿真和时序仿真最大的不同就是把器件内部的逻辑延迟加入进去,以此来观察输出信号。观察后可以发现 rd_data 在后仿真时是在 rd_clk 上升沿之后的一段延迟后给出,而功能仿真是在 rd_clk 上升沿给出,详细见附录。

(4) 用 Quartus Ⅱ 工具中参数化库中 FIFO 配置并生成一个名为 my_FIFO 的器件,它是一个先进先出的队列,输入和输出有各自的时钟,其队列为 16 个字节长。这种器件广泛应用在不同时钟域之间数据的可靠传递。编写测试程序,用 ModelSim 仔细核对 my_FIFO 器件的功能,然后用 Quartus Ⅱ 对其进行编译,再用 ModelSim 对其进行时序仿真。

答:附录中已经给出工程实践。仿真可在 ModelSim 中运行 simulation 目录下的 rtlsim.do 和 postsim.do 进行前仿真和后仿真观察结果。

第 5 讲 锁相环模块和 SignalTap 的使用

前 言

在第 4 讲中,已经讲解了在 Quartus Ⅱ 软件工具中有许多现成的参数化模块可供利用。参数化锁相环(PLL)模块是参数化模块库中一个非常有用的基本元件,可以用一个外来时钟产生系统设计所需要的多个若干倍频和分频的时钟信号,并且可以随意地调整各个时钟之间的相位和占空比关系。

本讲中将讲解在 FPGA 设计中如何配置和实例引用 PLL 参数化模块,生成自己设计中的时钟电路。此外,除了用 ModelSim 进行 RTL 和布局布线后仿真对电路设计进行验证的方法外,还要学习采用 Quartus Ⅱ 提供的 SignalTap Ⅱ 工具,如何在实现电路中捕获想要观察的信号时序,对其进行分析,学习解决设计硬件中发现疑难问题的基本方法,从而进一步熟悉 Quartus Ⅱ 高级调试工具的使用。

在本讲的实验中,应在初步掌握参数化锁相环(PLL)模块应用步骤的前提下,通过自己的操作,学习并熟练掌握:

(1) 利用 Quartus 提供的工具找到参数化锁相环(PLL);

(2) 在 FPGA 芯片中实现 PLL 模块的不同频率和相位时钟的配置;

(3) 初步学会在实际电路中用 SignalTap Ⅱ 等逻辑观察和分析工具,为今后设计和实现复杂的数字电路系统打下坚实的基础。

通过参数化锁相环(PLL)模块的学习,希望读者能起到举一反三的目的,从而更好地理解 Verilog 语言的能力,更熟练地利用 FPGA 的参数化模块(LPM)库中更多的现成资源,熟练掌握 Quartus Ⅱ 提供的三种(SignalProbe、Logic Analyzer Interface、SignalTap Ⅱ)逻辑电路的信号观察和分析工具,为今后设计更复杂的系统打下坚实的基础。

通过本讲的学习,将能更深入地理解设计的实现只依靠软件仿真,即使已经做过布局步线后的仿真仍旧是不够的,必须通过观察硬件逻辑电路的实际行为,才能对电路系统进行更具体的验证,以实现对自己所完成的逻辑设计有 100% 信心的目标。

5.1 在 Quartus Ⅱ 下建立引用参数化模块的目录和设计项目

为了掌握配置和实例引用参数化模块库中宏模块的方法,可以用一个最简单的单个输入时钟、三个输出时钟的参数化锁相环(PLL)设计的来说明这个过程。首先在自己的工作目录 C:\vlogexe\book\ 下,创建一个名为 PLL_and_SignalTap 的新目录。选择与前面几讲中相同类型的 FPGA 作为实现该电路的目标芯片,并用第 2 讲中介绍的方法在 Quartus Ⅱ 开发环境中,在创建的目录中建立名为 PLL_Top 新项目。添加仿真需要的库,建议从

Quartus Ⅱ 安装目录 C:\altera\61\quartus\eda\sim_lib 下,找到目标器件仿真需要的库文件 altera_mf.v 和 cycloneii_atoms.v,将其复制到 C:\vlogexe\book\下。其具体操作步骤如下所述。

5.2 在 Quartus Ⅱ 下进入设计资源引用环境

在 Quartus Ⅱ 主窗口菜单中选择 Tools＞MegaWizard Plug-in Manager 命令,便启动配置参数化模块的人机对话界面,在弹出如图 5.1 所示的对话窗口中,选择第一项,即创建一个新的由用户定义参数的宏模块(megafunction),然后单击 Next 选项。在随即弹出的如图 5.2 所示的对话框的左侧目录树中,可以看到很多设计资源。这些资源分为两大部分:

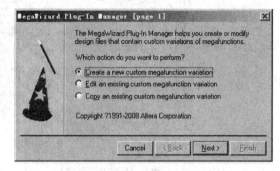

图 5.1 在参数化模块库中创建一个 LPM 实例

(1) 已经安装的资源;
(2) 需要从网上下载和购买的资源。

已经安装的资源包括的范围很广,包括:Altera 芯片 SOPC Builder 中的 Nios Ⅱ CPU 核、算术运算组件、通信组件、DSP 处理的组件、各种类型的门、输入/输出接口和各种 ROM/RAM、FIFO 等。在图 5.2 中资源目录树中选择第一部分 I/O(输入/输出)目录下的 ALT-PLL 模块。

5.3 参数化锁相环的配置和确认

因为革新科技的硬件平台使用的 FPGA 芯片型号是 Cyclone Ⅱ,所以,必须确认位于图 5.2 右上角的长方格中已经规定了使用 Cyclone Ⅱ 系列的 FPGA,然后确认选择 Verilog HDL 作为创建的设计文件所用的语言。将输出文件命名为 MyPLL.v(文件的扩展名为.v,能开始自动地添加到输入文件名之后)。单击 Next,在随即弹出的如图 5.3~图 5.8 所示的对话窗口中,指定我们需要的一个输入时钟频率为 50 MHz,产生三个输出时钟信号:c0,c1 和 c2 的锁相环电路。为了简化起见,在这个锁相环电路中,不设置任何其他控制信号。

最后得到如图 5.8 所示的对话窗口,单击图 5.8 窗口右下角的 Finish 按钮,随即生成如下描述参数化锁相环的 MyPLL.v 文件。其实从自动生成的 MyPLL.v 文件中,读者可以从参数的定义中,清楚地了解已做的设置:c0 的频率为 12.5 MHz,相位为 90°(见图 5.5);c1 的频率为 25 MHz,相位为 180°(见图 5.6),c3 的频率为 100 MHz,相位为 0°(见图 5.7)。所有时钟信号的占空比全部均为 50%。

注意:为了节省篇幅,本书并没有把设置过程中的所有对话框都画出来,所以需要自己注意如何设置才能得到书中的对话框和相应的设置。

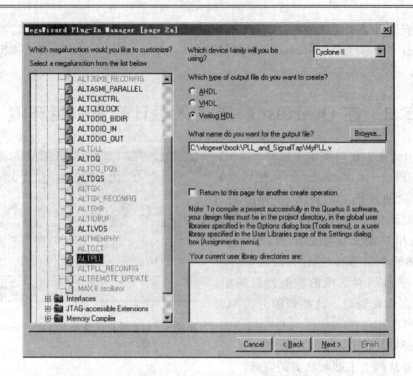

图 5.2　设置选用 Verilog 描述的参数化模块库(LPM)

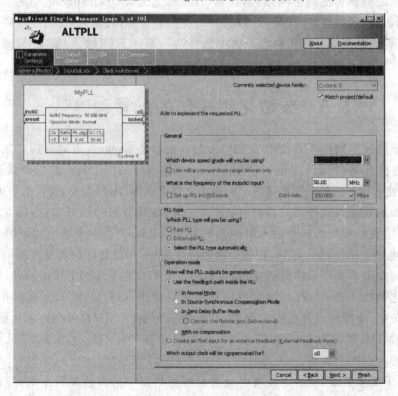

图 5.3　设置锁相环的选择项和确定锁相环所用的器件及输入频率

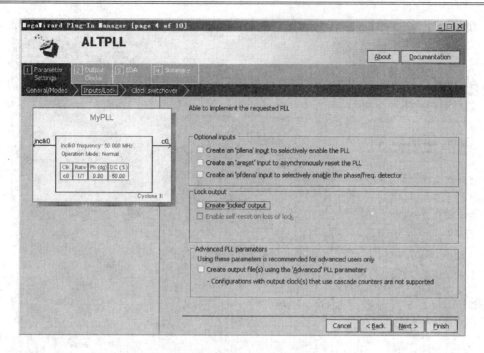

图 5.4 本设计中选用的设置

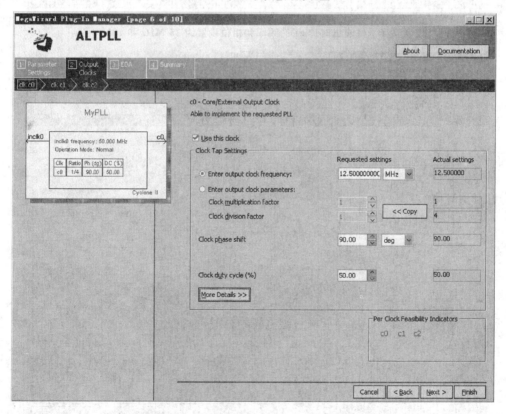

图 5.5 将输出时钟 c0 的频率和相位设置为 12.5 MHz 和 90°

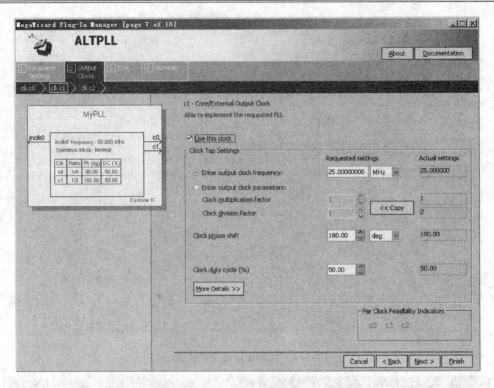

图 5.6　将输出时钟 c1 的频率和相位设置为 25 MHz 和 180°

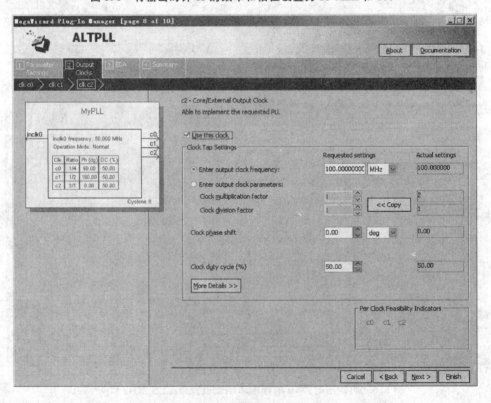

图 5.7　将输出时钟 c2 的频率和相位设置为 100 MHz 和 0°

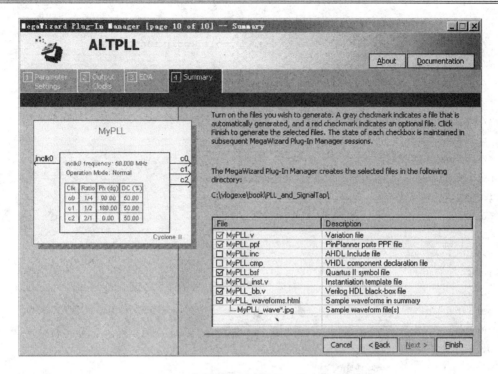

图 5.8　由参数化锁相环配置工具生成的文件

5.4　参数化锁相环配置后生成的 Verilog 代码

参数化锁相环宏模块 ATLPLL 宏模块配置后自动生成的 Verilog 代码如下：

```
//- - - - - - - - - - - - - - - - - - - - - - - - - - - - - - - - - - - - - -
// megafunction wizard: % ALTPLL%
// GENERATION: STANDARD
// VERSION: WM1.0
// MODULE: altpll
// ============================================================
// File Name: MyPLL.v
// Megafunction Name(s):
//        altpll
//
// Simulation Library Files(s):
//        altera_mf
// ============================================================
// * * * * * * * * * * * * * * * * * * * * * * * * * * * * * *
// THIS IS A WIZARD- GENERATED FILE. DO NOT EDIT THIS FILE!
//
// 8.1 Build 163 10/28/2008 SJ Full Version
// * * * * * * * * * * * * * * * * * * * * * * * * * * * * * *
```

```verilog
// Copyright(C)1991- 2008 Altera Corporation
// Your use of Altera Corporation's design tools,logic functions
// ........................
// ........................

// synopsys translate_off
`timescale 1 ps/1 ps
// synopsys translate_on
module MyPLL(
inclk0,
c0,
c1,
c2);
input    inclk0;
output   c0;
output   c1;
output   c2;
wire [5:0] sub_wire0;
wire [0:0] sub_wire6= 1'h0;
wire [2:2] sub_wire3= sub_wire0[2:2];
wire [1:1] sub_wire2= sub_wire0[1:1];
wire [0:0] sub_wire1= sub_wire0[0:0];
wire    c0= sub_wire1;
wire    c1= sub_wire2;
wire    c2= sub_wire3;
wire    sub_wire4= inclk0;
wire [1:0] sub_wire5= {sub_wire6,sub_wire4};

altpll altpll_component(
        .inclk(sub_wire5),
        .clk(sub_wire0),
        .activeclock(),
        .areset(1'b0),
        .clkbad(),
        .clkena({6{1'b1}}),
        .clkloss(),
        .clkswitch(1'b0),
        .configupdate(1'b0),
        .enable0(),
        .enable1(),
        .extclk(),
        .extclkena({4{1'b1}}),
        .fbin(1'b1),
```

```
            .fbmimicbidir(),
            .fbout(),
            .locked(),
            .pfdena(1'b1),
            .phasecounterselect({4{1'b1}}),
            .phasedone(),
            .phasestep(1'b1),
            .phaseupdown(1'b1),
            .pllena(1'b1),
            .scanaclr(1'b0),
            .scanclk(1'b0),
            .scanclkena(1'b1),
            .scandata(1'b0),
            .scandataout(),
            .scandone(),
            .scanread(1'b0),
            .scanwrite(1'b0),
            .sclkout0(),
            .sclkout1(),
            .vcooverrange(),
            .vcounderrange());
defparam
        altpll_component.clk0_divide_by= 4,
        altpll_component.clk0_duty_cycle= 50,
        altpll_component.clk0_multiply_by= 1,
        altpll_component.clk0_phase_shift= "20000",
        altpll_component.clk1_divide_by= 2,
        altpll_component.clk1_duty_cycle= 50,
        altpll_component.clk1_multiply_by= 1,
        altpll_component.clk1_phase_shift= "20000",
        altpll_component.clk2_divide_by= 1,
        altpll_component.clk2_duty_cycle= 50,
        altpll_component.clk2_multiply_by= 2,
        altpll_component.clk2_phase_shift= "0",
        altpll_component.compensate_clock= "CLK0",
        altpll_component.inclk0_input_frequency= 20000,
        altpll_component.intended_device_family= "Cyclone II",
        altpll_component.lpm_hint= "CBX_MODULE_PREFIX= MyPLL",
        altpll_component.lpm_type= "altpll",
        altpll_component.operation_mode= "NORMAL",
        altpll_component.port_activeclock= "PORT_UNUSED",
        ..................
        ..................
```

```
endmodule
// =============================================
// CNX file retrieval info
// =============================================
// Retrieval info: PRIVATE: ACTIVECLK_CHECK STRING "0"
// Retrieval info: PRIVATE: BANDWIDTH STRING "1.000"
// Retrieval info: PRIVATE: BANDWIDTH_FEATURE_ENABLED STRING "0"
// ..................
// ..................
// Retrieval info: PRIVATE: DIV_FACTOR0 NUMERIC "1"
// Retrieval info: PRIVATE: DIV_FACTOR1 NUMERIC "1"
// Retrieval info: PRIVATE: DIV_FACTOR2 NUMERIC "1"
// Retrieval info: PRIVATE: DUTY_CYCLE0 STRING "50.00000000"
// Retrieval info: PRIVATE: DUTY_CYCLE1 STRING "50.00000000"
// Retrieval info: PRIVATE: DUTY_CYCLE2 STRING "50.00000000"
// ...............
// ...............
// Retrieval info: PRIVATE: GLOCK_COUNTER_EDIT NUMERIC "1048575"
// Retrieval info: PRIVATE: HAS_MANUAL_SWITCHOVER STRING "1"
// Retrieval info: PRIVATE: INCLK0_FREQ_EDIT STRING "50.000"
// Retrieval info: PRIVATE: INCLK0_FREQ_UNIT_COMBO STRING " MHz"
// Retrieval info: PRIVATE: INCLK1_FREQ_EDIT STRING "100.000"
// Retrieval info: PRIVATE: INCLK1_FREQ_EDIT_CHANGED STRING "1"
// Retrieval info: PRIVATE: INCLK1_FREQ_UNIT_CHANGED STRING "1"
// Retrieval info: PRIVATE: INCLK1_FREQ_UNIT_COMBO STRING " MHz"
// ..........
// ..........
// Retrieval info: PRIVATE: NORMAL_MODE_RADIO STRING "1"
// Retrieval info: PRIVATE: OUTPUT_FREQ0 STRING "12.50000000"
// Retrieval info: PRIVATE: OUTPUT_FREQ1 STRING "25.00000000"
// Retrieval info: PRIVATE: OUTPUT_FREQ2 STRING "100.00000000"
// ........
// ........
// Retrieval info: PRIVATE: PHASE_RECONFIG_INPUTS_CHECK STRING "0"
// Retrieval info: PRIVATE: PHASE_SHIFT0 STRING "90.00000000"
// Retrieval info: PRIVATE: PHASE_SHIFT1 STRING "180.00000000"
// Retrieval info: PRIVATE: PHASE_SHIFT2 STRING "0.00000000"
// ...............
// ...............
// Retrieval info: GEN_FILE: TYPE_NORMAL MyPLL_wave*.jpg FALSE FALSE
// Retrieval info: LIB_FILE: altera_mf
// Retrieval info: CBX_MODULE_PREFIX: ON
```

从以上代码中可以看出配置的参数出现在多条 defparam 语句中，其实图形界面的配置与直接编写或者修改 Verilog 程序是等价的。需要提醒读者注意的是,由 Quartus Ⅱ 自动生成的 Verilog 代码下面,有许多注释语句对图形界面是会产生作用的。对 Verilog 而言只当作注释,但在 Quartus Ⅱ 中进行综合时,这些注释如果不被清除干净的话,虽然配置值在 Verilog 代码中已做了修改,但没有修改代码下面的注释,那么代码的修改将不起作用,因此对图形界面的设置仍旧有效。所以,建议读者通过人机界面,对参数化库中的元件进行设置,不要人为地修改自动生成的代码,而应该做的只需核对生成模块的接口即可。

读者必须对用 MegaWizard 生成的模块有更深入的了解,即这些自动生成的模块代码是和器件相关的。比如在 Cyclone Ⅱ 系列器件中使用的 PLL 和 Stratix Ⅱ 系列器件中使用的 PLL 是不同的,这两种系列器件的电气特性,比如逻辑单元种类和个数、建立保持时间、门延迟参数、布线延迟参数是不尽相同的,两种系列器件内嵌的 PLL 硬核也是不尽相同的。在每种器件下自动生成的模块代码,是不可以随意移植到其他器件上;而且 Quartus Ⅱ 的版本不同,生成的模块和使用的仿真库和综合库中的元件模型也有所不同,必须注意保持代码与 Quartus Ⅱ 版本的一致性。

5.5 参数化 PLL 的实例引用

在设计中如何利用生成的锁相环呢,可以通过一个简单的例子来说明它的应用。先编写一个 MyPLLReg.v 模块,用该模块说明如何利用 PLL 产生的时钟信号来生成可以由自己控制的输出信号。MyPLL、Reg.v 文件代码如下:

```verilog
//- - - - - - - - - - - Start of  MyPLLReg.v- - - - - - - - - - - - - - - - - - - -
    module MyPLLReg(
        trig_clk,      //come from PLL output c2(100 MHz)
        clk,           //come from PCB clock(50 MHz)
        button,        //come from button to reset signal for registers
        s_clk,         //come from PLL output c0(12.5 MHz)
        q_clk,         //come from PLL output c1(25 MHz)
        clk_reg,
        s_clk_reg,
        q_clk_reg );

    input button;
    input trig_clk;
    input clk;
    input  s_clk,
        q_clk;
    output   clk_reg,
          s_clk_reg,
          q_clk_reg;

    reg    clk_reg,
         s_clk_reg,
```

```verilog
        q_clk_reg;

always @ (posedge s_clk)
    if(! button)
        s_clk_reg <= 0;
    else
        s_clk_reg <= ~ s_clk_reg;   //6.25 MHz

always @ (posedge q_clk)
    if(! button)
        q_clk_reg <= 0;
    else
        q_clk_reg <= ~ q_clk_reg;   //12.5 MHz

always @ (posedge trig_clk)
    if(! button)
        clk_reg <= 0;
    else
        clk_reg  <= clk;   //50 MHz

endmodule
```
//- - - - - - - - - - - - - - End of MyPLLReg.v- - - - - - - - - - - - - - - - -

再编写一个将 PLL 与该模块连接起来的顶层模块 PLL_Top.v 代码,让锁相环和该模块(MyPLLReg)融合在一起。PLL_Top.v 文件如下:

//- - - - - - - - - - - - - start of PLL_Top.v- - - - - - - - - - - - - - - - -
```verilog
module PLL_Top(
    clk,
    button,
    clk_reg,
    s_clk_reg,
    q_clk_reg,
    s_clk,
    q_clk,
    trig_clk
);
input clk,button;
output s_clk,
        s_clk_reg;
output q_clk,
        q_clk_reg;
output trig_clk,clk_reg;

    MyPLL m1(
```

```
    .inclk0(clk),
    .c0(s_clk),      //注意锁相环时钟 s_clk,
    .c1(q_clk),      //q_clk,和
    .c2(trig_clk)    //trig_clk 的输出需要一定的时间
    );

MyPLLReg  m2(
    .trig_clk(trig_clk),
    .clk(clk),
    .button(button),   //button 为 0 的时间必须足够长,
    .s_clk(s_clk),     //寄存器才能有初始值
    .q_clk(q_clk),
    .clk_reg(clk_reg),
    .s_clk_reg(s_clk_reg),
    .q_clk_reg(q_clk_reg)
    );

endmodule
```
//- - - - - - - - - - - - - - - End of PLL_Top.v- - - - - - - - - - - - - - - - - -

将 MyPLL_Reg.v 模块和 PLL_Top.v 顶层模块通过文本编辑器输入,并导入到 Quartus II 的设计项目中,具体的操作请参见前 3 讲。之所以加入 MyPLLReg.v 文件,是为了用最简单的例子说明如何用 PLL 产生的 3 个时钟沿,使触发器翻转,或使寄存器对数据进行采样。

以上列出的 MyPLL_Reg.v 和 PLL_Top.v 的代码供读者参考。

5.6　设计模块电路引脚的分配

在 Quartus II 主菜单的左上角的项目浏览器(Project Navigator)上单击文件(File),把需要综合的所有文件添加到项目中。具体操作方法在前几讲中已经讲过,这里再简单介绍一遍:单击鼠标右键,单击弹出菜单上的 Add/Remove Files in Project....,在弹出对话框中把 MyPLL.v,MyPLL_Reg.v,PLL_Top.v 和引脚定义文件 PLL_small.tcl 加入到项目中,并把 PLL_Top.v 设置为需要综合的顶层文件。然后单击 Quartus II 主菜单栏 Processing>Start>Analysis&Elaboration,对项目进行语法分析。

PLL_small.tcl 是定义引脚的脚本文件,当编译的四个步骤全部完成后,引脚也将按照 PLL_small.tcl 的定义分配完毕。但对于 Quartus 7.2 以前的版本,有时无法自动地导入 tcl 脚本,这是 Quartus II 早期版本存在问题所致。解决的办法是先退出 Quartus II,再重新打开软件和工程,单击主菜单的 tools>Tcl Scripts…,再在弹出的对话框中单击 PLL_small.tcl 脚本,再单击"Run"按钮。用 Assignments>Pin Planer 或者快捷键 Ctrl+Shift+N 可打开 Pin Planer 检查引脚的配置是否正确。PLL_small.tcl 脚本文件代码如下:

```
# - - - - - - Start of PLL_small.tcl- - - - - - - - - - - - -
# (注意:在.tcl 文件中不能用//开头的注释行,只能用# 开头的注释行)
set_global_assignment- name RESERVE_ALL_UNUSED_PINS "AS INPUT TRI- STATED"
```

```
set_location_assignment PIN_B13- to clk
set_location_assignment PIN_Y11- to button
set_location_assignment PIN_T23- to s_clk
set_location_assignment PIN_E5  - to q_clk
set_location_assignment PIN_E25- to trig_clk
set_location_assignment PIN_J21- to clk_reg
set_location_assignment PIN_F24- to s_clk_reg
set_location_assignment PIN_F23- to q_clk_reg
# - - - - - End of PLL_small.tcl- - - - - -
```

请注意：以上 tcl 脚本文件中第一行将所有未使用的引脚定义成三态输入，这样就不用再通过 Assignments＞Device 的步骤进行设置了。此时可以对项目全编译；也可以用 ModelSim 进行布局布线后的仿真，下载程序到革新科技的 FPGA 实验板上。也可以先将 Signal Tap Ⅱ 逻辑分析仪加入到项目中，进行配置后再进行全编译和下载。本讲义中，使用全编译。

图 5.9 为导入脚本后的 Pin Planer 图。

		Node Name	Direction	Location
1		button	Input	PIN_Y11
2		clk	Input	PIN_B13
3		clk_reg	Output	PIN_J21
4		q_clk	Output	PIN_E5
5		q_clk_reg	Output	PIN_F23
6		s_clk	Output	PIN_T23
7		s_clk_reg	Output	PIN_F24
8		trig_clk	Output	PIN_E25

图 5.9 导入脚本后的 Pin Planer 图

5.7 用 ModelSim 对设计电路进行布局布线后仿真图

将项目进行全编译后，找到由 Quartus Ⅱ 综合布局布线工具生成的 PLL_Top.vo 文件和 PLL_Top.sdo 文件，并将两文件复制到一个准备做后仿真的目录。为熟练掌握，同学们应回忆前 3 讲，阅读相关内容，熟悉后仿真的步骤，并通过大量实践，将这些操作步骤烂熟于胸。

为了做好仿真，必须编写 ModelSim 测试文件 Testbench_for_PLL.v，这一文件是专门针对仿真编写的。它是用来产生虚拟的时钟和激励源，进行仿真的控制和对硬件系统的验证，它不是硬件系统的一部分。正因为这个原因，在用 Quartus Ⅱ 软件进行全编译时不可以将这个 Testbench_for_PLL.v 文件加入到项目中进行全编译。另外，ModelSim 测试文件可以使用"不可综合"的 Verilog 代码；而描述硬件的 RTL 代码，必须是"可综合"的。对于什么是"可综合"，什么是"不可综合"，请参见《Verilog 数字系统设计教程》。必须提醒读者注意的是，做锁相环布局布线后仿真时，输入时钟的频率不能太低或者太高，必须符合实际器件的性能，否则不会出现正确的波形。

ModelSim 测试文件 Testbench_for_PLL.v 代码如下：

```
//- - - - - - - - - - - - - - Start of Testbench_for_PLL.v- - - - - - - - - - - - - -
```

```verilog
`timescale 1ns/1ns
module Testbench_for_PLL;
wire s_clk_reg,q_clk_reg,clk_reg;
wire s_clk,q_clk,trig_clk;
reg reset,clkin;
initial
begin
  clkin= 0;
  reset= 1;
  # 10 reset= 0;
  # 150 reset= 1;    //reset= 0 的时间与触发时钟周期相比较必须足够长
                     //以避免 RTL 仿真时 MyPLLReg 模块中的寄存器不能复位
  # 200000 MYMstop;
end
always# 10 clkin= ~ clkin;    //线路板时钟 50 MHz,周期 20 ns
    PLL_Top m0(.clk(clkin),
               .button(reset),
               .clk_reg(clk_reg),
               .s_clk_reg(s_clk_reg),
               .q_clk_reg(q_clk_reg),
               .s_clk(s_clk),
               .q_clk(q_clk),
               .trig_clk(trig_clk)
              );
endmodule
//- - - - - - - - - - - - - End of Testbench_for_PLL.v - - - - - - - - - - - -
```

现在将讲述 ModelSim 编辑工具的小窍门,以便于大家尽快熟练地掌握。

有时候,可用 ModelSim 内置的文本编辑器打开设计文件时,会发现其中的中文注释变成了乱码,如图 5.10 所示的代码中绿色部分。这是由于 ModelSim 默认的文本编码是 ISO,它和国标编码冲突。可以通过 ModelSim 菜单栏 View>Encoding>gb2312 进行设置,然后重新打开此设计文件即可解决乱码问题。如果在默认 ISO 文本编码下,在 ModelSim 内嵌的文本编辑器中修改了设计文件并保存,该文件的编码也会变成 ISO。这意味着再次用任何其他文本编辑器打开此文件时,中文注释都将变为不可复原的乱码。

将项目路径 C:\vlogexe\book\PLL_and_SignalTap\simulation\modelsim 文件夹中的.vo 和.sdo 文件复制到项目路径 C:\vlogexe\book\PLL_and_SignalTap 下,将 Testbench_for_PLL.v、PLL_Top.vo、PLL_Top.sdo 文件和 C:\altera\81\quartus\eda\sim_lib 路径下的 cycloneii_atom.v 文件加入到 work 库中。这时该路径下有两个 cycloneii_atom 文件,其中一个是对应 Verilog 的参数库,一个是对应 VHDL 的参数库。建议读者将 cycloneii_atom.v 和 altera_mf.v 两个文件复制到 C:\vlogexe\book\目录下的 library 的文件夹中,以便于做练习题时不用再到 Altera 安装路径里寻找相应的库文件。

图 5.10 在 ModelSim 中改变文本编码

注意：以上路径并没有加载 altera_mf.v 库文件。这是因为已经用 Quartus 软件将这个库文件中与项目相关的宏模块库（MegaFunction）构造信息和参数加入了 MyPLL.vo 的网表文件中。也就是说，如果使用了 MegaFunction，在 RTL 级前仿真时，必须对 altera_mf.v 文件进行编译，而不需要编译 cycloneii_atom.v 文件。综合布局布线后仿真时，无论是否运用 MegaFunction，都必须对 cycloneii_atom.v 文件进行编译，而不需要编译 altera_mf.v 文件。

图 5.11 给出了布局布线后的仿真波形。从图中可以发现，系统上电后的头几个周期中，PLL 还没有将输出时钟相位锁定。

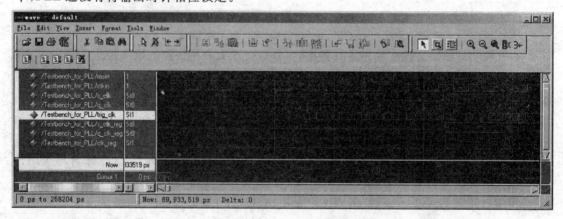

图 5.11 布局布线后仿真波形

5.8 Signal Tap II 的使用

对于一个 FPGA 硬件设计项目来说，随着硬件系统复杂度的提高，所需要的功能、时序验证和板级测试花费的时间的比例会大大增加。对于一个普通的商业项目来说，只有 30% 的时间和人力是花费在代码设计上，而剩下的 70%，都是耗费在验证和调试上。Quartus II

软件在 6.0 以上版本中内嵌了三种板级调试工具：SignalProbe、Logic Analyzer Interface (LAI)和 SignalTap Ⅱ FPGA 内嵌逻辑分析仪。针对不同的设计规模和硬件故障，合理地使用这三个工具，特别是 SignalTap Ⅱ，将会大大缩短验证耗费的时间和精力，用最短的时间将产品投向市场。

5.8.1 Signal Tap Ⅱ 和其他逻辑电路调试工具的原理

SignalProbe 实际上是将所需要观察的节点信号通过 FPGA 中的布线资源，连接到芯片尚未使用的引脚上，并通过外部逻辑分析仪对波形进行观察。使用 SignalProbe 的前提是 FPGA 芯片上有许多尚未使用的引脚，并且手头有一部性能良好的昂贵的逻辑分析仪。如果硬件设计已经使用了 FPGA 上几乎全部的引脚资源，那么 SignalProbe 将无法使用。使用 SignalProbe 的好处是，它除了将所需要观察的节点信号通过芯片布线资源引出到空闲引脚外，几乎不需要消耗 FPGA 上其他逻辑资源，但它不能提供较大的采样空间。逻辑分析仪接口 Logic Analyzer Interface(LAI)能通过接口将大量的采样数据通过 FPGA 接口转存到计算机文件中，其消耗的 FPGA 内部资源和接口也不算很多，具有最好的调试性能。然而与 SignalProbe 工具一样，LAI 也需要一部昂贵的逻辑分析仪，读出转存的信号文件进行分析。

本讲中，只阐述最常用的 FPGA 内嵌的 SignalTap Ⅱ 逻辑分析仪的使用方法。因为在一般情况下，已经足以分析设计的硬件故障问题。其他方法同学们可以参考 Altera 公司的网页自己学习。

SignalTap Ⅱ 的原理如图 5.12 所示，它实际上成为了项目中的一个的子模块。运行时，会将探测到的节点信号储存到 FPGA 芯片上未被使用的 RAM 块上。其后，又可以通过 JTAG 下载线，将这些 RAM 块中储存的信息反馈到计算机的 Quartus Ⅱ 软件中。

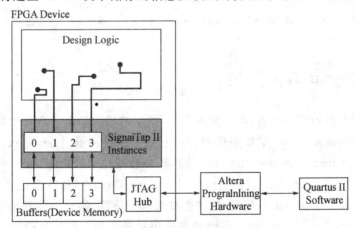

图 5.12 SignalTap 原理框图

5.8.2 调用 Signal Tap Ⅱ 的方法

在设计项目中加入 SignalTap Ⅱ 有三种方法：
第一种，通过 Quartus Ⅱ 软件菜单栏 Tools>MegaWizard Plug - In Wizard,在左边器

件列表中选择 JTAG-accessible Extensions＞SignalTap Ⅱ Logic Analyzer 加入。

第二种，通过 Quartus Ⅱ 在菜单栏 Files＞New，在弹出的对话框中选择 Verification/Debugging Files 中 SignalTap Ⅱ Logic Analyzer File。

前两种方法可参考图 5.13 和图 5.14 所示界面。

第三种，单击菜单栏 Tools＞SignalTap Ⅱ Logic Analyzer。

作者建议同学们在了解上述两种方法后，在实际工作中采用第三种方法，因为这种方法最简单，可以直接在 Quartus Ⅱ 主窗口下产生与图 5.15 所示的 SignalTap Ⅱ 操作界面。

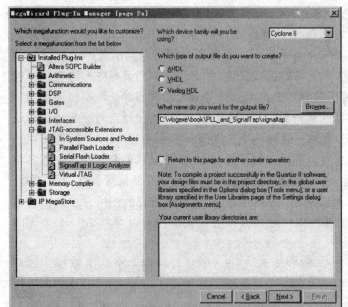
图 5.13　通过 MegaWizard 加入 SignalTap

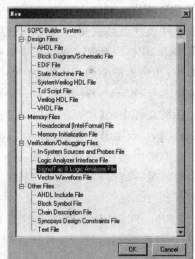
图 5.14　通过新建文件加入 SignalTap

5.8.3　Signal Tap Ⅱ 的配置

在项目中加入 SignalTap 后，出现如图 5.15 所示的用户界面。在这个界面中有六个子窗口，按照从左到右、从上到下的次序排列，分别为：实例管理器（Instance Manager）；JTAG 链路配置（JTAG Chain Configuration）；信号选择和数据显示（Setup & Data）；触发信号配置子窗口（Signal Configuration）；层次显示（Hierarchy Display）和数据记录（Data log）子窗口。必须对其中几个子窗口进行配置，选择需要观察的数据、触发条件和采样时钟。若如图 5.15 所示的用户界面展开的不够大，可以单击该用户界面最上面一栏最右侧的小窗口图标（全屏），把界面完全扩展，再次单击可以恢复原样。

1. 观察点的设置

在 SignalTap 操作界面中部左侧的信号选择（setup & Data）子窗口中找到 Double-click to add notes 提示，双击该提示，可以弹出如图 5.16 所示的窗口，若设计项目只做了 Analysis & Elaboration 或者 Analysis & Synthesis 的步骤，则需要在该弹出窗口的最上面一行中的 Filter（过滤器）栏中选择 SignalTap Ⅱ：pre‐synthesis 一项；若已经对项目进行了全编译，则还可以选择 SignalTap Ⅱ：post‐fitting 一项。选择这项的目的是选择想要观察的信号点，在完成全编译后有许多内部的节点被优化掉了，很难找到对应的观察点。为了本例的观察方便，选择 pre‐synthesis 或 post‐fitting 过滤均可。

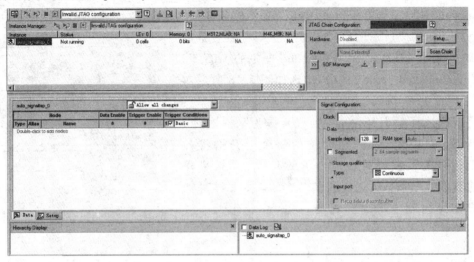

图 5.15 SignalTap Ⅱ 操作界面

然后在如图 5.16 所示的子窗口中添加待观测信号和触发条件，找到该界面的第一行上的 List 按键，单击该 List 按键。根据列出的信号，选择想要观察的信号点，单击两个方框中间的>>标记，该信号就被选中列在右侧的方框中。

同样，在弹出对话框的 Filter 一栏中选择 SignalTap Ⅱ：pre‐synthesis，单击 List 按键，将 Nodes Found 栏中 clk、clk_reg、q_clk、q_clk_reg、s_clk、s_clk_reg 加入右边 Selected Nodes 栏中。

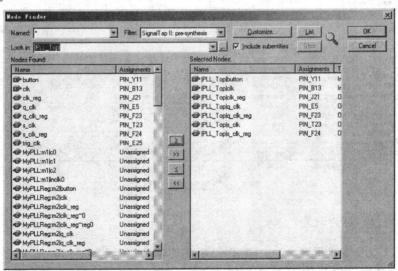

图 5.16 设置观察信号

2. 采样时钟和触发信号的设置

设置采样时钟的操作步骤是：单击如图 5.15 所示的 SignalTap 操作界面中间右部的信号配置（Signal Configuration）子窗口第一行的 Clock 右侧的"..."按键，将弹出图 5.17 所示的信号设置子窗口。然后单击图 5.16 的 List 按键，将 Nodes Found 框中的 trig_clk 加入右边 Selected Nodes 框中，出现如图 5.18 所示对话框。

之所以选择频率最快的 trig_clk 作为采样时钟，是因为 SignalTap 是在采样时钟的每个上升沿将各个观测信号的数据记录在片内 RAM 上。如果采样时钟过慢，那么对于变化快的信号，可能在采样时钟的周期间隔内发生了多次跳变，而这些变化无法被记录下来。

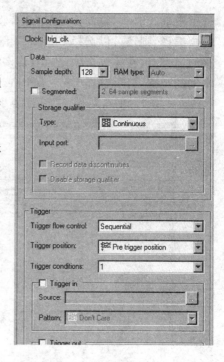

图 5.17 信号设置子窗口

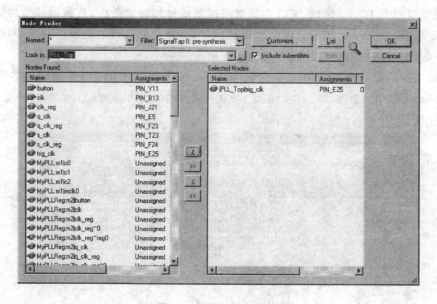

图 5.18 添加触发时钟

3. 采样记录储存的设置

在图 5.17 信号设置子窗口中，还可以设置使用什么种类的片内 RAM 和多大的采样深度来储存采样的波形数据，这里推荐大家选择系统默认的配置（采样深度可以根据需要增加）。选择触发的位置，可以选择 Pre trigger position、Center trigger position 和 Post trigger position 中的某一种。通过这个选择，可以指定触发条件满足时刻和记录前后数据的比例。也可以选择触发条件的个数,为了易于理解,只选择一个触发条件。

4. 触发环境和条件的设置

在本实验中不必选择 Trigger In 和 Trigger Out 选项。这两个选项是用来处理跨时钟域信号或者由多个 SignalTap 联合触发的信号。可以在 Quartus Ⅱ 软件中加入多个 SignalTap 模块文件,用前一个 SignalTap 模块的 Trigger Out 连接到后一个 SignalTap 模块的 Trigger In,这些只有在复杂调试中才需要用到。本实验教程中只讲述最简单的基本触发方式,而高级的触发方式,读者可阅读 Quartus Ⅱ 中有关 SignalTap 的详细技术资料。

5. 关于信号过滤器的设置

在节点选择窗口中,有一个选择小框 Filter,可以选择 pre-synthesis 和 post-fitting 等选项,这并不是"前仿真"和"后仿真"类似的概念。它们只是按照搜索条件分别列出能找到的,可以加入 SignalTap 的观测信号和采样时钟。

注意:Quartus Ⅱ 综合器在全编译过程中可能会把状态机和一些逻辑进行优化,如果选择 post-fitting,可能找不到某些要观察的节点。而 pre-synthesis 列出的节点和时钟加入 SignalTap 后,实际上是限制了 Quartus Ⅱ 综合器,使之不可以把这些待观察的节点综合掉。所以,必须对项目进行重新的全编译。

另外,如果选择 post-fitting 一项,则所添加的信号都显示蓝色,且可以对加入 SignalTap 后需要在 FPGA 上进行修改的区块进行增量编译。不要尝试同时将 pre-synthesis 列表的采样时钟和 post-fitting 列表的观察节点同时加入 SignalTap,或反之。我们建议初学者使用 pre-synthesis 的列表。图 5.19 为加入观察信号后的信号列表。

Type	Alias	Node Name	Data Enable	Trigger Enable	Trigger Conditions 1 ☑ Basic
▶		button	☑	☑	▨
▶		clk	☑	☑	▨
◉		clk_reg	☑	☑	▨
◉		q_clk	☑	☑	▨
◉		q_clk_reg	☑	☑	▨
◉		s_clk	☑	☑	▨
◉		s_clk_reg	☑	☑	▨

图 5.19 加入观测信号后的信号列表

图 5.19 所示信号列表中,可以选择每个信号的波形是否被显示,是否会影响触发条件,以及是哪个信号沿、哪个电平值导致了触发。也可以随便选择,观察不同的组合对触发条件和显示波形的影响,从而加深对 SignalTap Ⅱ 工具的了解。

当上述设置都调整好时,可将 SignalTap 逻辑分析仪(Logic Analyzer)文件储存到硬盘中。存储的方法是单击 Quartus Ⅱ 主菜单栏上的文件存储图标,或者用主菜单栏命令 File>save as,逻辑分析仪配置文件的扩展名为 .stp。可以给逻辑分析仪文件起一个新名字,也可以使用默认的文件名 stp1.stp 存盘。存盘后,Quartus Ⅱ 软件会弹出一个对话框,询问是否在全编译和下载到 FPGA 芯片时包含此 SignalTap 文件。也就是说,系统询问是否要用此文件生成一个 SignalTap 的硬件模块,加入到项目中。若选择"是",就进行全编译,全编译后新生成的 PLL_Top.sof 文件中包括了 SignalTap 逻辑分析仪必要的硬件。

6. 运行 SignalTap Ⅱ 内嵌逻辑分析仪对电路的检查

全编译完成后,需要将名为设计项目的硬件构造文件 PLL_Top.sof 下载到 FPGA 板上。这个加载过程与第 3 讲中通过 Programmer 下载是不同的,因此,必须通过 SignalTap 界面中的右上角的 JTAG 链路配置(JTAG Chain Configuration)子窗口的设置进行。单击该子窗口 Hardware 右侧的 Setup 按键,在弹出的对话框中,在可用的硬件项(Available hardware items)中单击选择 USB-Blaster,再单击方框右侧的 Add Hardware 按钮,使得上面的当前已选的硬件为 USB-Blaster。如果在可用的硬件项中还没有 USB-Blaster,则需要检查代码下载线是否插好,USB-Blaster 驱动程序是否安装正确(可参照第 3 讲 3.4.1 节中关于"USB 下载线驱动安装"的叙述)。

代码加载的硬件设置正确后,Quartus Ⅱ 软件可以通过 USB 下载线,自动找到革新科技公司实验板所使用的器件,然后把硬件配置文件代码下载到 FPGA 中。当然,在把代码下载到 FPGA 之前,还需要单击 SOF Manager 一行最右侧那个"..."按键(见图 5.20 右下角),在弹出对话框中单击 PLL_Top.sof 文件,再单击打开按键,则 PLL_Top.sof 文件名就进入"..."按键左侧的空格中。然后单击"曲别针"形图标左侧带向下箭头的绿色芯片图标,就可对器件进行编程。稍等片刻,新生成的包含 SignalTap 的 PLL_Top.sof 文件被下载到 FPGA 芯片中。

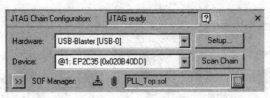

图 5.20 器件设置

在图 5.15 所示的 SignalTap 操作界面的最上面一行从最左边的第二个图标起有三个可控制 SignalTap Ⅱ 内嵌逻辑分析仪操作的按键 ,其中两个红色指向右边的小三角形并启动 SignalTap Ⅱ 逻辑分析仪,第 1 个只启动一次,第 2 个可连续不断地启动,黑色的小方块可停止 SignalTap Ⅱ 的操作。在开始启动逻辑分析仪之前,还需要对触发条件做图 5.21 所示的设置,然后单击启动 SignalTap 的红色小三角形图标。SignalTap 会记录触发点前后采样深度范围的数据。由于没有按下"button"键,三个时钟寄存器一直没有翻转,所以,显示的波形如图 5.22 所示。单击黑色小方块图标可以停止 SignalTap Ⅱ 的操作。

对触发条件的是如图 5.21 所示,通过右击 Trigger condition 列中的图标,在弹出的几个选择项中选择上升沿、下降沿、0 电平、1 电平或无关。因为使用的触发时钟是由锁相环产生的频率最高的时钟 trig_clk,而由 PLL 产生的时钟信号 clk、q_clk 和 s_clk 频率都比较低,由此产生的寄存器信号 clk_reg、q_clk_reg 和 s_clk_reg 必须等到复位信号 button 为高电平时才有可能产生。而 button(F1)在平时连接低电平,所以,只有当一直按住时才能不断地产生新的寄存器信号 clk_reg、q_clk_reg 和 s_clk_reg。由于只需要记录一小段这样的信号,即可把 button 设置为上升沿或者高电平,表示只记录 3 按下 F1 的一小段时间的波形。接着,按下 SignalTap 窗口 ▶ 按键，启动 SignalTap，然后按下革新科技实验板上的 F1 按键，也就是 MyPLLReg.v 中的"button"，就可得到如图 5.23 所示的波形。可见按下"button"键后，三个时钟寄存器被复位，开始翻转。在波形上单击左右键可以将波形放大和缩小。也可以随意修改触发条件，或者试着按下 ▶ 按键，观察波形和触发点的变化。读者可反复组合使用 、 和 ■ 这三个按键以发现两种启动机制的不同点，以及何时需要停止 SignalTap。

读者可以反复修改 button 信号的 Trigger conditions(触发条件)的选择，细心地体会出现不同波形的原因，从而更深刻地理解触发条件的设置对于记录观察信号的重要性。还可以组合各个信号的触发条件，细心地观察在不同的设置条件下的波形，分析产生不同波形的原因。在这里，每次设置触发条件时，必须停止 SignalTap II 的工作，才能修改触发条件。

从多次操作中可以发现，这三个控制键只是用来控制 SignalTap 的启动和停止的，它不能控制 PLL。实际上，在 sof 文件完成下载后，PLL 电路就开始不停地运行，直到系统掉电为止。换句话说，SignalTap 只是用来控制观察数据的记录，而整个系统的运行是不受这些按键控制的。

图 5.21 触发条件配置

图 5.22 波形 1

图 5.23 波形 2

同时还需要注意的是：有些触发条件是无法同时满足的，比如要 clk_reg 的上升沿和 q_clk_reg 的下降沿同时到来的情况不会发生。如果使用这样的触发条件，则 SignalTap 会一直运行，但永远不会触发。也可以随意改变触发条件，而不必对项目进行重新编译。但若增加、删除列表中观测的信号,更换采样时钟,则必须对项目重新进行全编译。

7. 删除 SignalTap 调试逻辑

当用 SignalTap 完成项目的板级验证,确认系统中没有隐患,可以进行固化、量化生产;甚至是移植到 SoC 时,可以从项目中删除 SignalTap,以节省一部分硬件资源。在 Quartus II 的菜单栏单击 Assignments>Device,在如图 5.24 对话框左侧 Category 栏中选择 SignalTap II LogicAnalyzer,在对话框右侧可以选禁止在项目中包含由 SignalTap 生成的硬件模块。如图 5.24 所示,将 enable SignalTap II Analyzer 取消即可,然后再进行一次全编译,新生成的 PLL_Top.sof 文件中就不再包含有关 SignalTap 逻辑分析仪的任何硬件配置。这个新逻辑电路就不能再运行 SignalTap II 逻辑分析仪,但能正常运行设计的逻辑功能。

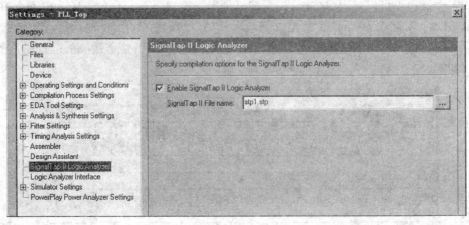

图 5.24 选择将项目已包含的 SignalTap 硬件模块删除

总　结

本讲讲解了 Altera 的 PLL 锁相环和 SignalTap II 逻辑分析仪的使用。

其操作步骤如下:

(1) 单击 Quartus 主窗口菜单 tools>MegaWizard Plug-in Manager...命令,选取元件 ALTPLL,按照弹出的窗口逐个配置不同频率和相位的锁相环输出时钟。

(2) 检查生成的 MyPLL.v 文件。

(3) 编写由锁相环输入时钟产生动作的模块。

(4) 编写顶层测试模块,对根据锁相器时钟操作的模块进行前后仿真测试。

(5) 加载脚本文件把硬件引脚确定。

(6) 单击 Quartus II 主窗口菜单 tools>SignalTap II Logic Analysis 命令,建立 SignalTap II 模块文件,在 SignalTap 配置窗口将触发时钟、条件和待观测信号等配置信息加入 SignalTap。

(7) 进行全编译,下载 sof 文件到实验板。

(8) 运行 SignalTap,观察、分析波形。

注意:每次改变观察信号都需要进行全编译,加载电路和测试逻辑混合在一起的.sof 文件,必须生成新的逻辑电路才能产生新的逻辑分析功能。

每款 Altera FPGA 芯片的结构是不同的,其内嵌的 PLL、RAM 等硬核的数量和结构也是不同的。在使用这些芯片前,必须认真参阅该型号器件的说明手册,对它们的硬件资源有基本的了解。比如最便宜的 MAX Ⅱ 系列 CPLD 是不能够使用 SignalTap 的。这些器件文档可以在 Altera 官方网站 www.altera.com.cn 上找到。如果设计从一个 FPGA 系列向另一个 FPGA 系列移植,对应的这些 IP 模块需要重新生成方可使用。参数化锁相环(PLL)和内嵌逻辑分析仪(SignalTap)是用 Altera FPGA 芯片设计和调试逻辑电路必须掌握的重要部件和工具之一。所以,特别设置一讲,重点讲解。读者务必熟练掌握它们的使用方法,并举一反三。

思 考 题

(1) Quartus 软件的 tcl 文件和 qsf 文件有什么不同?能不能导入 qsf 文件到项目中?如果可以,应该怎样导入?

答:Tcl 是一种脚本文件,可以用来定义信号的输入输出引脚分配,还可以做其他使用;而 qsf 的全称是 Quartus Settings File,主要是给一些器件设置参数。两个文件的应用地方不同。当然,包含 Tcl 文件的项目编译之后,引脚设置会自动进入到 qsf 文件。可以导入 qsf 文件到项目中去,其方法和导入 tcl 文件相似,即通过 Project—>Add/Remove files in project 的方法导入 qsf 文件。

(2) 项目的 tcl 文件是否每次都能导入,还是有时不能导入,这是否是 Quartus 软件存在的隐患?

答:是的。如果不能够导入,则通过主菜单的 tools>Tcl Scripts... 在弹出对话框中选择 PLL_small.tcl 脚本,再选择 Run 按钮,则项目的 tcl 文件导入。最后通过 Pin Planer 来检查引脚是否正确导入工程。

(3) altera_mf.v 和 cycloneii_atom.v 两个文件各是什么?ModelSim 的前仿真和布局布线后仿真各需要将哪个文件加入库中?如果将两个文件都加入库中是否可以?Quartus 软件进行全编译是否需要将这两个文件加入项目中?

答:Altera_mf.v 库文件包含了宏模块库,而 cycloneii_atom.v 库文件是布局布线后仿真所需要的器件库。因此,ModelSim 前仿真需要 altera_mf.v,而后仿真需要 cycloneii_atom.v。两个文件都加入库是可以的。Quartus 软件进行全编译并不需要这两个文件加入项目。

(4) 读者打开 altera_mf 库文件,找到 PLL 模块。

答:略…

(5) 既然可以用 ModelSim 进行布局布线后仿真,那么为什么还要用 SignalTap Ⅱ 内嵌逻辑分析仪?两者有什么区别和共同点?

答:ModelSim 尽管可以做后仿真,但毕竟不能看到在硬件板上实际的运行情况。而使用 SignalTap Ⅱ 则通过在硬件上实时采集到信号来验证功能的正确性。两者的共同点在于都可以查看无论是内部信号还是外部引脚信号;其不同点在于软硬件的仿真级别上。

(6) SignalTap 为什么要使用采样时钟,它的频率是否越高越好?

答:使用采样时钟,就可以通过相应的触发条件采集到所需要观察的信号。频率太低和太高都不好,频率太高会导致采样到的较低的频率信号信息过少。

(7) 最后交付给用户的电路中是否一定需要内嵌逻辑分析仪?如果不要如何去除这些测试逻辑。去除后的电路逻辑行为是否会有一些变化?

答:不需要。可以通过在 Quartus 的 Settings 中取消"enable SignalTap Ⅱ Analyzer"。去除后的电路逻辑行为和原来一样,不会产生变化。

(8) 为什么用 ModelSim 进行布线后仿真可以观察到很具体的延迟现象,而用内嵌逻辑分析仪记录的波形却观察不到这些具体的延迟?

答:ModelSim 后仿真模拟了真实器件的门延迟,而内嵌逻辑分析仪没有包含这种信息。

(9) 请读者设计一个计数器,先用参数化 PLL 模块生成一个 10 MHz 的输出时钟,输入计数器。然后通过计数器产生一个周期为 1 s 的时钟,用它控制革新实验板上 8 个 LED 灯循环闪烁。用 SignalTap 观察计数器的某个数值,比如 99 h,当采样时钟采样到这个数值时进行触发。

答:见本书所附光盘的有关讲的内容。

第6讲 Quartus Ⅱ SOPCBuilder 的使用

前 言

我们知道在 Quartus Ⅱ 软件工具中,有许多现成的设计资源,其中 Nios Ⅱ 处理器核是构建嵌入式数字系统的重要资源之一。在本讲中,将通过配置一个最小系统的示范,讲解如何构成以 Nios Ⅱ 核为中心的最小数字系统,从而学习如何将 Altera FPGA 芯片中可免费使用的 IP 设计资源融入设计的系统中。

在本讲安排的实验中,要在掌握 Nios Ⅱ 处理器核配置方法和应用步骤的基础上,通过自己的操作,学会如何配合 Quartus Ⅱ 提供的其他资源和自己设计的硬件模块构成一个完整的以最小 Nios Ⅱ 核为中心的数字系统硬件。通过学习示例并且自己动手在开发平台上做试验,从而掌握利用可裁剪 Nios Ⅱ 处理器核和由现成的 IP 资源构成硬件系统的方法。在本讲中还要介绍可在 Nios Ⅱ 核系统上运行的软件集成开发环境 IDE,以及有效地借助于这个环境,如何编写软件,如何将编译后生成的软件代码下载到硬件系统的存储器中,如何实现软件/硬件的联合调试,从而为嵌入式数字系统的硬件/软件整体设计打下坚实的基础。通过本节的学习和实验,将能更深入地理解嵌入式数字系统的设计实质上是一个复杂的权衡、抉择和逐步完善的过程。

6.1 Quartus Ⅱ SOPCBuilder 的总体介绍

SOPCBuilder 是由 Quartus Ⅱ 软件提供的一个人机界面,可以方便地构建和生成设计者所期望的嵌入式系统。在前几讲中,曾介绍过在 Quartus Ⅱ 开发环境中,有许多现成的设计资源。Nios Ⅱ 处理器核是这些资源中的核心。它如同一般微处理机系统里的 MCU,但是比较灵活,可以根据用户的需求进行裁剪。当系统的功能要求不高时,裁剪后的 Nios 处理器可以占用较小的 FPGA 空间,而且还可以根据设计需求选取必要的外围 IP 来构建系统。若找不到合适的外围 IP,还可以自己编写 Verilog 代码来生成。当市场需求的规模发展到比较大的时候,由于它可以制成面积虽然较小但可以全面达到应用目标的 ASIC 芯片,从而显著地降低了芯片的生产成本,提高了产品的竞争能力。

6.2 SOPCBuilder 人机界面的介绍

为了更好地说明 SOPC Builder 的人机界面和由 Nios Ⅱ 核构成嵌入式系统的方法,通过具体例子来加以说明。先在文件系统的 C:\vlogexe\book 目录下创建 \Use_Nios Ⅱ 子目录,然后按照第 2.3 节讲述的方法创建一个新的设计项目,即 use_Nios Ⅱ,可以得到如图 6.1 所示的窗口。

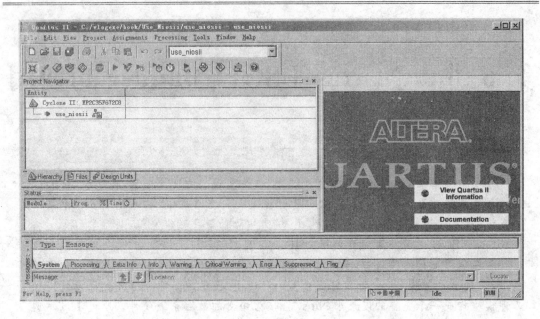

图 6.1 创建一个以 Nios 核为中心的 SOPC 系统项目

选择主窗口中的命令:tools>SOPC Builder,等待约半分钟后(具体时间随计算机性能而定),随即弹出一个对话子窗口(见图 6.2),等待用户的输入,在窗口中键入用户希望建立的系统名 MyNiosSystem,并且选择 Verilog,再单击 OK 按钮,随即激活如图 6.3 所示的 Altera SOPC Builder 人机对话窗口。在对话框中可以看到三个子窗口:

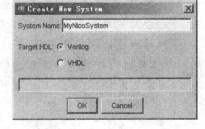

图 6.2 弹出的对话窗口

(1) 左上部子窗口的目录树列出了许多可以供选择的 IP,从 Nios Ⅱ 处理器核到各种外围 IP 器件,应有尽有。

(2) 右上部子窗口可以配置所用的 FPGA 器件类型和时钟频率设置,并且可以显示配置后确认的部件和连接等信息;

(3) 下部子窗口显示配置后出现的反馈信息,告诉用户设计过程中可能存在问题的地方。

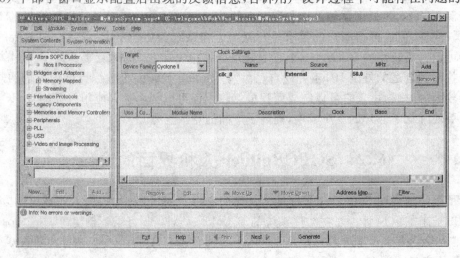

图 6.3 Altera SOPC Builder 人机对话窗口

6.3 将 Nios Ⅱ 处理器核添加到系统

在准备构建系统时,首先必须明确要用什么型号的器件,什么型号的线路板,多高的时钟频率,来实现系统。在图 6.3 中右上部子窗口的三个配置框内做适当的配置,即可让 SOPC Builder 明确设计者的意图。

相关配置完成后,单击左上部子窗口的目录树上有关组件,再单击该子窗口下面标记为 Add 的按钮,随即可以在右上部子窗口的 Module Name 列观察到系统中添加了相应的部件。如果单击目录树下的 Nios Ⅱ Processor,再单击下面标记为 Add 的按钮,随即出现如图 6.4 所示的 Nios Ⅱ 核配置窗口,通过窗口设置可让用户选用不同规格的 Nios Ⅱ 核。图中若选择了中档规格的处理器核,单击该窗口下部标记为 Next 的按钮,随即进入第 2 个配置窗口,如图 6.5 所示;单击第 2 个窗口下部标记为 Next 的按钮,随即进入第 3 个配置窗口。用同样方法进入第 4、第 5、第 6 个配置窗口(均使用默认配置)。在第 6 个配置窗口下部单击标记为 Finish 的按钮,结束处理器核的配置,得到如图 6.6 所示的窗口。

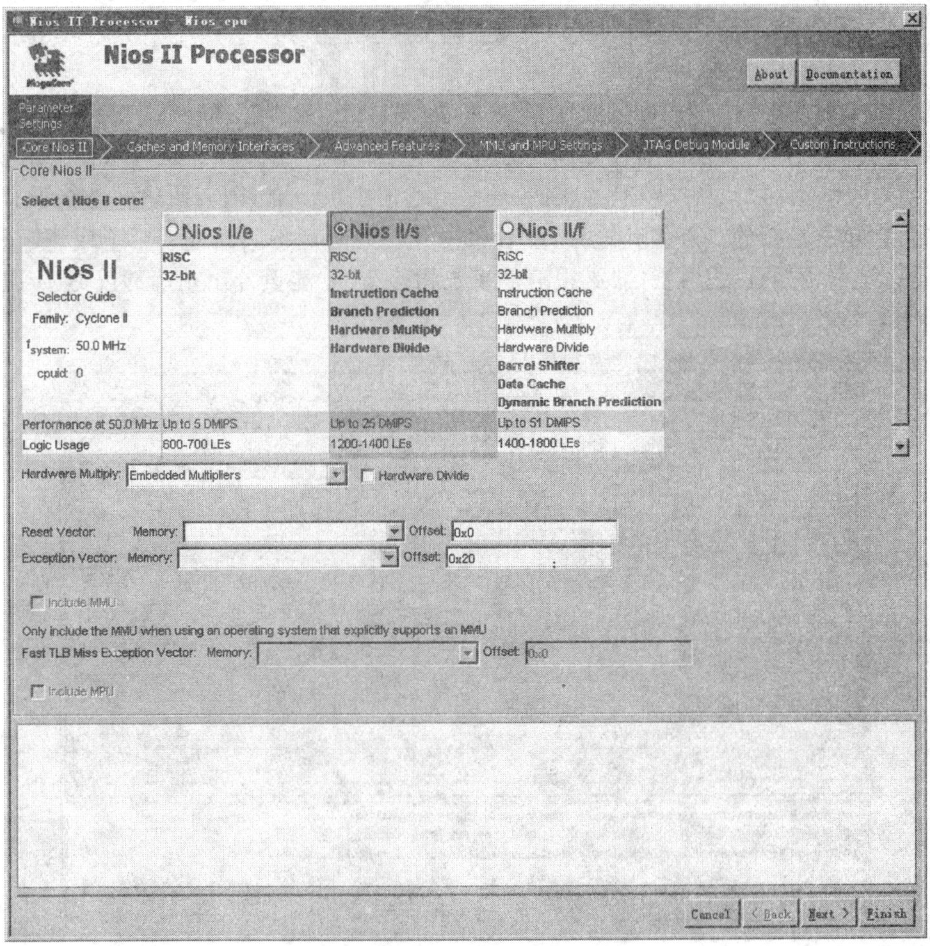

图 6.4 选择一款合适的 Nios Ⅱ 核

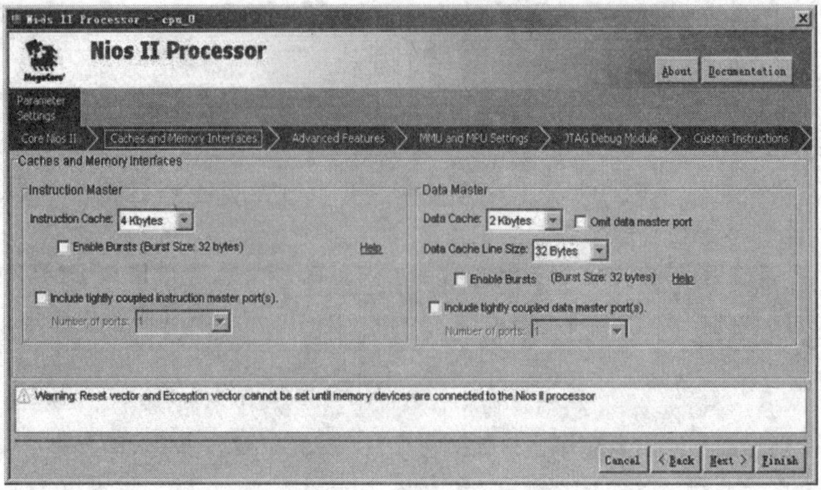

图 6.5 配置 Nios Ⅱ 核的指令 Cache

6.4 部件之间连接的确定

从图 6.6 所示的窗口中,可以看到 Nios Ⅱ 处理器已经生成在 Come 栏目中有几条黑色的弧线,该弧线表示该处理器部件之间的连接。将光标移动至弧线交接处可以见到实心的黑色节点,表示部件之间的线路是连接的;若是空心的黑色节点,则表明这两条线没有连接。设计者可以单击空心的节点将其连接,或者单击实心的节点将其断开。至于应该断开还是连接,与系统的构造有关。设计者必须清楚系统的构造,才能设计出正确的以 Nios Ⅱ 处理器核为中心的系统。

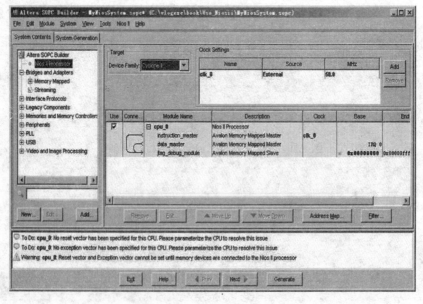

图 6.6 配置 Nios Ⅱ 后的 SOPC Builder 窗口

还可以看到图 6.6 所示的窗口底部有五个按钮,其中有一个是虚的,表示不能执行。标记为 Generate 的按钮虽然是实的,但系统尚未配置完毕,还不能生成可以运行的系统。所以,必须根据数字系统的要求,把需要的部件逐个地添加上去,直到可以组成一个完整的系统为止。这项工作类似于在印刷线路板上安排各个部件,并连接线路。图 6.6 下部所示子窗口的提示信息表明这个系统目前还存在的问题。此时系统尚未配套,因而不必关心这些提示信息。

6.5 系统内存部件的确定及其在系统中的添加

由于想设计的是一个可借助于 SOPC Builder 软件/硬件开发环境的且可用 Nios Ⅱ 核实现的最小系统,所以尽量少用系统资源。由于必须使用 SOPC Builder 提供的软件开发环境,即借助于 IDE 人机界面,用 C 语言编程进行开发,然后通过 USB 电缆下载编译后的 C 代码进行软件代码的调试,所以,至少需要 8 KB 的片上 ROM 和 8 KB 的片上 RAM。为了能够展示所编写的 C 程序在 Nios Ⅱ 核中的运行结果,可选用一个连接到发光二极管的 PIO 口,通过发光二极管的闪烁表明编写的 C 程序能在设计的硬件系统上正常地运行。

现讲解如何把片上 ROM 和 RAM 添加到 MyNiosSystem 最小系统中去,在图 6.6 所示的 Altera SOPC Builder 主窗口左边的 System Contents 子窗口中列出了许多可以供选择的 IP,从 Nios Ⅱ 处理器核到各种外围 IP 器件,几乎应有尽有,但必须注意许多高级的 IP 是需要付费后才能从网上下载的。用鼠标拉动 System Contents 子窗口的滑标,浏览目录树至 Memories and Memory Controllers 分支,将其展开,选择 On‐Chip,将其展开。双击 On‐chip Memory(RAM or ROM),随即出现如图 6.7 所示窗口。将所需要的存储器的类型、大小、读延迟、非默认的存储器初试化文件名等信息键入如图 6.7 所示窗口的相应位置,然后单击标记为 Finish 的按钮。将 ROM 和 RAM 部件配置完毕后,可以在 Altera SOPC Builder 主窗口右侧的 module Name 列找到新添加的模块,并修改其名字为 onchip_rom 和 onchip_ram,同时修改刚才生成的处理器模块的名字为 Nios_cpu。用同样的方法可以在系统中添加一个 8 位的 PIO,并同时驱动 8 个发光二极管。

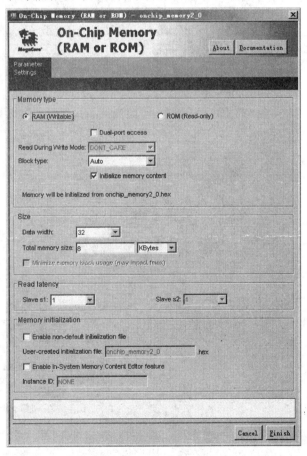

图 6.7 ROM 和 RAM 配置窗口

6.6 系统构成部件的重新命名和系统的标识符

为了在编写程序时,容易记住和理解所添加的硬件部件,给这些部件重新命名是很有意义的。用鼠标单击模块名,然后单击鼠标右键,再单击所弹出下拉菜单中的 Rename 项,设计者就可以随意地更改自动生成的硬件部件名。图 6.8 所示的 Nios_cpu,onchip_rom_8k,onchip_ram_8k,pio_8bit 都是由设计者自己命名的。

最后还应该在 Peripherals>Debug and Performance 目录下找到系统标识外围(System ID Peripheral)并添加之,目的是为系统提供标识。当 SOPC Builder 生成 Nios Ⅱ 系统时,可以为该系统生成一个标识符(ID 号)。该标识符被存入系统 ID 寄存器,供 IDE 编译器和用户辨别所运行的程序是否与目标系统匹配。在某个 Nios Ⅱ 系统的 IDE 环境中,若用户程序与该 Nios Ⅱ 系统没有对应关系,则 IDE 将禁止该用户程序下载到系统中。最后,将生成的模块名字改为 sysid。

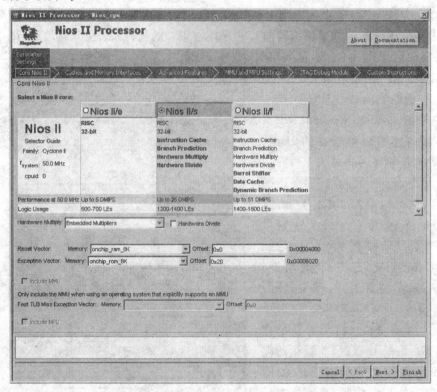

图 6.8 设置系统的复位地址和异常向量地址

6.7 基地址和中断请求优先级别的指定

至此,已经将必须的组件添加到 MyNiosSystem 这个最小系统中,如图 6.9 所示。接下来的工作是为每个外设分配基地址和中断请求优先级(IRQ)。最小系统 MyNiosSystem 中所有外设即没有中断,所以不需要分配中断优先级。SOPC Builder 界面提供自动分配基地址和自动分配 IRQ 命令。在 SOPC Builder 主窗口台头下,单击命令 System>Auto-Assign Base Addresses 和 Auto-Assign IRQs 即可。这两个命令可以分别满足简单系统的外设基地址和中断分配。MyNiosSystem 采用自动分配外设基地址和中断就能达到要求。但对于某些复杂的系统往往需要用户调整外设基地址分配和中断优先级才能满足系统要求。Nios 内核的可寻址范围为 2GB(31 位,即从 0x0000_0000 到 0x7FFF_FFFF 之间)。由于 Nios Ⅱ 程序用宏定义的符号常量来访问外设,所以基地址的改动不需要修改原已调通的程序。

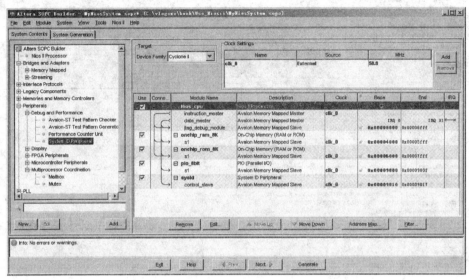

图 6.9 配置 Nios Ⅱ 后的 SOPC Builder 窗口

6.8 Nios Ⅱ 复位和异常地址的设置

在图 6.6 中,在 cpu_0 上右击,在弹出的菜单中选择 edit,重新弹出图 6.4 中的对话框。在本系统中,当电源接通后,从片内 ROM 开始运行,所以,Reset Vector 的存储器模块(Memory Module)应该设置为 onchip_rom_8k,偏移地址为 0x0000_0000。异常向量表放在片内 RAM 里,所以,Exception Vector 的存储器模块应该设置为 onchip_ram_8k,偏移地址为 0x0000_0020,配置好的参数如图 6.8 所示。

注意:复位地址和异常地址的偏移量只有在多处理器系统中才需要设置,其值必须为 0x20 的倍数。若地址设置违反规定,在信息窗口中将会出现错误提示。

6.9 Nios Ⅱ 系统的生成

1. Nios Ⅱ 系统生成的操作步骤

SOPC Builder 提供了依据用户的配置自动生成相应 Nios Ⅱ 系统的能力,具体操作步骤如下:

(1) 在如图 6.9 所示的 SOPC Builder 主窗口中,单击 System Generation 子窗口标签,随即出现如图 6.10 所示的 System Generation 窗口。

(2) 在该窗口上部的一个选项中,根据需要选择或者不选择生成仿真用的项目文件(对本项目而言,不选择可以节省时间,因为本项目不需要进行逻辑仿真)。

(3) 单击 System Contents 子窗口标签,SOPC Builder 随即回到如图 6.9 所示的窗口。单击右下部的 Generate(或者 Re-Generate)按钮,便开始自动生成 Nios Ⅱ 系统。

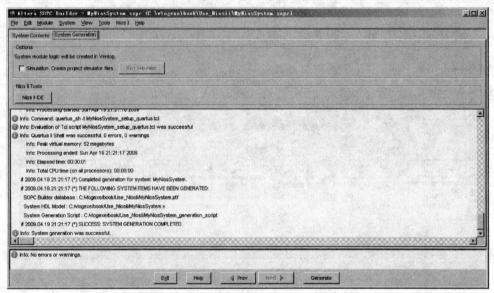

图 6.10 SOPC Builder 主窗口中的 System Generation 子窗口

在生成 Nios Ⅱ 系统的过程中,SOPC Builder 执行了一系列操作,为组成系统中的每一个部件生成了相应的 Verilog 源文件,生成了各硬件部件和 Nios Ⅱ 核连接的片内总线结构、中断逻辑和仲裁逻辑。SOPC Builder 还为用户配置的 Nios Ⅱ 系统自动生成了 IDE 软件开发所必须的硬件抽象层(HAL)、C 语言和汇编语言的头文件。这些头文件定义了存储器映射(mapping)、中断优先级和每个外设寄存器空间的数据结构。一旦 Nios Ⅱ 系统的硬件需要修改,则 SOPC Builder 将会更新这些头文件,也会为系统中的每个部件生成定制的 C 语言和汇编函数库。如果部件中有片内 ROM 或者 RAM,它还将为这些片内存储器生成初始化文件(扩展名为 .HEX 的空白文件)。在系统生成的最后阶段,SOPC Builder 会自动地创建可以将所有部件连接起来的 Avlone 总线结构。系统生成过程中,在标签为 System Generation 的子窗口中将报告生成过程的进展,最后会出现一条消息,告诉用户:系统已顺利生成(见图 6.10)或者已经失败。

(4) 单击如图 6.10 所示窗口底部最左边的按钮 Exit,随即关闭 SOPC Builder 窗口,返回到如图 6.1 所示的 Quartus Ⅱ 主窗口。

以上介绍的是最小 Nios Ⅱ 系统的配置和实现的步骤。这些步骤背后的技术和原理不但涉及计算机体系结构、数字逻辑、软件的数据结构,还涉及软件工程、计算机操作系统、软件/硬件仿真、Verilog 语言等多学科的专业知识。由于我们只是把 Nios Ⅱ 系统作为一个工具,讲解其使用方法,应用它来完成设计任务,而不是作为开发工具本身来讲解,所以,内容比较肤浅,有兴趣的同学可以阅读有关 EDA 原理和方法学等书籍来扩大知识面。

2. 在 Use_Nios Ⅱ 目录产生的文件

生成用户配置的 Nios Ⅱ 系统后,在 Use_Nios Ⅱ 目录中产生了下面一系列文件。

(1) SOPC Builder 系统文件:MyNiosSystem.ptf。该文件定义了已由用户配置完毕的系统究竟包含哪些部件的详细信息。Nios Ⅱ 软件集成开发环境(IDE)必须使用该文件的信息来为目标硬件编译相应的软件程序,关于这一点在以后还要深入介绍。

(2) Quartus Ⅱ 模块符号文件:MyNiosSystem.bsf。该文件是一个表示线路图符号(Symbol)的文件,有一个 Verilog 文件(MyNiosSystem.v)与之对应。用于添加到 Use_Nios Ⅱ 项目的顶层,在 6.10 节讲解如何将用户配置的 Nios Ⅱ 系统集成到设计项目 Use_Nios Ⅱ 中。

(3) 硬件描述语言文件:MyNiosSystem.v 以及每个外设部件的 Verilog HDL 文件。这些文件描述了系统的硬件设计。Quartus Ⅱ 编译器将应用这些 Verilog 文件,并配合 Altera 器件库中的文件,生成可以在目标 FPGA 上运行的数字逻辑系统。

6.10 将配置好的 Nios Ⅱ 核集成到 MyNiosSystem 项目

用 SOPC Builder 生成用户配置的 Nios Ⅱ 系统时,自动地生成了一个名为 MyNiosSystem.v 的文件,也同时生成了一个名为 MyNiosSystem.bsf 图形符号文件。这两个文件本质上是一致的。前面第 2 讲中曾讲过两者之间可以很容易地互相转变。而 MyNiosSystem.bsf 文件只有外部包装形式,其内容是包含在 MyNiosSystem.v 中的。为了将已配置完毕的 Nios Ⅱ 核集成到 MyNiosSystem 中,虽然可以采用两种方法:编写 Verilog 顶层模块的方法和构建线路图符号的方法。但作者建议只采用前面一种方法,因为这种方法符合一贯的设计风格,即用 Verilog HDL 来描述 MyNiosSystem 项目的顶层设计,这种方法比较简单清晰。我们已经通过 SOPC Builder 的界面对 MyNiosSystem 系统进行了必要的配置,从而生成了组成该系统的一系列 Verilog 模块,其核心是配置了必需的外设 Nios Ⅱ 处理器:MyNiosSystem。至此还缺少一个顶层模块,用以定义与时钟、复位按钮和发光二极管(LED)的连线。定义连接线的步骤如下:

(1) 用文本编辑器编写的程序(请注意在模块的编写中,字母的大小写是敏感的):

```
module  MyNiosSystem_top  (clock,
                           rst_n,
                           Led_pio  //8bit output to 8 LEDs
                           );
    input   clock;
    input   rst_n;
    output  [7:0] Led_pio;
    MyNiosSystem    LED_Demo   (.clk_0(clock),
                                .reset_n(rst_n),
                                .out_port_from_the_pio_8bit(Led_pio));
endmodule
```

通过这个程序,把 Nios Ⅱ 系统运行所需要的时钟(clk)信号连接到 FPGA 开发平台上的时钟信号输出(clock);把 Nios Ⅱ 系统所需要的复位信号(reset_n)连接到平台上某个按钮(rst_n);同时把 Nios Ⅱ 系统的输出信号连接到开发平台的 8 个发光二极管(Led_pio)上。

(2) 将上述文件命名为 MyNiosSystem_top.v 存入 Use_Nios Ⅱ 目录。

(3) 单击 Quartus Ⅱ 主窗口的项目浏览器标签为 File 的子窗口,展开 Device Design Files,右击 Device Design Files,从弹出菜单中选择 Add/remove Files in Project,将其他文件删除,把 MyNiosSystem_top.v 添加进来,并设置为顶层文件。

(4) 单击 Quartus Ⅱ 主窗口台头下的命令 Assignments>Pins,用第 3 讲 3.4.1 节所讲述的方法将 LED_Demo 实例的 8 个输出 Led_pio[7:0] 逐个定义到革新科技开发板上的 8 个发光二极管引脚上,并将时钟信号和复位信号分别定义到开发板相应的引脚上。也可以编写如下文件(use_Nios Ⅱ.qsf)来定义引脚。

```
//- - - - - - - - - - - the start of use_Nios Ⅱ.qsf- - - - - - - - - - - - - - - -
set_global_assignment- name FAMILY "Cyclone Ⅱ"
set_global_assignment- name DEVICE EP2C35F672C8
set_global_assignment- name TOP_LEVEL_ENTITY MyNiosSystem_top
set_global_assignment- name ORIGINAL_QUARTUS_VERSION 8.1
set_global_assignment- name PROJECT_CREATION_TIME_DATE "20:23:41 APRIL 19,2009"
set_global_assignment- name LAST_QUARTUS_VERSION 8.1
set_location_assignment PIN_AC10- to Led_pio[0]
set_location_assignment PIN_W11- to Led_pio[1]
set_location_assignment PIN_W12- to Led_pio[2]
set_location_assignment PIN_AE8- to Led_pio[3]
set_location_assignment PIN_AF8- to Led_pio[4]
set_location_assignment PIN_AE7- to Led_pio[5]
set_location_assignment PIN_AF7- to Led_pio[6]
set_location_assignment PIN_AA11- to Led_pio[7]
set_location_assignment PIN_AE18- to rst_n
set_location_assignment PIN_P25- to clock
set_global_assignment- name RESERVE_ALL_UNUSED_PINS "AS INPUT TRI- STATED"
//- - - - - - - - - - - - the end of use_Nios Ⅱ.qsf- - - - - - - - - - - - - - - - -
```

观察上述引脚定义文件,头 6 条设置决定了 FPGA 芯片的系列、型号、顶层文件的名称等重要信息,而从第 7 条设置起为 MyNiosSystem_top.v 文件中 10 条连线,即为 Led_pio[7:0],rst_n,clock 定义了引脚。所有未定义的引脚状态是由上述文件中的最后一行设置决定的。在实际设计工作中,因为引脚数量较大,通常通过修改扩展名为.qsf 的文件来定义引脚。

(5) 单击 Quartus Ⅱ 主窗口台头下的命令 Processing>Start Compilation,随即开始编译。

(6) 编译成功后,就可以用在第 3 讲曾经介绍过的办法将本工程项目的逻辑代码文件 use_Nios Ⅱ.sof 下载到 FPGA 芯片上。

至此硬件的配置工作已经结束,接下来需要做的工作是软件的编程和程序的下载。

6.11 用 Nios Ⅱ 软件集成开发环境 IDE 建立用户程序

在本节中,我们将讲解:
(1) 如何启动 Nios Ⅱ 软件开发环境来创建一个新的 C/C++ 应用工程;
(2) 如何编写一个简单的由 Nios Ⅱ 控制的 LED 闪光程序。
(3) 如何把编译后的软件代码下载到这个小系统中运行。

由于在前面几节中,已经建立了最小的 Nios Ⅱ 硬件系统(MyNiosSystem),所以,本节将把演示和讲解的重点放在软件环境的利用以及如何定义程序中的变量名上。

(1) 在如图 6.10 所示的 SOPC Builder 窗口的 System Generation 子窗口,单击 Nios Ⅱ Tools 框中的 Nios Ⅱ IDE 按钮,弹出如图 6.11 所示的 C/C++Nios Ⅱ IDE 窗口,选择菜

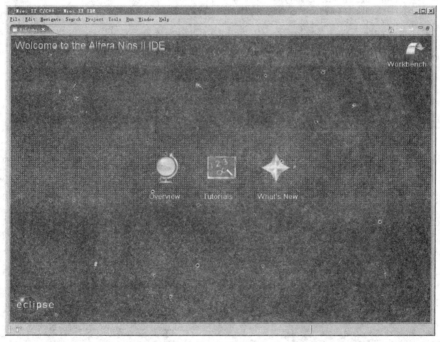

图 6.11 C/C++Nios Ⅱ IDE 窗口

单栏 File>Switch Workspace,随即弹出工作空间发起窗口,键入工作空间目录名(见图 6.12)为 Nios Ⅱ 系统上运行的 C 程序创建一个工作空间。单击该窗口下面的 OK 按钮,然

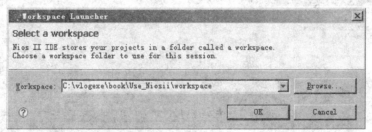

图 6.12 为 Nios Ⅱ 系统上运行的 C 程序创建一个工作空间

后再次弹出如图 6.11 所示的窗口。单击抬头栏下的命令：File＞New Project，随即弹出如图 6.13 所示的新软件工程项目窗口。展开 Altera Nios Ⅱ 目录项选择 Nios Ⅱ C/C++ Application，然后单击该窗口下面的 Next 按钮，随即弹出如图 6.14 所示窗口。拉动该窗口

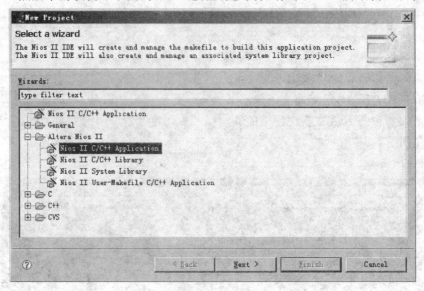

图 6.13　新软件工程项目窗口

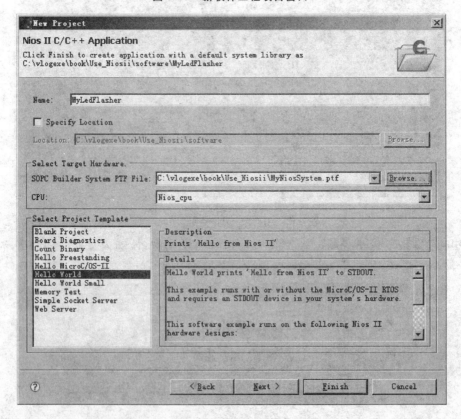

图 6.14　新软件项目的样板选择和命名窗口

中的左下侧滑标,选择软件程序的样板 **Hello World**,并在该窗口的上部标有 Name 的框内填写:**MyLedFlasher** 作为这个软件项目的名。也就是说,在 use_Nios Ⅱ 的工作目录下的 software 目录中又生成了一个新的名为 MyLedFlasher 的目录,这新的目录用来存放自己编写的 C 程序。然后选择目标硬件,即把 MyNiosSystem.ptf 文件名填入如图 6.14 所示的窗口中标有 Select Target Hardware 方框下的空格。程序运行的硬件环境是由 MyNiosSystem.ptf 文件定义的,所以必须让集成软件开发环境(IDE)明确。单击该窗口下部的 Next 键,又弹出一个窗口,让用户选择创建一个新的库还是用已经存在的库,如果是新创建的目录应该选择创建新的库。然后单击该窗口下部的 Finish 按钮键,随即弹出如图 6.15 所示的 C/C++编程窗口。

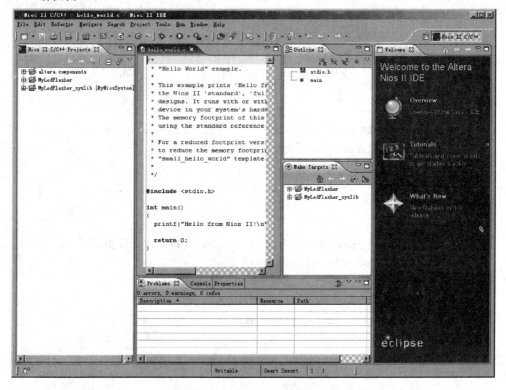

图 6.15 C/C++程序的编程窗口

(2) 本讲的前半部分,已经介绍了最小 Nios Ⅱ 的硬件系统设计过程,现在可以把已编写完毕的软件程序,经过 C/C++编译器的处理后加载到该最小 Nios 系统中。已编写完毕的软件程序名为 MyLedFlasher.c,即参考样板程序 hello_Led.c 编写如下。

```
/* * * * * * * * * * * * * * * * * * * * * * * * * * * * * *
 * MyLedFlasher.c 是一段可在最小 Nios Ⅱ 系统上运行的软件程序。
 * 该程序通过 8 位并行 PIO 口,输出数据将分成两组(高 4 位一组,低 4 位一组的 8 个发光二极管轮
 * 流地点亮和熄灭,不断地重复以上过程。
 * * * * * * * * * * * * * * * * * * * * * * * * * * * * * */
#include ~system.h~
#include ~altera_avalon_pio_regs.h~
#include ~alt_types.h~
```

```c
int main(void)__attribute__((weak,alias("alt_main")));
  /*
   * Use alt_main as entry point for this free- standing application
   */
  int alt_main(void)
{
  alt_u8 led= 0x00;
  alt_u32 i;

  while(1)
  { led= 0x00;   //8 bits all turn off
    IOWR_ALTERA_AVALON_PIO_DATA(PIO_8BIT_BASE,led);
    i= 0;
    while(i< 1000000)    //delay for a while
      { i++;
        }
    led= 0x0F;   ///MSB 4 bits all turn off,but LSB 4 bits all turn on
    IOWR_ALTERA_AVALON_PIO_DATA(PIO_8BIT_BASE,led);
    i= 0;
    while(i< 1000000)    //delay for a while
      { i++;
        }
    led= 0xF0;          //MSB 4 bits all turn on,but LSB 4 bits all turn off
    IOWR_ALTERA_AVALON_PIO_DATA(PIO_8BIT_BASE,led);

    i= 0;
    while(i< 1000000)    //delay for a while
      { i++;
        }


  }
  return 0;
}
```

将 MyLedFlasher.c 程序复制到样板程序 hello_led.c 中,将原程序覆盖,然后改名为 MyLedFlasher.c。

(3) 程序的运行:单击 MyLedFlasher.c 程序,在图 6.16 所示的窗口中单击台头栏下的命令:Run>Run As>Nios Ⅱ Hardware,等待一段时间后,在图 6.16 所示的窗口的下部可以看到编译的信息,待编译结束,就可以看到开发平台上 8 个发光二极管分成高四位和低四位两组轮流地发光和熄灭。

第 6 讲 Quartus Ⅱ SOPCBuilder 的使用

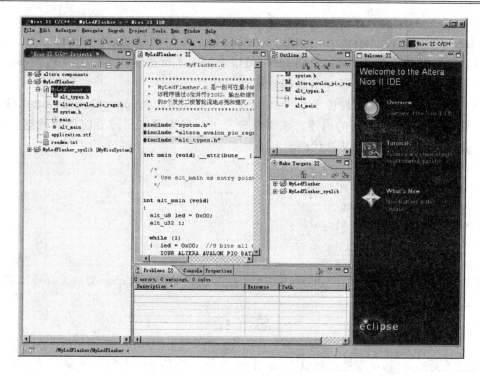

图 6.16 把样板程序改成用户程序

6.12 软件代码解释

结合实验结果，可以非常容易地理解代码。通过一个 while 死循环来实现 4 位 LED 灯亮与灯灭的循环切换，输出到变量 led 不同的值(0x00,0x0F,0xF0)，以得到想要的结果。

该源文件所包含的三个头文件分别是：system.h、altera_avalon_pio_regs.h 以及 alt_types.h。为了帮助读者更好地理解代码，各头文件解释如下：

(1) system.h 该文件位于 C:\vlogexe\book\Use_Nios Ⅱ \software\MyLedFlasher_syslib\Debug\system_description 目录下，是 MyLedFlasher 编译过程中产生的描述整个系统配置信息的头文件。它包括了一些设备地址的映射，比如代码中使用的 PIO_8BIT_BASE 实际上就是 system.h 针对 pio_8bit 组件的配置信息。它在该文件的定义如下：

define PIO_8BIT_NAME "/dev/pio_8bit"
define PIO_8BIT_TYPE "altera_avalon_pio"
define PIO_8BIT_BASE 0x00009000

可以看到，它被系统映射到 0x00009000 地址空间。由于不同的系统在使用 SOPC Builder 工具的自动分配基地址过程得到的地址会有所变化，因此建议程序员使用 system.h 中的宏定义而不是直接引用地址的方式来使用这些配置信息，可以让软件代码的通用性更强。

(2) altera_avalon_pio_regs.h 该文件位于 C:\altera\81\ip\altera\sopc_builder_ip\altera_avalon_pio\inc 目录下。Altera 给用户提供了很多系统函数来操作硬件而不需要用户编写，本文件就是其中一例，专门用于操作 altera_avalon_pio 的组件。可以从该文件中找到对 IOWR_ALTERA_AVALON_PIO_DATA(base,data) 的定义：

```
# define IORD_ALTERA_AVALON_PIO_DATA(base)           IORD(base,0)
# define IOWR_ALTERA_AVALON_PIO_DATA(base,data)      IOWR(base,0,data)
```
该宏定义就是一个对系统的 I/O 操作，端口就是刚才所提到的 PIO_8BIT_BASE，熟悉计算机体系结构的读者可以非常容易的理解这一点。

（3）alt_types.h 该文件位于 C:\altera\81\nios2eds\components\altera_nios2\HAL\inc 目录下，属于硬件抽象层的描述。该文件定义了一些源程序所需要使用的数据类型，比如 alt_u8，alt_u32 等。可以从源代码看到：

```
typedef signed char     alt_8;
typedef unsigned char   alt_u8;
typedef signed short    alt_16;
typedef unsigned short  alt_u16;
typedef signed long     alt_32;
typedef unsigned long   alt_u32;
```

实际上代码中使用的 alt_u8 和 alt_u32 类型就是所谓的无符号 char 型和无符号长整型。

总　结

通过上面的介绍，可以把设计以 Nios Ⅱ 核为中心的 SOPC 的操作步骤归纳如下（步骤次序是可以改变的）：

（1）用 Quartus Ⅱ 软件建立工作目录，定义系统名称。
（2）利用 Quartus Ⅱ 软件中的 SOPC Builder 工具，根据设计的需求配置 Nios Ⅱ 核。
（3）配置完毕后，用 SOPC Builder 自动生成以最小 Nios Ⅱ 为核心的数字系统（由一组 Verilog 模块构成）。
（4）编写顶层文件，设置时钟、复位、输入/输出信号线名称。
（5）逐个输入引脚，或者编写扩展名为 .qsf 的引脚文件。
（6）用 Quartus Ⅱ 进行编译。
（7）将编译完毕的硬件逻辑代码下载到 FPGA 芯片中。
（8）调用软件集成开发环境 IDE，建立软件项目，配置 IDE 的硬件环境和样板程序。
（9）参考样板程序，编写并调试 C/C++ 程序，然后删除样板程序。
（10）连接必要的函数库，核对程序中的接口信号名。
（11）编译 C/C++ 程序，下载程序和数据到 Nios Ⅱ 系统的 ROM 和 RAM。
（12）利用 IDE 在计算机窗口上所显示的信息，结合观察到的系统电路行为，不断地改进其行为和性能直到满意为止。
（13）进行系统级别的验证，对系统做进一步的改进。
（14）进一步完善设计完成的组件，编写设计文档，鼓励重复使用。

思考题和实验

（1）Nios Ⅱ 处理器核与一般的单片机或 MCU 有什么不同？
答：Nios Ⅱ 如同一般微处理器系统里的 MCU，但是比较灵活，可以根据用户的需求进行裁减。

(2) 为什么说以 Nios Ⅱ 处理器核为中心的系统是一个可以根据客户需求进行裁剪的 CPU 系统？

答：Niso Ⅱ 的处理器、ROM、RAM 以及外部器件都可以根据用户的需求进行配置。

(3) 以 Nios Ⅱ 处理器核为中心的系统应该分硬件和软件两部分进行开发，各自使用 Quartus Ⅱ 中什么工具？

答：Nios Ⅱ 的硬件部分可以用 SOPC Builder 来开发，而软件部分可以用 Nios Ⅱ IDE 来开发。

(4) Quartus Ⅱ 中的 SOPC Builder 是用于软件开发，还是用于硬件开发？

答：用于硬件开发。

(5) Quartus Ⅱ 中的 IDE 是用于软件开发，还是用于硬件开发？

答：用于软件开发。

(6) 简单叙述使用 SOPC Builder 开发硬件系统的步骤。

答：
- 将 Nios Ⅱ 处理器核添加到系统；
- 部件之间的连接的确定；
- 系统内存部件的确定；
- 系统构成部件的重新命名；
- 基地址和中断请求优先级别的指定；
- Nios Ⅱ 复位和异常地址的设置；
- 生成 Nios Ⅱ 系统。

(7) 简单叙述使用 IDE 开发软件系统的步骤。

答：
- 在 SOPC builder 窗口的 System Generation 子窗口单击运行 Run Nios Ⅱ IDE。
- 新建工程。
- 选择模版，选择硬件环境(ptf)。
- 新建一个库或者选择已经存在的库。
- 参考样本程序修改源代码满足需求。

(8) 如何在系统中插入免费的或者需要付费的 IP？插入 IP 后如何修改与其他部件的连接？

答：从 System Contents 栏中选择所需要的模块加入到工程中，并且通过部件连接图来修改与其他部件的连接。如果需要创建 IP，可以通过 Component Editor 来完成。

(9) 如何设置系统的复位地址和异常向量地址，以及外围部件的基地址、偏移量、中断级别？

答：在 Nios Ⅱ CPU 配置中设置复位地址和异常向量地址。基地址、偏移量以及 IRQ 可以通过 Auto—Assign 选项来自动分配，用户也可以在每一个模块的属性中去修改这两个值。

(10) 为什么必须进行引脚分配？没有进行引脚分配的系统编译后生成的硬件系统是否能真正用于实际运行？是否能进行时序仿真？仿真是否能完全反映实际情况？

答：最终电路板上的连路连接已经固定，那么如果不进行引脚指定，那么硬件系统将无法正常工作。但仍然可以进行时序仿真，仿真并不能完全地真正反映实际情况，最终还需要下载到电路板上验证。

(11) 描述引脚文件的扩展名是什么？为什么大型设计应该采用编写引脚文件名的方法来分配引脚，而不建议使用逐个输入的办法？

答：描述引脚的文件扩展名为 qsf 文件。因为大型设计所用的引脚往往很多，如果逐个去定义会比较困难，因此采用直接编写引脚文件名的方法来完成。

(12) 在用 IDE 开发软件的时候，为什么必须明确地指定硬件系统的名称？描述硬件系统的文件其扩展名是什么？

答：因为不同的 Nios 系统所设定的参数都不一样，比如基地址以及中断等，那么在用 IDE 开发时就需要明确这些资源的分配，而通过 ptf 文件就可以明确地指定硬件系统。

(13) 在 IDE 开发软件的时候，为什么要用样板程序？用完后为什么必须描述硬件系统的文件扩展名是什么？

答：样板程序相当于模版，通过修改代码可以帮助用户更快地满足自己的要求。系统的文件扩展名是 ptf。

(14) 若设计系统中 Nios Ⅱ 处理器核必须连接多个可互相配合运行的外部设备，其中有个别外围设备还需要自己设计，而这些外围设备的运行都可以得到在 Nios 处理器核上运行的软件帮助，则在系统配置的过程中还需要添加什么 IP 部件才能达到这个目的？用户必须阅读哪些资料，才能够理解为什么必须添加这些部件和如何添加这些部件，才能更好地利用自己设计的外设 IP 和许多现成的 IP，达到理想的控制效果？

答：必须添加 Avalon 总线部件。为了理解 Nios Ⅱ 处理器核和与其配套的 Avalon 总线的使用，必须认真阅读有关 Nios Ⅱ 处理器体系结构、Avalon 总线的接口规范、FPGA 的配置和 Flash 编程、应用程序和外设硬件抽象层驱动程序开发，以及各外围 IP 的配置和使用等技术资料。这些资料可以在 Altera 公司的网页上或者 Quartus Ⅱ 工具的帮助文件中找到。

第 7 讲　在 Nios Ⅱ 系统中融入 IP

前　言

在第 6 讲中，我们讲解了如何用可裁剪的 Nios Ⅱ 处理器核和必要的外围部件构成一个最小的嵌入式系统。本讲将阐述如何用一个功能较强的 Nios Ⅱ 处理器核及其 Avlone 总线，以及必要的外围器件（SSRAM 和 PIO 口等）和自行设计的 IP 核来组成一个虽然小、但很完整的可演示系统。通过本讲的学习，可以了解如何将设计的模块融合到 Nios Ⅱ 处理器系统中，最后实现一个较复杂的数字系统。本讲所设计的 IP 核是建立在完成前几讲实验的基础之上的，建议同学们在完成前几讲实验后再来阅读本讲。本讲在第 7.2.1 节介绍了 LED 阵列显示接口模块（可综合的 RTL 代码部分）供读者参考。

在本讲开始之前，先简单介绍想要完成的设计，即中文字字形显示器。字形是由 16×16 的发光二极管阵列显示。四个中文字字形数据存放在 SSRAM 中，由 Nios 处理器运行的软件，根据通过 Avalon 总线从 PIO 输入口接收到的按钮按动次数，将四个字形中的一个字形数据调入十六个 16 位的寄存器，逻辑电路驱动 LED 显示相应的中文字形。这个电路虽然简单，但用到了 Nios Ⅱ 处理器核、Avalon 总线、PIO 接口、SSRAM 以及自行设计的驱动逻辑模块与 LED 显示阵列的连接，系统与按钮输入信号的连接，可谓麻雀虽小，五脏俱全。

7.1　Avalon 总线概况

在本讲开始之前，首先对 Avalon 总线做一个简单的介绍，以便读者理解后面几讲的实验。

Avalon 共有 6 种接口类型，具体如下：

(1) Avalon Memory Mapped Interface(Avalon－MM)　基于地址的读写接口，一般用于主/从连接。

(2) Avalon Streaming Interface(Avalon－ST)　支持单向数据流的接口，也支持多数据流(streams)、数据包(packets)和 DSP 数据的接口。

(3) Avalon Memory Mapped Tristate Interface　基于地址的读/写接口，支持片外的外设。多个外设可以共享地址和数据总线，从而减少 FPGA 的引脚数量以及 PCB 上的布线数量。

(4) Avalon Clock　驱动或者接收时钟和复位信号的接口，用于同步多个接口并提供了复位信号的连接性。

(5) Avalon Interrupt　该接口可以让组件事件触发其他组件。

(6) Avalon Conduit 该接口可以让信号引到顶层 SOPC 系统,这样就可以将它连接到设计的其他模块。

组件可以包含任意数量的上述接口,也可以包括同一接口类型的多个实例。

Avalon 接口使用属性(property)来描述它们的行为。比如,Avalon-MM 三态接口的建立时间(setuptime)和保持时间(holdtime)属性指定了外部存储设备的时序,而 Avalon-ST 接口的最大通道数(maxchannel)属性则可以让设计者描述接口所支持的通道数量。规范对于每一个接口类型都定义了属性,并且规定了默认值。

每一个 Avalon 接口都定义了一系列的信号类型和行为。很多信号类型都是可选的,允许组件设计者更加灵活地选择需要的信号类型。比如,Avalon-MM 接口包括可选的 beginbursttransfer 和 burstcount 信号类型,主要用于那些支持突发(bursting)传输的组件。除了 conduit 类型的接口以外,每一个接口类型的每一个信号类型都只能包括程序中的一个信号。

各个接口都有时序方面的信息,这些时序信息描述了针对单个类型的传输。

由于篇幅方面的原因,建议读者参考 Altera 的 Avalon Interface Specifications 文档,详细地了解有关 Avalon 协议的更多内容。

7.2 设计模块和信号输入电路简介

7.2.1 LED 阵列显示接口的设计(leds_matrix.v)

LED 阵列显示接口模块很小,只是一个很小的逻辑,称其为 IP。这里应该说明的是如何将自己设计的逻辑模块(IP)融合到 Nios Ⅱ 处理器系统中。

leds_matrix 是阵列显示模块的名称,其功能是将十六个 16 位的寄存器的内容与数目相同的发光二极管阵列对应起来;发光二极管显示的是从 temp0 到 temp15 十六个 16 位寄存器中被设置为 1 的位。这个小模块可以用于在发光二极管阵列(16×16)上显示一个中文字。为了显示想要的中文字,只需要用软件把描述字符的点阵从存储器读出,然后存入从 temp0 到 temp15 十六个 16 位寄存器中即可。硬件电路在时钟信号和在 Nios Ⅱ 处理器核上运行的软件控制下,产生 RAM 选片信号和读取控制信号,并从 RAM 中读取字形数据通过三态总线送到 leds_matrix 的寄存器中(从 tmp0 到 tmp15)。由于这些显示寄存器通过输出接口 dm_row(连接到 LED 的)和 dm_col(连接到 LED 的)分别连接到 LED 的行和列控制信号使 LED 根据字形点亮或者熄灭。在 clk_scan 扫描使能控制信号的作用下,利用人眼的延迟作用,可以把逐行显示的中文字形,看似整体地一起显示在(16×16)发光二极管阵列上。

LED 阵列显示接口的代码如下:

```
//- - - - - - - - - - - - - - Start of leds_matrix.v- - - - - - - - - - - - - - -
module leds_matrix(
            // inputs:
            address,
```

```verilog
                    chipselect,
                    clk,
                    reset_n,
                    write_n,
                    writedata,     //从SRAM三态数据总线读取的字形数据
                    //outputs:
                    dm_row,        //连接到LED的行信号,控制点亮/熄灭LED
                    dm_col         //连接到LED的列信号,控制点亮/熄灭LED
                    );
output  [15:0] dm_row;
output  [15:0] dm_col;
input   [ 3:0] address;
input          chipselect;
input          clk;
input          reset_n;
input          write_n;
input   [15:0] writedata;

reg     [15:0] dm_row;
reg     [15:0] dm_col;
reg     [15:0] tmp0,tmp1,tmp2,tmp3,tmp4,tmp5,tmp6,
               tmp7,tmp8,tmp9,tmp10,tmp11,tmp12,
               tmp13,tmp14,tmp15;
integer i;
reg     [14:0] state;
reg     clk_scan;

parameter state0  = 15'b000_0000_0000_0000,
          state1  = 15'b000_0000_0000_0001,
          state2  = 15'b000_0000_0000_0010,
          state3  = 15'b000_0000_0000_0100,
          state4  = 15'b000_0000_0000_1000,
          state5  = 15'b000_0000_0001_0000,
          state6  = 15'b000_0000_0010_0000,
          state7  = 15'b000_0000_0100_0000,
          state8  = 15'b000_0000_1000_0000,
          state9  = 15'b000_0001_0000_0000,
          state10 = 15'b000_0010_0000_0000,
          state11 = 15'b000_0100_0000_0000,
          state12 = 15'b000_1000_0000_0000,
          state13 = 15'b001_0000_0000_0000,
          state14 = 15'b010_0000_0000_0000,
          state15 = 15'b100_0000_0000_0000;
```

```verilog
always @ (posedge clk or negedge reset_n)
  begin
    if(reset_n== 0)
      begin
        tmp0<= 16'b0000_0000_0000_0000;
        tmp1<= 16'b0000_0000_0000_0000;
        tmp2<= 16'b0000_0000_0000_0000;
        tmp3<= 16'b0000_0000_0000_0000;
        tmp4<= 16'b0000_0000_0000_0000;
        tmp5<= 16'b0000_0000_0000_0000;
        tmp6<= 16'b0000_0000_0000_0000;
        tmp7<= 16'b0000_0000_0000_0000;
        tmp8<= 16'b0000_0000_0000_0000;
        tmp9<= 16'b0000_0000_0000_0000;
        tmp10<= 16'b0000_0000_0000_0000;
        tmp11<= 16'b0000_0000_0000_0000;
        tmp12<= 16'b0000_0000_0000_0000;
        tmp13<= 16'b0000_0000_0000_0000;
        tmp14<= 16'b0000_0000_0000_0000;
        tmp15<= 16'b0000_0000_0000_0000;
      end
    else if(chipselect && ~ write_n )
      begin
        case(address[3:0])    //根据地址值从存储字形的 RAM 中读取
                              //字体数据放入寄存器
          4'b0000:tmp0<= writedata;
          4'b0001:tmp1<= writedata;
          4'b0010:tmp2<= writedata;
          4'b0011:tmp3<= writedata;
          4'b0100:tmp4<= writedata;
          4'b0101:tmp5<= writedata;
          4'b0110:tmp6<= writedata;
          4'b0111:tmp7<= writedata;
          4'b1000:tmp8<= writedata;
          4'b1001:tmp9<= writedata;
          4'b1010:tmp10<= writedata;
          4'b1011:tmp11<= writedata;
          4'b1100:tmp12<= writedata;
          4'b1101:tmp13<= writedata;
          4'b1110:tmp14<= writedata;
          4'b1111:tmp15<= writedata;
          default:;
        endcase
```

```verilog
                end
        end
always@ (posedge clk  or negedge reset_n)
begin
    if(reset_n== 0)
      begin
         clk_scan<= 0;
         i<= 0;
      end
   else
      if(i< 10000)
         i<= i+ 1;
      else
      begin
      i<= 0;
      clk_scan<= ~ clk_scan;
      end
end
always@ (posedge clk_scan or negedge reset_n)
  begin
if(reset_n== 0)
begin
     state<= state0;
     dm_row<= 16'b1111_1111_1111_1111;
     dm_col<= 16'b0000_0000_0000_0000;
end
else
  case(state)
state0:
         begin
         dm_row<= 16'b1111_1111_1111_1110;
         dm_col<= tmp0;
         state<= state1;
         end
state1:
         begin
         dm_row<= 16'b1111_1111_1111_1101;
         dm_col<= tmp1;
         state<= state2;
         end
state2:
         begin
         dm_row<= 16'b1111_1111_1111_1011;
```

```verilog
                dm_col<= tmp2;
                state<= state3;
                end
    state3:
                begin
                dm_row<= 16'b1111_1111_1111_0111;
                dm_col<= tmp3;
                state<= state4;
                end
    state4:
                begin
                dm_row<= 16'b1111_1111_1110_1111;
                dm_col<= tmp4;
                state<= state5;
                end
    state5:
                begin
                dm_row<= 16'b1111_1111_1101_1111;
                dm_col<= tmp5;
                state<= state6;
                end
    state6:
                begin
                dm_row<= 16'b1111_1111_1011_1111;
                dm_col<= tmp6;
                state<= state7;
                end
    state7:
                begin
                dm_row<= 16'b1111_1111_0111_1111;
                dm_col<= tmp7;
                state<= state8;
                end
    state8:
                begin
                dm_row<= 16'b1111_1110_1111_1111;
                dm_col<= tmp8;
                state<= state9;
                end
    state9:
                begin
                dm_row<= 16'b1111_1101_1111_1111;
                dm_col<= tmp9;
```

```verilog
                    state<= state10;
                end
    state10:
                begin
                    dm_row<= 16'b1111_1011_1111_1111;
                    dm_col<= tmp10;
                    state<= state11;
                end
    state11:
                begin
                    dm_row<= 16'b1111_0111_1111_1111;
                    dm_col<= tmp11;
                    state<= state12;
                end
    state12:
                begin
                    dm_row<= 16'b1110_1111_1111_1111;
                    dm_col<= tmp12;
                    state<= state13;
                end
    state13:
                begin
                    dm_row<= 16'b1101_1111_1111_1111;
                    dm_col<= tmp13;
                    state<= state14;
                end
    state14:
                begin
                    dm_row<= 16'b1011_1111_1111_1111;
                    dm_col<= tmp14;
                    state<= state15;
                end
    state15:
                begin
                    dm_row<= 16'b0111_1111_1111_1111;
                    dm_col<= tmp15;
                    state<= state0;
                end
    default:
                begin
                    dm_row<= 16'b1111_1111_1111_1111;
                    dm_col<= 16'b0000_0000_0000_0000;
                    state<= state0;
```

```
            end
        endcase
    end

endmodule
//------------- End of leds_matrix.v-------------------
```

通过仿真验证了上述模块的逻辑设计是正确的。上述模块设计时需要注意的问题是：当需要慢扫描时钟时，可以用计数器产生一个占空比很大的正脉冲 clk_scan，它与时钟配合产生与慢扫描时钟同样的效果，但可以使得整个系统只使用一个时钟，从而提高系统的时序性能。Nios Ⅱ 处理器通过软件程序接收从按钮来的信号，并根据按动的次数确定选择显示哪个字型。而字型数据是通过软件从 SSRAM 读出加载到显示寄存器中的。至于中文字型的显示逻辑则是由硬件完成的，这个硬件逻辑由 leds_matrix.v RTL 模块生成。通过定义引脚和拨动开发板上必要的开关，就可以将 leds_matrix 模块的两条 16 位输出线 dm_row 和 dm_col 分别连接到发光二极管阵列的行端口和列端口。

7.2.2 按钮信号的输入(button.v)

按钮信号的输入是通过 PIO 口实现的。这并不需要编写模块来描述这个接口，SOPC Builder 在插入 PIO 模块时会根据用户的配置自动生成一个名为 PIO_0.v 的模块。为了表示这个接口是用于按钮的，所以，在 SOPC Builder 中，将插入的 PIO 组件名从 PIO_0 改名为 button（注意改名后），所有与 PIO_0 有关的信号名将自动改写为与 button 有关，描述并行接口的 Verilog 文件 PIO_0.v 也自动转变为 button.v。

在这里介绍的 button.v 目的在于告诉读者，能在 Nios Ⅱ 处理器上运行的，并且有工程应用价值的处理按钮输入信号的软件是如何编写的，它与硬件的接口是如何定义的。

button 是按钮信号的输入模块的名称，其功能是将一个开关的复位信号和一个按钮的状态信号通过连接到 Avlone 总线的 PIO 口送到 Nios Ⅱ 处理器中。然后软件就可根据按钮的状态信号（按动的次数）将不同的中文字形调入到显示寄存器，在硬件逻辑的驱动下，发光二极管阵列就将调入显示寄存器的中文字形使其显示在发光二极管阵列上。

在插入 PIO 接口模块时，SOPC Builder 人机界面将会弹出一系列对话窗口（具体参数设置见图 7.9 和图 7.10），允许设计者进行配置，不同的配置将产生不同要求的 PIO 接口模块，从而产生与 Avalon 总线配套的相应硬件逻辑。代码的具体细节比较复杂，必须对 Avalon 总线的协议有深入的理解才能完全理解以下接口代码的全部含义。由于工具的自动化功能，设计者不必详细了解 Nios Ⅱ 处理器核通过 Avalon 总线与外设数据交互的具体时序要求，就能经由 PIO 接口实现与外设数据的可靠交互。以下程序代码是由 SOPC Builder 在 Aralon 总线上连接 PIO 模块时自动生动的。其代码是：

```
//-------------- Start of button.v---------------
module button(    //inputs:
                address,
                chipselect,   //选取
                clk,
```

```verilog
                        in_port,
                        reset_n,    //复位信号,负电平有效
                        write_n,
                        writedata,
                     //outputs:
                        irq,
                        readdata );
output              irq;
output              readdata;
input [1:0]         address;
input               chipselect;
input               clk;
input               in_port;
input               reset_n;
input               write_n;
input               writedata;
wire                clk_en;
reg                 d1_data_in;
reg                 d2_data_in;
wire                data_in;
reg                 edge_capture;
wire                edge_capture_wr_strobe;
wire                edge_detect;
wire                irq;
reg                 irq_mask;
wire                read_mux_out;
reg                 readdata;
assign clk_en= 1;              //s1,which is an e_avalon_slave
assign read_mux_out  =   ({1 {(address== 0)}} & data_in)|
                         ({1 {(address== 2)}} & irq_mask)|
                         ({1 {(address== 3)}} & edge_capture );
always @ (posedge clk or negedge reset_n)
  begin
    if(reset_n== 0)
       readdata <= 0;
    else if(clk_en)
        readdata <= read_mux_out;
  end
assign data_in= in_port;//从 in_port 端口进入的数据传给 data_in
always @ (posedge clk or negedge reset_n)
   begin
     if(reset_n== 0)
         irq_mask <= 0;
```

```verilog
        else if(chipselect && ~ write_n &&(address== 2))
            irq_mask <= writedata;
    end
assign irq= |(edge_capture & irq_mask);
assign edge_capture_wr_strobe= chipselect && ~ write_n &&(address== 3);
    always @ (posedge clk or negedge reset_n)
      begin
        if(reset_n== 0)
            edge_capture <= 0;
        else if(clk_en)
            if(edge_capture_wr_strobe)
                edge_capture <= 0;
            else if(edge_detect)
                edge_capture <= - 1;
    end
    always @ (posedge clk or negedge reset_n)
      begin
        if(reset_n== 0)
          begin
            d1_data_in <= 0;
            d2_data_in <= 0;
          end
        else if(clk_en)
          begin
            d1_data_in <= data_in;
            d2_data_in <= d1_data_in;
          end
      end
    assign edge_detect= d1_data_in & ~ d2_data_in;//检测一个由低变高的电平
endmodule
//- - - - - - - - - - - - - - End of button. v- - - - - - - - - - - - - - -
```

在介绍完输出和输入模块后,将介绍完整的操作步骤,同学们必须理解每个步骤的含义和完成的工作,才能记住这些操作步骤,并正确地分析操作中出现的问题。

7.3 硬件设计步骤

7.3.1 建一个目录放置设计文件

在 C:\vlogexe\book 目录下建立一个子目录:\NiosWithMyIPs 以放置设计文件。将描述发光二极管显示阵列控制器的可综合(RTL)Verilog 文件 led_matrix.v 存入该文件夹。调用 Quartus Ⅱ 8.1,在 Quartus Ⅱ 主窗口台头下单击:File>New Project Wizard....,弹

出一个对话窗口，单击 Next 键，弹出一个如图 7.1 所示的项目设置窗口，进行相关的设置。一定注意第三个方框内的名称必须与顶层文件的名一致。

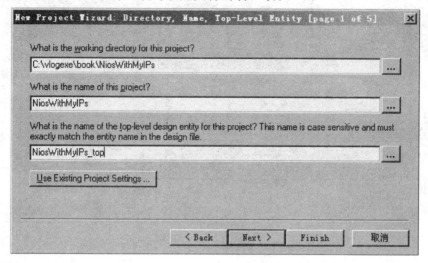

图 7.1　项目的设置对话框

然后在图 7.1 中单击 Next 键后又弹出相应的设置窗口，做适当的或者默认的配置，几次单击 Next 键后便完成了项目的设置。随即出现如图 2.1 所示的 Quartus Ⅱ 的主窗口。因为前面几讲已经阐述过，不再赘述。

注意：项目的名称与顶层设计实体的名称在带 Nios Ⅱ 核的设计中必须不同，这是因为在用 SOPC Builder 自动创建的带有自己设计的 IP 逻辑和许多外设 IP 的 Nios Ⅱ 核只是运行在 FPGA 上的核，没有与外部电路发生连接关系。而顶层文件是将这个可在 FPGA 上运行的带多个 IP 的 Nios Ⅱ 核与 FPGA 外部的时钟、复位信号、SRAM 的地址/数据/控制线、各种开关、按钮和 LED 阵列等连接起来的纽带，所以还需要定义一个外壳包装，这就是本设计中的顶层文件 NiosWithMyIPs_top。这个文件的编写是基于 SOPC Builder 自动创建的系统文件 NiosWithMyIPs.v 内部的最上层模块 NiosWithMyIPs 上。

NiosWithMyIPs_top 文件也可以用图形界面来自动生成，但必须逐条连接外设的接口，比较麻烦，不如直接编写成 Verilog 文件方便。本实验还必须注意的是革新科技开发板上的硬件开关配置必须设置正确，否则用 small.tcl 配置的引脚也无法与实际的外部硬件连接起来。需要注意设置的开关有三个：

（1）8 个黑色拨动开关中的 SW1A 必须向下（复位后电路动作使能信号）；
（2）蓝色模块选择开关 12345678 中的 123 必须配置成 on/off/on；
（3）建议将蓝色显示选择开关 12345678 全部设置为 off。

7.3.2　创建设计的组件

参考第 5.2 节的内容，作相应的操作，随即弹出如图 7.2 所示的 Altera SOPC Builder 人机对话窗口。单击图 7.2 中左下角的 New 图标按钮，随即出现如图 7.3 所示的插入组件的配置窗口，然后进行从图 7.4 到图 7.8 的一系列配置。

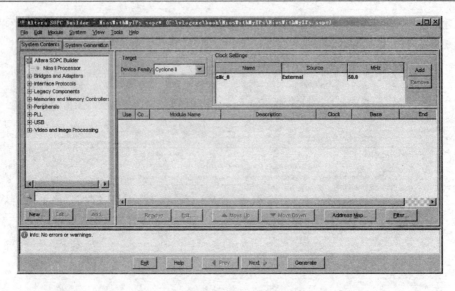

图 7.2 创建自己的 IP 插入组件

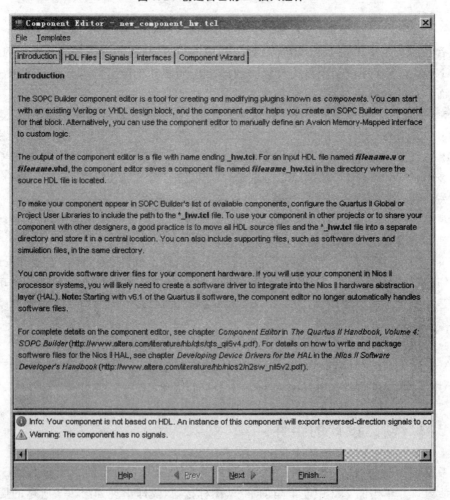

图 7.3 插入组件配置窗口

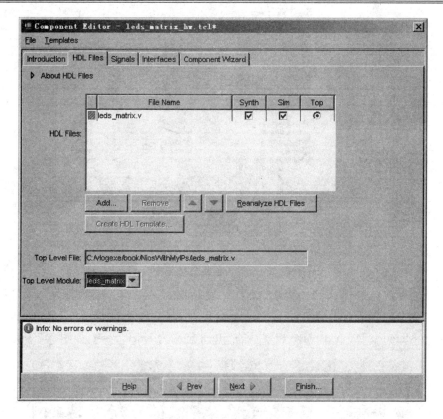

图 7.4 配置 HDL 文件

在图 7.4 中添加 led_matrix.v 文件时必须等待一会儿，等到弹出"完成综合和分析"的对话框，才能单击 Next 按钮进行下一步，如图 7.5 所示。

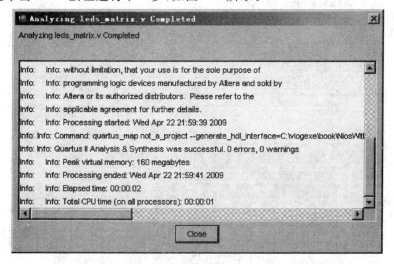

图 7.5 确认 HDL 文件与插入组件的对应关系

在图 7.6 的信号配置中，要将 dm_row 和 dm_col 配置成为 conduit_end 接口类型，而其信号类型都定义为 export。

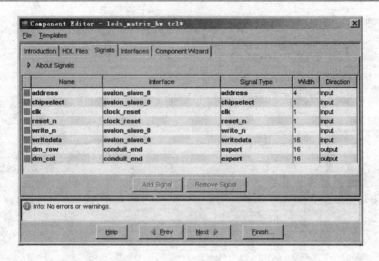

图 7.6 插入组件信号配置

在图 7.6 中可以看到,本模块中用到了 Avalon Memory Mapped Slave 类型组件(avalon_slave_0)、Clock Input 类型组件(clock_reset)以及 Conduit 类型组件(conduit_end)。最后,要将 Avalon Memory Mapped Slave 相联系的 Clock 定义为 clock_reset,如图 7.7 所示。

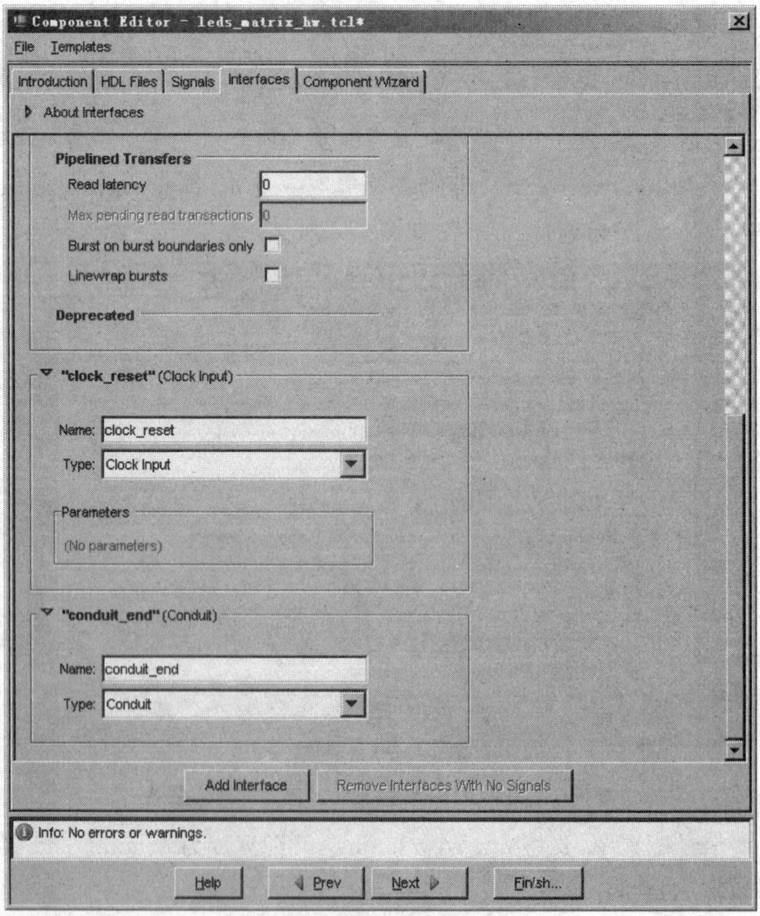

图 7.7 配置插入组件所用接口

图 7.8 所示为插入组件安排的一个文件组。

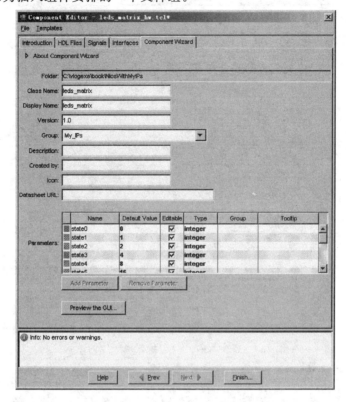

图 7.8 为插入组件安排一个元件组

需要注意的是设计者在做相应的配置时必须明确自设计组件的工作原理以及组件与 Nios Ⅱ 处理器核的连接关系,即组件与 Avalon 总线的时序关系。只有按照正确的时序关系操作,数据和指令才能在 Nios Ⅱ 处理器核和自己设计的组件之间正确无误地交流。

在创建自设计组件的过程结束后,拉动图 7.2 左上侧的子窗口滑标浏览,可以看到 My_IPs 分支,在这个分支下有一个名为 led_matrix 的自设计组件,这是由创建自设计组件一系列操作所产生的,该组件可以与别的组件一样供设计者选用。

7.3.3 Nios Ⅱ 系统的构成

在 SOPC Builder 环境下构造 Nios Ⅱ 系统的方法可以参考本书第 6.3 节实现。由于系统的构造不同,选用的组件也有明显的不同。这次将不选用小规模的 Nios Ⅱ 处理器核而选用中等规模的处理器核;不选用处理器内部总线而选用 Avalon 三态总线;不选用 FPGA 片内的 ROM 与 RAM 作存储单元,而选用片外的静态 RAM,即 SSRAM;PIO 口不再配置成 8 位的输出,而配置成 1 位的输入,并配置了正沿触发和当输入位电平为 1 时便请求中断(关于 PIO 输入口的配置可参考图 7.9 和图 7.10,这些配置与软件的编写有着密切的关系);还增加了自设计组件 led_matrix。为了使生成的系统能更好地适应从外部输入的时钟信号,提高时钟信号的驱动能力,或改变频率,还可以在系统中增加参数化锁相环即 PLL。可以在系统内菜单的 Other 项找到该 PLL(Phase-Locked Loop)。

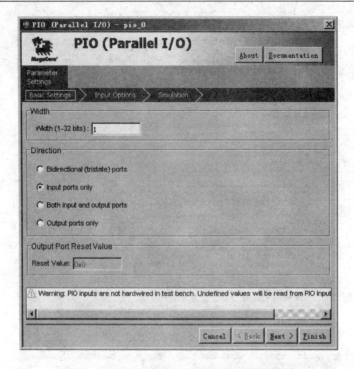

图 7.9 将插入的 PIO 口设置成一位的输入

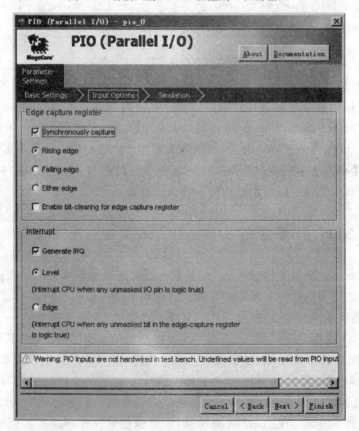

图 7.10 将该 PIO 寄存器设置为正沿触发的、并产生中断请求

需要注意的是：在插入组件的过程中往往需要进行多项配置，设计者必须理解这些设置对电路的作用才能正确地完成这项工作，否则很可能不生成系统，或者即使能生成，但也不能正常运行。关于中断、基地址和模块间连接的配置必须了解计算机体系结构的基本知识，并对 Nios Ⅱ 处理器核、Avalon 总线、SSRAM 等存储单元、PIO 口等有一定程度的了解。如何修改插入组件模块后的模块名、基地址和中断优先权，在第 6 讲中已经提及，同学们可以自己参考第 6 讲的内容练习，以便熟练掌握。必须提醒同学注意不要忘记在 Nios Ⅱ 核的配置中添加 System ID Peripheral（即 sysid）。这个部件可以记录系统的标识号，避免不同项目系统造成的混乱。在系统配置完成后还必须在 SOPC Builder 的主窗口顶栏菜单找到 system 项，分别单击：system＞Auto - Assign Base Address 和 system＞Auto - Assign IRQs 完成模块的地址分配和中断分配。同时要修改 Nios 核的 Reset Vector 和 Exception Vector，由于本次项目没有使用片上 RAM 和 ROM，那么这两个向量地址都使用 SSRAM 的资源。

最后配置完成的系统结构组成如图 7.11 所示。单击如图 7.11 所示窗口右下的 Generate 按钮便自动地生成描述系统的一系列文件，其中包括描述每个模块的可综合的 Verilog 模块。

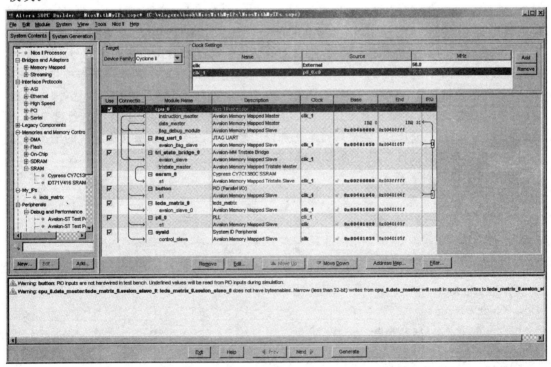

图 7.11　带自设计组件和参数化 IP 的 Nios Ⅱ 系统的构成

本讲介绍的 Nios Ⅱ 系统，比第 6 讲增加了 PLL 的 IP，但对该参数化 PLL IP 的设置是最简单的，即根据输入 clk 产生一个同频率、同相位的 clk_1，以便提高驱动能力。为了利用由该锁相环生成的时钟，需要在如图 7.11 所示的窗口上单击 Input Clock 列上凡是系统中用到 clk 的地方，将其修改为 clk_1。由锁相环产生的时钟还出现在 SOPC 的主窗口上，读者可以在如图 7.11 所示窗口的右上方见到一张时钟信号的表。该表共有三列两行，三列分别为 Name,Source 和 MHz。两行分别为 clk,clk_1。可以单击时钟信号修改或者添加时钟信命名。因为用了锁相环,可以把锁相环的输出信号用到除了自己本身以外的所有需要时钟的系统元件上。系统组成后还要注意用 SOPC Builder 顶栏菜单的 System＞Auto Assign base Address,System＞Auto Assign IRQs 等分配系统的地址和中断资源。

7.3.4 对 Verilog 文件的归纳和编写设计项目的顶层文件

由 SOPC Builder 自动生成的一系列 Verilog 文件描述了一个完整硬件的系统。但这个系统尚未封装,也就是说还缺少一个顶层文件。到目前为止,系统的引脚与时钟、复位、静态存储器(SSRAM)的读写和地址等信号尚未建立连接,也没有把按钮的输出信号和发光二极管阵列的行/列输入信号与 Nios Ⅱ 系统的相关输出连接起来。因此,必须做两件事情:

(1) 编写一个描述系统顶层的(或者用第 2 讲介绍的逻辑图输入的办法绘制一个顶层的逻辑图,然后再生成描述系统顶层的)Verilog 文件;

(2) 定义引脚文件。

在这里需要提醒读者注意的是:编写这个顶层文件必须把 SSRAM 所有引脚加以明确定义,只有这样 SSRAM 才能正常地工作。由于 SOPC Builder 开发环境所提供的 SSRAM 控制器只是一个较简单的控制器(型号为 Cypress CY7C1380C 的 SSRAM 控制器)且有许多条引脚在该控制器中并未定义,则线路板上的连接线却已将 SSRAM 的引脚与 FPGA 的引脚连接在一起了。为了使 FPGA 中与 Avalon 总线连接的静态存储器控制器连接的 SSRAM 器件能正常工作,必须人为地在 FPGA 上为控制器尚未定义的 SSRAM 引脚提供确定的信号,以便 SSRAM 能正常工作。从下面的顶层程序中,可以看到 FPGA 通过 7 条连续赋值语句,已经把 SSRAM 器件运行电平加以明确定义,并通过顶层模块定义的输出端口的引脚连接到革新科技开发板上的 SSRAM 芯片上。

顶层程序代码如下:

```
//- - - - - - - - - - - - - Start of NiosWithMyIPs_top.v - - - - - - - - - - - - - -
module NiosWithMyIPs_top(
   //全局信号:
   input clk,
   input reset,
   //按钮输入
   input button,
   //给 leds_matrix 的输出
   output [16:1] dm_row,
   output [16:1] dm_col,
   //三态 avalon_slave 桥总线
   output [20:0] address_to_the_ssram_0,
   output adsc_n_to_the_ssram_0,
   output [3:0] bw_n_to_the_ssram_0,
   output bwe_n_to_the_ssram_0,
   output chipenable1_n_to_the_ssram_0,
   inout [31:0] data_to_and_from_the_ssram_0,
```

```verilog
    output outputenable_n_to_the_ssram_0,
    output SSRAM_clk_for_ssram,
//ssram 需要的附加信号接口
    output SSRAM_Addition_H_ADSP_n,
    output SSRAM_Addition_H_ADV_n,

    output SSRAM_Addition_H_GW_n,
    output SSRAM_Addition_L_ZZ,
    output SSRAM_Addition_H_CE2,
    output SSRAM_Addition_L_CE3_n
    );

    wire reset_n,clk_1;
    assign reset_n= ~ reset;

//SSRAM 信号
    assign SSRAM_clk_for_ssram= ~ clk_1;    //锁相环的输出 clk_1 反相作为 SSRAM 的时钟
    assign SSRAM_Addition_H_ADSP_n= 1;
    assign SSRAM_Addition_H_ADV_n= 1;
    assign SSRAM_Addition_H_GW_n= 1;
    assign SSRAM_Addition_L_ZZ= 0;
    assign SSRAM_Addition_H_CE2= 1;
    assign SSRAM_Addition_L_CE3_n= 0;
/* * * * * * * * * * * * * * * * * * * * * * * * * * * * * * * * * * * *
    由 SOPC builder 根据配置自动生成的系统最上层模块,摘自 NiosWithMyIPs.v The fol-
lowing DUT is the circuit in FPGA which is composed of A Nios II core with a LED Array
Drive circuit which has two 16 bit output signals,three 1 bit input signals(clk,re-
set_n,button) come from outside of the FPGA,and many other outputs to SSRAM chips
outside of FPGA。
* * * * * * * * * * * * * * * * * * * * * * * * * * * * * * * * * * * * */
NiosWithMyIPs DUT(
            //global signals:
            .clk(clk),
            .clk_1(clk_1),
            .reset_n(reset_n),

            //input signal from the_button
            .in_port_to_the_button(button),

            //output signal from the leds_matrix to LED_Array
            .dm_col_from_the_leds_matrix_0(dm_col),
            .dm_row_from_the_leds_matrix_0(dm_row),

            //the tri_state_bridge_0_avalon_slave link to SSram
```

```
                .address_to_the_ssram_0(address_to_the_ssram_0),
                .adsc_n_to_the_ssram_0(adsc_n_to_the_ssram_0),
                .bw_n_to_the_ssram_0(bw_n_to_the_ssram_0),
                .bwe_n_to_the_ssram_0(bwe_n_to_the_ssram_0),
                .chipenable1_n_to_the_ssram_0(chipenable1_n_to_the_ssram_0),
                .data_to_and_from_the_ssram_0(data_to_and_from_the_ssram_0),
                .outputenable_n_to_the_ssram_0(outputenable_n_to_the_ssram_0)
                );
endmodule
//--------------- End of NiosWithMyIPs_top.v------------
```

7.3.5 用.tcl 文件对 FPGA 引脚的定义

前面曾介绍过两种不同的引脚分配方法：
(1) 第 3.4.1 节介绍了逐个分配 FPGA 引脚的方法。
(2) 第 6.10 节介绍编写.qsf 文件的方法。

本讲将介绍编写.tcl 文件的方法。用.tcl 文件的方法类似于编写.qsf 方法,所不同的是必须在运行.tcl 文件后,对文件中的设置才产生效果。具体的方法是,若编写 small.tcl 文件,对引脚进行具体的分配,然后在 Quartus Ⅱ 主窗口台头栏下执行命令:tools>Tcl Scripts...,在随即弹出的对话窗口中单击设计项目下的 small.tcl 文件,随即执行该文件对引脚进行具体的配置。请注意 Quartus Ⅱ 系统有时不能执行 tools>Tcl Scripts...命令,这时可退出 Quartus Ⅱ 系统,重新启动 Quartus 系统,再次执行 tools>Tcl Scripts...命令,分配引脚。造成以上问题的原因可能是 Quartus 系统设计还存在缺陷,建议同学们在 Quartus 主菜单上使用 tool>Options 命令,在弹出的窗口中把默认文件位置设置到正在执行的设计目录,可以避免出现以上情况。

以下是对 EP2C35F672C8N 开发板的引脚定义编写的 small.tcl,文件代码：

```
//---------------------------------------
// 对应革新科技 Altera Cyclone Ⅱ EP2C35F672C8N 开发板的引脚定义文件 small.tcl。
// 注意:FPGA 的型号不同或者开发板不同,Small.tcl 引脚定义文件需要根据硬件连线的具体
// 情况重新定义。
//--------------- Start of small.tcl---------------
set_global_assignment- name RESERVE_ALL_UNUSED_PINS "AS INPUT TRI- STATED"

set_location_assignment PIN_B13- to clk
set_location_assignment PIN_F6- to reset

set_location_assignment PIN_Y11- to button

# LED MATRIX module
set_location_assignment PIN_E25- to dm_col\[1\]
set_location_assignment PIN_F24- to dm_col\[2\]
set_location_assignment PIN_F23- to dm_col\[3\]
```

```
set_location_assignment PIN_J21- to dm_col\[4\]
set_location_assignment PIN_J20- to dm_col\[5\]
set_location_assignment PIN_F25- to dm_col\[6\]
set_location_assignment PIN_F26- to dm_col\[7\]
set_location_assignment PIN_N18- to dm_col\[8\]
set_location_assignment PIN_P18- to dm_col\[9\]
set_location_assignment PIN_G23- to dm_col\[10\]
set_location_assignment PIN_G24- to dm_col\[11\]
set_location_assignment PIN_G25- to dm_col\[12\]
set_location_assignment PIN_G26- to dm_col\[13\]
set_location_assignment PIN_H23- to dm_col\[14\]
set_location_assignment PIN_H24- to dm_col\[15\]
set_location_assignment PIN_J23- to dm_col\[16\]
set_location_assignment PIN_J24- to dm_row\[1\]
set_location_assignment PIN_H25- to dm_row\[2\]
set_location_assignment PIN_H26- to dm_row\[3\]
set_location_assignment PIN_K18- to dm_row\[4\]
set_location_assignment PIN_K19- to dm_row\[5\]
set_location_assignment PIN_K23- to dm_row\[6\]
set_location_assignment PIN_K24- to dm_row\[7\]
set_location_assignment PIN_J25- to dm_row\[8\]
set_location_assignment PIN_J26- to dm_row\[9\]
set_location_assignment PIN_M21- to dm_row\[10\]
set_location_assignment PIN_T23- to dm_row\[11\]
set_location_assignment PIN_R17- to dm_row\[12\]
set_location_assignment PIN_P17- to dm_row\[13\]
set_location_assignment PIN_T18- to dm_row\[14\]
set_location_assignment PIN_T17- to dm_row\[15\]
set_location_assignment PIN_U26- to dm_row\[16\]

# SSRAM module
set_location_assignment PIN_AB3- to address_to_the_ssram_0\[0\]
set_location_assignment PIN_AB4- to address_to_the_ssram_0\[1\]
set_location_assignment PIN_G5- to address_to_the_ssram_0\[2\]
set_location_assignment PIN_G6- to address_to_the_ssram_0\[3\]
set_location_assignment PIN_C2- to address_to_the_ssram_0\[4\]
set_location_assignment PIN_C3- to address_to_the_ssram_0\[5\]
set_location_assignment PIN_B2- to address_to_the_ssram_0\[6\]
set_location_assignment PIN_B3- to address_to_the_ssram_0\[7\]
set_location_assignment PIN_L9- to address_to_the_ssram_0\[8\]
set_location_assignment PIN_F7- to address_to_the_ssram_0\[9\]
set_location_assignment PIN_L10- to address_to_the_ssram_0\[10\]
set_location_assignment PIN_J5- to address_to_the_ssram_0\[11\]
```

```
set_location_assignment PIN_L4- to address_to_the_ssram_0\[12\]
set_location_assignment PIN_C6- to address_to_the_ssram_0\[13\]
set_location_assignment PIN_A4- to address_to_the_ssram_0\[14\]
set_location_assignment PIN_B4- to address_to_the_ssram_0\[15\]
set_location_assignment PIN_A5- to address_to_the_ssram_0\[16\]
set_location_assignment PIN_B5- to address_to_the_ssram_0\[17\]
set_location_assignment PIN_B6- to address_to_the_ssram_0\[18\]
set_location_assignment PIN_A6- to address_to_the_ssram_0\[19\]
set_location_assignment PIN_C4- to address_to_the_ssram_0\[20\]
set_location_assignment PIN_G9- to adsc_n_to_the_ssram_0
set_location_assignment PIN_M3- to bw_n_to_the_ssram_0\[0\]
set_location_assignment PIN_M2- to bw_n_to_the_ssram_0\[1\]
set_location_assignment PIN_M4- to bw_n_to_the_ssram_0\[2\]
set_location_assignment PIN_M5- to bw_n_to_the_ssram_0\[3\]
set_location_assignment PIN_C7- to chipenable1_n_to_the_ssram_0
set_location_assignment PIN_L2- to data_to_and_from_the_ssram_0\[0\]
set_location_assignment PIN_L3- to data_to_and_from_the_ssram_0\[1\]
set_location_assignment PIN_L7- to data_to_and_from_the_ssram_0\[2\]
set_location_assignment PIN_L6- to data_to_and_from_the_ssram_0\[3\]
set_location_assignment PIN_N9- to data_to_and_from_the_ssram_0\[4\]
set_location_assignment PIN_P9- to data_to_and_from_the_ssram_0\[5\]
set_location_assignment PIN_K1- to data_to_and_from_the_ssram_0\[6\]
set_location_assignment PIN_K2- to data_to_and_from_the_ssram_0\[7\]
set_location_assignment PIN_K4- to data_to_and_from_the_ssram_0\[8\]
set_location_assignment PIN_K3- to data_to_and_from_the_ssram_0\[9\]
set_location_assignment PIN_J2- to data_to_and_from_the_ssram_0\[10\]
set_location_assignment PIN_J1- to data_to_and_from_the_ssram_0\[11\]
set_location_assignment PIN_H2- to data_to_and_from_the_ssram_0\[12\]
set_location_assignment PIN_H1- to data_to_and_from_the_ssram_0\[13\]
set_location_assignment PIN_J3- to data_to_and_from_the_ssram_0\[14\]
set_location_assignment PIN_J4- to data_to_and_from_the_ssram_0\[15\]
set_location_assignment PIN_H3- to data_to_and_from_the_ssram_0\[16\]
set_location_assignment PIN_H4- to data_to_and_from_the_ssram_0\[17\]
set_location_assignment PIN_G1- to data_to_and_from_the_ssram_0\[18\]
set_location_assignment PIN_G2- to data_to_and_from_the_ssram_0\[19\]
set_location_assignment PIN_F2- to data_to_and_from_the_ssram_0\[20\]
set_location_assignment PIN_F1- to data_to_and_from_the_ssram_0\[21\]
set_location_assignment PIN_K8- to data_to_and_from_the_ssram_0\[22\]
set_location_assignment PIN_K7- to data_to_and_from_the_ssram_0\[23\]
set_location_assignment PIN_G4- to data_to_and_from_the_ssram_0\[24\]
set_location_assignment PIN_G3- to data_to_and_from_the_ssram_0\[25\]
set_location_assignment PIN_K6- to data_to_and_from_the_ssram_0\[26\]
set_location_assignment PIN_K5- to data_to_and_from_the_ssram_0\[27\]
```

```
set_location_assignment PIN_E2- to data_to_and_from_the_ssram_0\[28\]
set_location_assignment PIN_E1- to data_to_and_from_the_ssram_0\[29\]
set_location_assignment PIN_J8- to data_to_and_from_the_ssram_0\[30\]
set_location_assignment PIN_J7- to data_to_and_from_the_ssram_0\[31\]
set_location_assignment PIN_D5- to outputenable_n_to_the_ssram_0
set_location_assignment PIN_J9- to bwe_n_to_the_ssram_0
set_location_assignment PIN_E5- to SSRAM_clk_for_ssram
set_location_assignment PIN_D7- to SSRAM_Addition_H_ADSP_n
set_location_assignment PIN_H10- to SSRAM_Addition_H_ADV_n
set_location_assignment PIN_K9- to SSRAM_Addition_H_GW_n
set_location_assignment PIN_A7- to SSRAM_Addition_L_CE3_n
set_location_assignment PIN_B7- to SSRAM_Addition_H_CE2
//- - - - - - - - - - - - - - - - End of small.tcl- - - - - - - - - - - - - - -
```

在上面的引脚定义 small.tcl 文件代码中应特别注意第一条配置语句。这条语句可以把所有尚未使用的引脚配置成为三态中的高阻抗状态,这就可以避免引起由于 SOPC 开发系统 FPGA 芯片已经连接在不同外围硬件设备接口而产生的错误输入或者错误输出。

7.3.6 对项目的编译

在 Quartus II 主窗口的左上侧有一个项目浏览器子窗口(project navigator),通过单击该子窗口下侧的三个标签可以选择不同的显示,单击 File 可以看到项目的设计文件目录。右击标有 Device Design Files 的分支,在弹出的菜单上单击标有 Add/Remove Files in Project 的菜单项,在随即弹出的窗口上浏览设计项目的目录,将一系列文件添加到设计项目中,添加完毕的项目文件应该如图 7.12 所示。

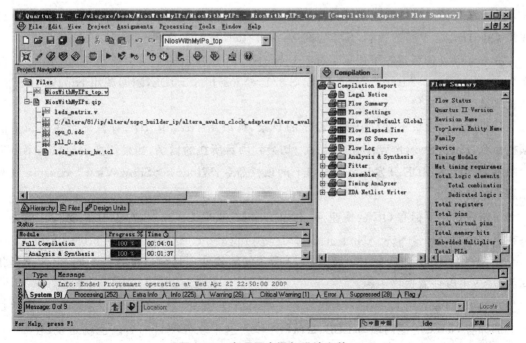

图 7.12　在项目中添加设计文件

注意：不要忘记设置顶层名为 NiosWithMyIPs_top.v 的文件。设置方法是：右击 Nios-WithMyIPs_top.v 文件名,在弹出的菜单中单击 Set As Top-Level Entity。然后在 Quartus Ⅱ 主窗口台头下执行命令 Processing>Start Compilation,观察主窗口左下侧的状态(Status)子窗口,注意编译的过程是否正常,并注意阅读各种编译报告,特别要注意是否出现关键性的警告或者错误,并根据这些提示及时修改硬件系统。最后必须阅读时序分析报告,认真分析系统的时钟是否过快,触发器的建立和保持时间是否够用。

7.3.7 把编译生成的电路配置代码下载到 FPGA

连接好从 PC 机的 USB 接口到 FPGA USB 接口的下载电缆,在 Quartus Ⅱ 主窗口台头下执行命令 Tools>Programmer 就可以将编译完毕的电路逻辑文件 NiosWithMyIPs.sof 文件下载到 FPGA 中。至此项目设计的硬件已经构成,软件运行的硬件环境已经准备就绪。

7.4 软件设计步骤

7.4.1 建立软件程序目录并调用 Nios Ⅱ IDE

IDE,即一体化软件开发环境的英文缩写。

在项目所在的目录内,建立一个名为 MySoftware 的目录。在本讲中的调用 Nios Ⅱ IDE 的方法与第两讲中有些不同,但这两种方法都是可行的,设计者可以随便选择一种(应注意 Quartus Ⅱ 不同的版本,其相应的 Nios Ⅱ IDE 有许多差别)。

在 Window 的窗口左下角单击标有开始的按钮,在弹出的菜单中单击 Nios Ⅱ IDE,或者单击：所有程序>Altera>Nios Ⅱ EDS 8.1>Nios Ⅱ 8.1 IDE,随即调用 Nios Ⅱ IDE 一体化的软件开发环境。

如果出现的窗口不是位于读者设定的目录,可以用 Nios Ⅱ IDE 开发环境主窗口上的顶栏命令：File>Switch Workspace....,切换到项目所在的目录,如果切换后窗口与书上展示的不同,可以用 IDE 开发环境主窗口上的顶栏命令：Window>Show View>console 恢复原展示的窗口。

单击该窗口下标有 OK 的按钮,弹出如图 6.11 的 C/C++Nios Ⅱ IDE 窗口。单击台头栏下的命令：File>New>Nios Ⅱ C/C++Application。这个命令与第 6 讲的 File>New Project 有一些不同,随后弹出的如图 7.13 所示的新软件项目窗口也有些不同,但实质是相同的,读者可以任意选择一种。

在 Select Project Template 方框中找到空白项目 Blank Project,并单击之,并在该窗口的上部标有 Name 的框内填写 LED_array 并作为这个软件项目的名。也就是说,在 NiosWithMyIPs 的工作目录下的 software 目录又生成了一个新的名为 LED_array 的空白目录,该空白目录用来存放自行编写的 C 程序。这个 C 程序使用 IDE 编程环境,然后选择目标硬件(即软件运行的硬件环境),浏览项目所在的目录,将描述硬件的 NiosWithMyIPs.ptf 文件调入如图 7.13 所示的窗口中标有 Select Target Hardware(选择目标硬件)方框中的第一个空行。程序运行的硬件环境是由 NiosWithMyIPs.ptf 文件定义的,所以必须通知软件集成

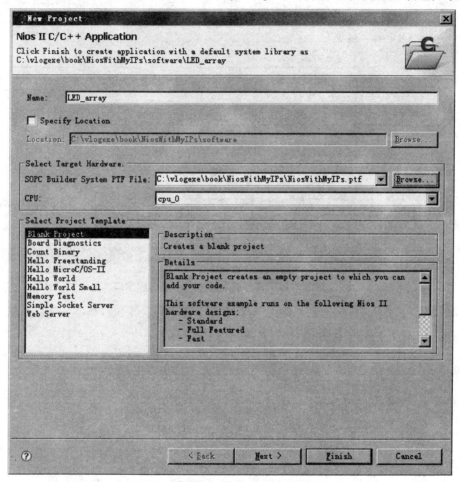

图 7.13 设置新的软件项目窗口

开发环境(IDE),使其明确这一点。单击该窗口下部的 Next 键,随即又弹出一个窗口,让用户选择创建一个新的库还是用已经存在的库,如果是新创建的目录,则应该选择创建新的库。再单击该窗口下部的 Finish 按钮,随即弹出如图 7.14 所示的 C/C++编程窗口。图 7.14 左侧子窗口显示了在 Nios Ⅱ 系统上运行的 C 程序 LED_array.c 和头文件 LED_array.h 的目录所包含的文件。注意添加后必须用 File>refresh 刷新才能显示新添加的文件。添加软件文件可以直接将编写完毕的 C 源代码和有关的头文件复制到项目目录 NiosWithMyIPs 中由 IDE 自动生成的 software 子目录下的 LED_array 子目录。也可以用 Nios Ⅱ IDE 主菜单下的 File>Import 命令,在弹出的窗口中选取 C 源代码和有关的头文件添加到 LED_array 子目录下。

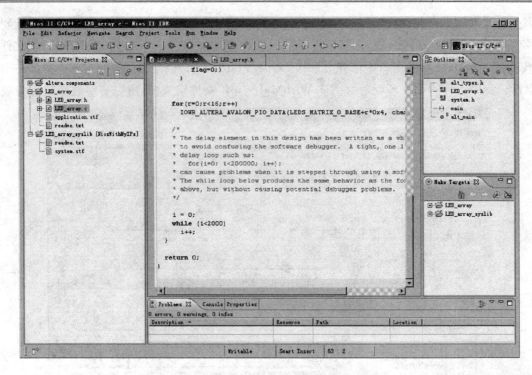

图 7.14 添加了自行编写的 C/C++编程窗口

下面列出了 LED_array.c 代码和其头文件 LED_array.h 代码,在 Nios Ⅱ 系统上运行的就是这个 C 程序编译后生成的 Nios Ⅱ 处理器机器代码。

```
//--------------- Start of LED_array.h------------------
//以下为 4×16×16 数组 character_col[][16]定义了"革新科技"四个中文字形
alt_u16 character_col[][16]= {
                 {0x0000,0x0220,0x0FF8,0x0220,   //革
                  0x03E0,0x0080,0x0FF8,0x0888,
                  0x0888,0x0FF8,0x0080,0x1FFC,
                  0x0080,0x0080,0x0080,0x0000},
                 {0x0000,0x6010,0x1EFE,0x0244,   //新
                  0x0228,0x7E10,0x127C,0x1210,
                  0x1210,0x12FE,0x1210,0x1238,
                  0x1154,0x1118,0x1090,0x0000},
                 {0x0000,0x0820,0x0918,0x0A0E,   //科
                  0x0808,0x0808,0x097E,0x0A08,
                  0x081C,0x7F1C,0x082A,0x082A,
                  0x082A,0x0808,0x0808,0x0000},
                 {0x0000,0x0810,0x0810,0x7F10,   //技
                  0x0810,0x08FE,0x7F50,0x4130,
                  0x4110,0x3618,0x0814,0x1414,
                  0x2212,0x4118,0x8090,0x0000}
                 };

#include< io.h>
```

```c
#define IOADDR_ALTERA_AVALON_PIO_DATA(base)      __IO_CALC_ADDRESS_NATIVE(base,0)
#define IORD_ALTERA_AVALON_PIO_DATA(base)        IORD(base,0)
#define IOWR_ALTERA_AVALON_PIO_DATA(base,data)   IOWR(base,0,data)
//- - - - - - - - - - - - - End of LED_array.h - - - - - - - - - - - - - - - - -

//- - - - - - - - - - - - - Start of LED_array.c - - - - - - - - - - - - - - - -
#include "alt_types.h"          //altera 类型定义文件
#include "leds_matrix_regs.h"   //有关 LED 阵列硬件的头文件
#include "LED_array.h"          //本程序的头文件,定义了将显示的四个中文字形
#include "system.h"             //Nios Ⅱ 系统的头文件
int main(void) __attribute__ ((weak,alias ("alt_main")));
static int alt_main(void)
{
  alt_u16 button;        //把 button 这个 PIO 口定义为 alu_u16 类型
  volatile int i,j,k,r,flag;
  j= 0;          //寄存器初始化
  k= 0;
  flag= 0;

  while(1)
  {   //BUTTON_BASE 为 PIO 口(即自己定义的 BUTTON 接口)的首地址
      //由 SOPC Builder 添加 PIO 时定义
    button= IORD_ALTERA_AVALON_PIO_DATA(BUTTON_BASE);

    if(button&&(j< 150))   //防止按钮的抖动
      {j+ + ;
          flag= 1;}
      else
       {if(! button)
             j= 0;
        }

    if(j== 150&&flag== 1)   //防止按钮的抖动
    {if(k< 3)
        {k+ + ;             //每按动一次按钮 k 增加 1,调用下一个字形
           flag= 0;}
       else                 //超过四次后重新调第 1 个字形("革")
         {k= 0;
           flag= 0;}
      }

    for(r= 0;r< 16;r+ + )
       IOWR_ALTERA_AVALON_PIO_DATA(LEDS_MATRIX_0_BASE+ r* 0x4,
```

```
                                              character_col[k][r]);
    i= 0;
    while(i< 2000)
      i+ + ;
  }
  return 0;
}
//- - - - - - - - - - - - - - - End of LED_array.c- - - - - - - - - - - - - - -
```

7.4.2 程序的运行

单击 LED_Array,在图 7.14 所示的窗口中单击台头栏下的命令:Run>Run As>Nios Ⅱ Hardware,等待一段时间,在图 7.14 所示窗口的下部可以看到编译的信息,待编译结束,开发平台上的 16×16 发光二极管阵列上显示中文"革"字样,每次按动 F1 按钮就改变一个显示的字样。上述过程说明软件程序已经下载到指定的硬件系统,并能正常地运行。

至此,已经完成了一个与自己设计的硬件逻辑融合在一起的可演示和调试的 Nios Ⅱ 系统。同学们务必通过自己独立完成思考题中指定的实验,熟悉每一个步骤,这对于以后的设计工作无疑是很必要的。

附件:文件修复小窍门:

建议读者编写如下的小程序,当工作目录偶然变成只读模式时,在 DOS 环境下运行下面的程序可以让工作目录恢复可修改状态。

```
//- - - - - - - - - - - - The Start of  fix.bat- - - - - - - - - - -
attrib- R/S/D *
attrib- R/S/D .
//- - - - - - - - - - - - The End of fix.bat- - - - - - - - - - -
```

总 结

通过本讲的介绍,可以再次把设计 SOPC 的操作步骤归纳如下(注意步骤次序是可以改变的):

(1) 用 Quartus Ⅱ 软件建立工作目录,定义系统名称;用 tool>Option 命令将默认的文件目录改成已建立的工作目录。应注意系统名与顶层设计名有所不同,顶层设计一般用_top 做后缀,顶层模块的 Verilog 代码必须根据所生成的系统最高层文件编写。顶层模块在实例引用系统模块时,被引用的模块名(即系统名)和接口名必须与自动生成的待测设计(DUT)模块完全一致,而实例可以自己命名。

(2) 利用 Quartus Ⅱ 软件中的 SOPC Builder 工具,根据设计需求配置 Nios Ⅱ 核和外围器件。本讲与第 6 讲的差别是配置了与三态 Avalon 总线连接的 SSRAM 控制器和 PIO 控制器,使用这些外围器件的目的是为了学习如何使用外围器件来提高 Nios Ⅱ 系统的功能。

(3) 配置完毕后,检查每个模块的基地址、意外地址和中断等级设置等,用 SOPC Builder 自动生成以中等规模的 Nios Ⅱ 为核心的数字系统(由一组 Verilog 模块构成)。

(4) 编写顶层文件,设置时钟、复位、输入/输出信号线名称。

(5) 编写扩展名为 small.tcl 的处理引脚分配的命令文件。

(6) 将设计涉及的所有文件,包括 Verilog 文件和其他文件调入 SOPC Builder 工具的 Device Design Files 文件夹中。

(7) 运行 small.tcl 命令文件,分配 FPGA 的引脚给出合适的信号。

(8) 用 Quartus Ⅱ 进行编译。

(9) 将编译完毕的硬件逻辑代码下载到 FPGA 芯片中。

(10) 调用软件集成开发环境 IDE,切换软件工作空间,建立软件项目,配置 IDE 工作的硬件环境。

(11) 参考样板程序,编写 C/C++ 程序,将 C 源代码和有关头文件添加到软件项目的文件夹中。

(12) 连接必要的函数库,核对程序中的接口信号名。

(13) 编译 C/C++ 程序,下载程序和数据到 Nios Ⅱ 系统的 SSRAM 中。

(14) 利用 IDE 在计算机窗口上所显示的信息,结合观察到的系统电路行为,不断地改进其行为和性能直到满意为止。

(15) 进行系统级别的验证,对系统做进一步的改进。

(16) 进一步完善设计完成的组件,编写设计文档,鼓励重复使用。

思 考 题

(1) 为什么要给 Nios Ⅱ 处理器核连接三态型 Avalon 总线部件?

答:因为要使用芯片外部的 SSRAM,而不是内部的 ROM 和 RAM 作存储单元,所以必须使用三态型 Avalon 总线部件。

(2) 具有三态型 Avalon 总线部件的 Nios Ⅱ 处理器核有什么优势?

答:三态型 Avalon 总线部件可以复用 FPGA 引脚,连接多个外部存储器或者外设。

(3) SSRAM 与 FPGA 内的存储器参数化 ROM 和 RAM 模块有什么不同?

答:SSRAM 的一些初始设置需要外部 FPGA 引脚的配置,而 ROM 和 RAM 都是 FPGA 内部的模块,只要在开始设置好即可。

(4) 简单叙述 Quartus Ⅱ 中的 SOPC Builder 在调入编写的模块前必须执行的操作步骤。

答:需要先选择好所需要使用的 Avalon 接口,并且用 verilog 或者 VHDL 实现模块功能,才可以通过 SOPC Builder 加以分析并加入该模块。

(5) 简单叙述使用 SOPC Builder 开发带自行设计的 IP 部件的 Nios Ⅱ 硬件系统的步骤。

答:➤ 模拟 Avalon 总线时序编写测试文件,用 ModelSim 验证自行设计 IP 部件的 verilog 模块功能是否正确无误;

➤ 加入所需要的接口;

➤ 修改信号的名称、接口、信号类型和位宽;

➤ 为插入组件安排一个元件组。

(6) 简单叙述使用 IDE 开发软件系统的步骤。

➢ 根据需要修改工作空间(可选的);
➢ 建立一个新的工程并且输入源码;
➢ 选择所需要的目标硬件文件(ptf);
➢ 编译整个工程。

(7) 如何设置系统的复位地址和异常向量地址,以及外围部件的基地址、偏移量和中断级别?

答:见前一讲的回答。

(8) 如何用 small.tcl 文件进行引脚分配?这种引脚分配方式与编写.qsf 文件进行引脚分配有什么不同?上面 small.tcl 中第一条语句有什么作用?

答:执行 tools＞Tcl Scripts 即可完成引脚分配。结果和编写.qsf 文件分配引脚没有本质区别。第一句一般用于定义那些不使用的引脚如何处理。

(9) 在用 IDE 开发软件时,为什么必须明确地指定硬件系统的名称?描述硬件系统的文件扩展名是什么?

答:不同硬件系统的一些基地址、中断号等都不一样,因此必须明确指定。描述硬件系统的文件扩展名为 ptf。

(10) 在用 IDE 环境开发软件时,为什么要参考样板程序?为什么必须将放置在同一个目录下的样板程序删除?

答:参考样板程序可以让用户更加专注于项目的功能需求,使得开发更加简单。防止调用原来的样板程序,造成误操作。

(11) 如何切换到一个干净的软件工作空间?如果 IDE 窗口出现混乱,如何恢复正常情况?

答:通过 File＞switch Workspace 来完成工作空间的切换。如果出现 IDE 窗口混乱,可以通过 Window＞Show View＞console 来恢复。

第8讲 LCD显示控制器IP的设计

前 言

在第7讲中,我们介绍了一个特别简单的"IP",这个"IP"可以把保存在显示缓冲寄存器中的字形驱动到LED阵列。然后介绍了如何把这个IP连接到Nios Ⅱ处理器核上,用Avlone总线三态桥和SSRAM接口构成一个小的嵌入式系统,编写简单的软件程序,即根据按钮的动作,把想要显示的字形字节从SSRAM传送到显示缓冲寄存器,实现设计的功能。这个简单嵌入式计算机系统的设计过程,为设计更复杂的IP打下了坚实的基础。

其实任何复杂的嵌入式系统,无非就是多用几个IP,其中也许只有一两个或几个IP需要自己设计,其余的IP可以利用EDA开发环境中现成的参数化IP。对于比较复杂的设计而言,关键是必须认真考虑系统的总体结构,分工协作,决定哪几个IP必须由自己设计,而哪几个可以使用现成的IP,才能又快又好地完成复杂系统的设计任务,使系统的性能/价格比达到期望的目标。

为了帮助读者理解比较复杂的IP核设计,在上几讲学习的基础上,根据已完成的工程设计项目(Nios_LCD带LCD图形显示功能的嵌入式系统)的设计过程,完整地介绍LCD控制器IP核的设计和系统设计的全过程。为了便于理解和课堂实验,在本讲中,我们对具体项目的内容做了许多简化。因此,尽量用最浅显的语言,从介绍LCD图形显示器的工作原理出发,在简单地介绍设计原理后,逐步深入到设计的具体细节,最后为读者提供一套可演示的实验代码,并对每个代码模块做了必要的分析和讲解,以便于读者理解,从而对掌握利用FPGA进行复杂接口和嵌入式系统的设计方法,起到抛砖引玉的作用。

8.1 LCD显示的相关概念介绍

8.1.1 位图的基础知识

位图是一个二维数组,与图像的像素逐一对应。当实际图像被采集进入位图以后,图像被分割成网格,并以像素作为取样单位。在位图中的每个网格的像素值表示该网格内图像的平均颜色。黑白单色图中的每个像素只需要用一位表示即可,而灰色或彩色位图中的每个像素,根据图像层次和颜色的丰富程度不同,表示像素所需要的位数不尽相同。有16色位图(每个像素用4位二进制表示),256色位图(每个像素用8位二进制表示);16位色位图

(每个像素用 16 位二进制表示);24 位色位图(每个像素用 24 位二进制表示)等。

8.1.2 位图的尺寸

位图呈矩形,如图 8.1 所示,图像的高度和宽度都以像素为单位。例如,下面的网格可以代表一个很小的位图:宽度为 9 像素,高度为 3 像素,或者简单的表示为 9×3(表示位图的尺寸时,通常先给出图形的宽度)。

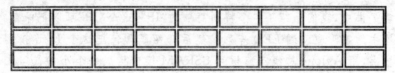

图 8.1 位 图

位图是矩形的,但保存到计算机内存中的位图通常是一维数组。通常位图(但不都是这样)按行存储在内存中,且从顶行像素开始到底行结束,每一行像素都从最左边开始,依次向右存储。

8.1.3 位图颜色

除位图尺寸度量单位以外,位图还有颜色度量单位。位图颜色指的是每个像素所需要的位数,有时也称为位图的颜色深度(color depth)、位数(bit-count),或位/每像素(bpp:bits per pixel),位图中的每个像素都有相同的位数。

8.1.4 地址的线性、矩形选择

在 8.1.2 节中提到,图形的位图通常按行存储在内存中,且从顶行像素开始到底行结束。每一行都从最左边的像素开始,依次向右存储。当然,也可以采取其他方式存储位图。在实际工作中,也常把矩形的第一行的像素按顺序存储在从起始地址开始的内存中,然后把第一行的起始地址加上一个偏移量,再开始线性存储位图矩形块的第二行数据,依此类推,每次存完一行数据,就在前一行起始地址的基础上,偏移一个固定值,然后再开始存下一行数据,这叫存储方式。

8.1.5 alpha 混合

像素的 alpha 混合是将源像素和目标像素加权相加,从而将两幅图像组合成一幅图像的技术。源像素的权值通常叫 alpha 值,目标相素的权值是 1 减 alpha。混合后像素的值是:源像素值 * alpha + 目标像素 * (1-alpha)。

注意:若用的是 RGB 颜色格式,则 RGB 值要分别计算。即:

Dst. red= Src. red* alpha+ (1- alpha)* Dst. red;

Dst.green= Src.green* alpha+ (1- alpha)* Dst.green;
Dst.blue= Src.blue* alpha+ (1- alpha)* Dst.blue;

两个矩形块的 alpha 混合分为两种情况：一种是 alpha 值为常数；另一种是位图矩形块中每个像素的 alpha 权值各不相同，组成了一个每个像素的 alpha 值与像素位置的对照表，称为 alpha 通道。而在大多数情况下，用硬件实现矩形块的 alpha 混合都只考虑位图 alpha 值为常数的情况。

8.1.6 TFT－LCD 彩色显示控制时序图

TFT－LCD 的控制信号包括行同步信号、帧同步信号、数据使能信号等，这些信号的时序如图 8.2 所示。

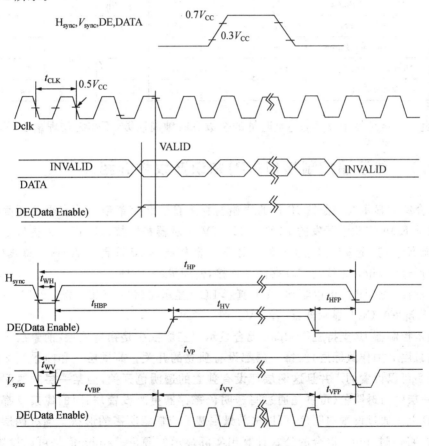

图 8.2 LCD 控制信号时序图

图 8.2 中各个信号的时间参数如表 8.1 所列。

表 8.1 LCD 控制信号的时间参数

参数 (ITEM)		符号 (SYMBOL)	最小值 (MIN)	典型值 (TYP)	最大值 (MAX)	单位 (VNIT)	注释 (NOTES)
Dclk	周 期	t_{CLK}	35	39.7	46	ns	
	频 率	f_{CIK}	22	25	28	MHz	

续表 8.1

参数 (ITEM)		符号 (SYMBOL)	最小值 (MIN)	典型值 (TYP)	最大值 (MAX)	单位 (VNIT)	注释 (NOTES)
H$_{sync}$	周期	t_{HP}	720	800	880	t_{CLK}	
	宽度	t_{WH}	24	96	130		
V$_{sync}$	周期	t_{VP}	486	525	—	t_{HP}	
	频率	f_V	55	60	65	Hz	
	宽度	t_{WV}	2	2	—	t_{HP}	
DE (Data Enable)	Horizontal Valid	t_{HV}	640	640	640	t_{CLK}	
	Horizontal Back Porch	t_{HBP}	16	40			
	Horizontal Front Porch	t_{HFP}	16	24			
	Horizontal Blank	—	56	160	$t_{HP}-t_{HV}$		$t_{WH}+t_{HBP}+t_{HFP}$
	Vertical Valid	t_{VV}	480	480	480	t_{HP}	
	Vertical Back Porch	t_{VBP}	2	33			
	Vertical Front Porch	t_{VFP}	2	10			
	Vertical Blank	—	6	45	$t_{VP}-t_{VV}$		$t_{WV}+t_{VBP}+t_{VFP}$

注:表中"单位"栏中,t_{CLK},t_{HP}是时钟的个数及时钟周期数,不作为物理量出现。

8.1.7　显示器控制接口(IP)知识产权核介绍

本讲介绍的显示器控制器 IP 核的原始材料来自于北京革新科技有限公司委托北京航空航天大学 EDA 实验室开发的 LCD_CRT_TV 显示器控制接口项目。为更好地适应教学目的,北航 EDA 实验室专门做了改写。该显示器控制器 IP 核具有 Avalon 总线接口,这使得它可以通过 Avalon 总线与多种存储器连接,使用灵活、方便。

该显示控制器 IP 核可以驱动 TFT 真彩 LCD 显示器(包括 640×480、800×600、1024×768 三种分辩率)、CRT 显示器,或者 TV。

该显示控制器 IP 支持三层 alpah 混合显示。三层依次是指背景层、前景层 1 和前景层 2(通常前景层 2 用作鼠标层)。每一层都设有独立的开关。前景层 1 和前景层 2 的大小和显示位置是可以设置的。并且这两层都设有独立的透明色开关,当某一层的透明色功能开启后,这一层中与透明色(可事先通过写透明色寄存器更改设置)相同的像素点都不会被显示到 LCD 上。通过设置透明色,可以将前景层裁剪成任意所需的形状。当有两层或两层以上重叠时,将通过 alpha 混合的公式计算出实际显示的颜色。alpha 值是可以设置的,利用 alpha 混合功能,可以实现半透明和淡入淡出等效果。

为了降低该显示控制器 IP 核的复杂性,使读者更容易理解,可分 3 讲介绍显示控制器 IP 核的设计和实现,本讲只介绍有背景层的显示控制器的设计。

在第 9 讲中再介绍三层(背景层、前景层 1 和前景层 2)IP 核的设计和实现。在三层 LCD IP 核的设计中将引入 alpha 的混合功能。

8.2 显示控制器 IP 核总体结构及其与嵌入式 Nios Ⅱ 处理器核的关系

图 8.3 为 LCD 控制器 IP 总体结构与嵌入式 Nios Ⅱ 处理器的原理框图。

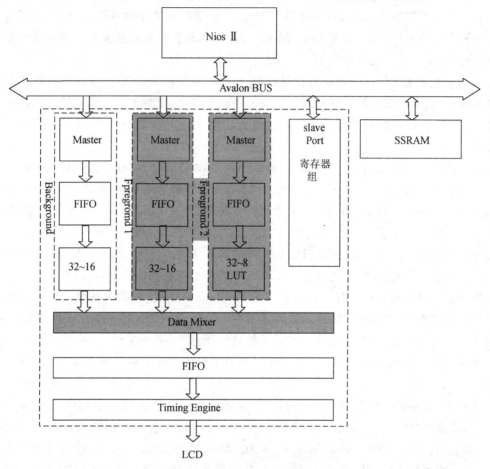

图 8.3 LCD 控制器 IP 总体结构与嵌入式 Nios Ⅱ 处理器

图 8.3 中粗虚线框内是该显示器控制器 IP 核的总体结构框图。可以看到，它包括一个 Avalon Slave 端口和三个 Avalon master 端口。Nios Ⅱ 处理器通过 Avalon Slave 端口，读/写该显示器控制器 IP 核的各个寄存器，从而对显示器的显示过程和模式进行控制。三个 Avalon master 端口分别对应显示器控制器 IP 核的三个图层数据的读取通道。该显示器控制器 IP 核，在软件程序的操作下，通过 Nios Ⅱ 处理器核，先对 slave 端口的寄存器进行配置。然后，三个 master（主）端口，根据寄存器中已设置的模式和地址值，通过 Avalon 总线，自动地从 SSRAM 中读取想要显示的图形数据。三个图层的 master，通过 Avalon 总线，从 SSRAM 中读取图形数据的时序是由 master 产生的，每个 master 的读取操作都是通过 Avalon 总线实现的，其间以及与总线连接的其他主设备（如 Nios Ⅱ 处理器核等）之间的协调是由 Avalon 总线的控制逻辑实现的。只需要把这些 master 的控制信号和数据/地址总

线与 Avalon 总线的相应信号连接起来即可。在 SOPC 系统的配置过程中,SOPC_builder 工具会根据总线上所连接的设备,自动地生成相应的仲裁逻辑,以确保在任何时刻,不会有多个主设备同时访问一个从设备。顺便提醒读者注意:因为在系统配置中选用了 SSRAM,所以必须选用 Avalon 总线三态桥 IP 核即参数化模块 tri_state_bridge。

读取三个图层的数据后,数据流经过 Data_Mixer 运算逻辑,可将三个图形层混合起来,再经过 FIFO 和 Timing Engine 两个模块的处理,实现数据的正确传输和分配(由于本讲的程序中只有一背景层,故不需要 Data_Mixer),最终使图形像素数据按照图形显示需要的格式,输出到 LCD、CRT 或 TV 屏上。

图 8.3 中细虚线框内为显示器控制器 IP 核的硬件结构示意图,三个细虚线框内分别为背景层模块、前景层 1 模块和前景层 2 模块。为简单起见,先暂不实现前景层 1 模块和前景层 2 模块,只实现背景层模块,所以提供的程序模块只对应图 8.3 中没有被阴影覆盖的部分。

为本讲专门设计的 LCD 显示器 IP 模块命名为 LCD_controller_one_layer 模块,这是一个可综合的顶层模块,由 8 个子模块组成,具体操作细节请看本讲的第 2.5 节。在与本讲配套的实验文件夹中,可以找到相应的 9 个可综合的 RTL Verilog 源文件。在这个文件夹中,还可以找到组成这个设计项目的其他源文件,其中包括:PLL_cycloneii.v,这是系统需要的锁相环;Nios_LCD.tcl,这是分配 FPGA 引脚的脚本文件;LCD_ONE_LAYER_TOP.v,这是一个可综合的顶层文件,描述了除了 SSRAM 芯片本身和晶体震荡器外,可在 FPGA 上实现的整个系统的所有部件。其中包括了用 SOPCBuilder 工具,根据的配置,利用 LPM 宏库自动生成的部件是:锁相环、Nios Ⅱ 处理器核、三态桥、片内 RAM、SSRAM 控制器,以及把自行设计的显示控制器 IP 连接在一起的可综合的所有 Verilog 文件。

注意:为了便于读者理解起见,与本讲配套的源代码文件夹中并不包括图 8.3 中的阴影部分。

设计 LCD 显示控制器 IP 是一个相当复杂的过程。为了实现教学的目标,必须做许多规定:假设这个"IP"的图形数据只能来自于 Avalon 总线,而且数据输出的时序只适用于 TFT(薄膜晶体管)16 位色的 LCD 显示器(包括 640×480、800×600、1024×768 三种分辩率)。做了这些规定后,模块程序比较简单,代码的理解就比较容易。设计步骤可分为以下几个步骤:

(1) 理解 Avalon 总线时序,写出 Nios Ⅱ 处理器核读/写 slave 端口寄存器的简化行为模型;还需要写出 SSRAM Avalon 总线接口的行为模型,便于测试 master 模块通过 Avalon 总线读取数据的时序是否正确。

(2) 根据 LCD 显示控制器的需求定义该控制器 IP 的结构层次。

(3) 划分层次模块如图 8.3 所示。

(4) 逐块实现背景层的电路结构。

(5) 简化 Data_Mixer 模块为 Data_fetcher 模块,该模块只是启动背景层的 32～16 模块,从上层 FIFO 读取缓冲的图形数据,并把 16 位的图像数据写入下一级 FIFO 的数据通道。

(6) 理解 LCD 显示屏幕的时序,编写 Timing Engine 模块。单独编写测试激励,验证

Timing Engine 模块时序的正确性。

（7）编写总测试模块，在总测试模块中用 Nios Ⅱ 的简单行为模型，对背景层的 7 个 RTL 模块和 SSRAM Avalon 总线接口的行为模型进行联合调试，验证背景层电路结构的的正确性。

下面将对显示控制器 IP 核的端口信号、不同寄存器组的功能定义和基本操作等逐项加以说明。

8.3　端口信号的说明

该显示控制器 IP 核的端口信号及其功能描述列于表 8.2 中。

表 8.2　显示控制器 IP 核的端口信号及功能描述

信号名	位宽	方向	功能说明（Avalon 的信号类型）
clk	1	输入	Avalon 总线提供的时钟
reset_n	1	输入	Avalon 总线提供的复位信号
Avalon Slave			
register_slave_chipselect_n	1	输入	chipselect_n
register_slave_read_n	1	输入	read_n
register_slave_write_n	1	输入	write_n
register_slave_address	8	输入	address
register_slave_writedata	32	输入	writedata
register_slave_readdata	32	输出	readdata
背景层 Avalon Master			
BG_master_waitrequest	1	输入	waitrequest
BG_master_readdatavalid	1	输入	readdatavalid
BG_master_readdata	32	输入	readdata
BG_master_flush	1	输出	flush
BG_master_read_n	1	输出	read_n
BG_master_burstcount	10	输出	burstcount
BG_master_address	32	输出	address
LCD 显示			
clk_100M	1	输入	LCD 显示模块使用的 100MHz 时钟信号
pclk	1	输出	LCD 显示输出时钟信号
DE	1	输出	LCD 显示输出使能
Vsync	1	输出	LCD 显示输出帧同步
Hsync	1	输出	LCD 显示输出行同步
d_R	6	输出	LCD 显示输出红色
d_G	6	输出	LCD 显示输出绿色
d_B	6	输出	LCD 显示输出蓝色

整个显示模块与 Avalon 总线相连的接口分成两个部分：Avalon slave（从）端口寄存器组模块，和 Avalon master（主）类型的 master 模块。Avalon 总线把总线设备分为主端口和从端口，只有主端口可以发起对从端口的读写操作，从端口只能响应主端口的操作。在 LCD

IP 中,master 模块用于读取背景层像素数据,这里采用的是 Burst 读方式,该方式用于一次读取整块的数据,能够最大地提高总线的吞吐量,以达到显示活动图像所需要的带宽。具体可参看 Altera Corporation. Avalon Interface Specification 手册。

注意:表 8.2 列出的 LCD 显示接口也可用于驱动 CRT 和 TV 装置。

8.4 显示控制器 IP 核的基本操作

对 LCD 的控制操作是通过 Avalon 总线对 LCD 控制器内部寄存器的写操作来完成的。具体可进行的操作有:

(1) 打开/关闭 LCD 显示;
(2) 设置 LCD 的时序参数;
(3) 设置背景层的起始地址;
(4) 设置背景层的读取方式(线性/矩形);
(5) 设置背景层换行地址偏移(只在矩形模式下有效);
(6) 开启/关闭背景层;
(7) 设置背景层的大小;
(8) 可以查询背景层 FIFO 的写入的字数(usedw)。

所有的这些操作都是基于对寄存器的读写操作。通过对相应的寄存器的读写,可以得到 LCD 控制器的状态,设置 LCD 的工作参数等。

8.5 显示控制器 IP 寄存器的说明

8.5.1 寄存器总体介绍

表 8.3 所列为显示控制器 IP 寄存器名称及其参数和功能。

表 8.3 显示控制器 IP 寄存器及其功能

名 称	有效位宽	读/写	复位后默认值	地 址
控制寄存器组				
R_CTRL	8	r/w	0x00	0x00
R_LAYER_EN	8	r/w	0x01	0x01
R_READ_MODE	8	r/w	0x00	0x02
LCD 时序参数寄存器组				
R_HSYNC_END	8	r/w	96	0x10
R_HLINE_END	16	r/w	800	0x11
R_HBLANK_BEGIN	8	r/w	144	0x12
R_HBLANK_END	16	r/w	784	0x13
R_VSYNC_END	6	r/w	2	0x14

续表 8.3

名 称	有效位宽	读/写	复位后默认值	地 址
R_VFRAME_END	16	r/w	524	0x15
R_VBLANK_BEGIN	8	r/w	33	0x16
R_VBLANK_END	16	r/w	513	0x17
背景层相关寄存器组				
R_BG_STARTADDR	32	r/w	0x00000000	0x20
R_BG_ADDROFFSET	16	r/w	0x0000	0x21
R_BG_WIDTH	16	r/w	640	0x22
R_BG_HEIGHT	16	r/w	480	0x23
R_BG_FIFO_USEDW	16	r	—	0x24

8.5.2 控制寄存器组

控制寄存器组负责 LCD 显示的开启/关闭、背景层的开启/关闭和读取模式选择。主要包括：R_CTRL、R_LAYER_EN 和 R_READ_MODE。

(1) 控制寄存器 R_CTRL：表 8.4 所列为控制寄存器 R_CTRL 各位的说明。

表 8.4 控制寄存器功能

位	第 7 到第 1 位	第 0 位
意 义	保留待用	LCD 显示开关(1/0)

说明：表内 1 表示开启 LCD 显示，0 表示关闭 LCD 显示。

(2) 背景层开关寄存器 R_LAYER_EN：表 8.5 所列为背景层开关寄存器 R_LAYER_EN 各位的功能。

表 8.5 背景层开关寄存器功能

位	第 7 到第 1 位	第 0 位
意 义	保留待用	背景层开关(1/0)

说明：表内 1 表示开启，0 表示关闭。

(3) 层读取模式寄存器 R_READ_MODE：层读取模式寄存器 R_READ_MODE 各位的功能如表 8.6 所列。

表 8.6 层读取模式寄存器功能

位	第 7 到第 1 位	第 0 位
意 义	保留待用	选择背景层读取的模式(1/0)

说明：表内 1 表示线性读取，0 表示矩形读取。

8.5.3 时序寄存器组

时序寄存器组用来设置 LCD 的时序参数。就一般情况而言,这些寄存器的值是不需要改变的。在系统复位的时候,所有这些参数被设置为默认值(即对应分辨率为 640×480 的 LCD 的时序参数)。

只有当更换不同型号的 LCD 时,才需要改变这些参数。若需要改变参数,则需要先关闭 LCD 显示,改变这些参数后,再次开启 LCD 显示。

图 8.4 为时序寄存器的时序信号图。

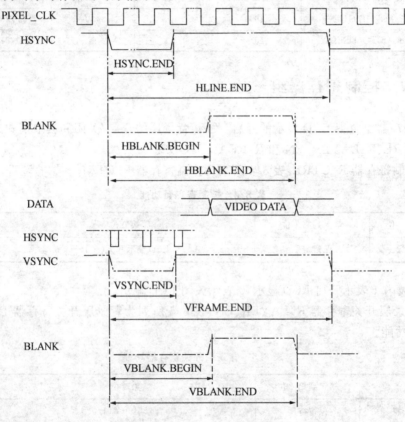

图 8.4 LCD 时序信号

图 8.4 中各参数与时序寄存器的对应关系如表 8.7 所列。

表 8.7 LCD 时序与寄存器的对应关系

名 称	有效位宽	意义(对应时序图)	地 址
R_HSYNC_END	8	行同步头宽度:HSYNC.END	0x10
R_HLINE_END	16	行宽:HLINE.END	0x11
R_HBLANK_BEGIN	8	图形数据开始:HBLANK.BEGIN	0x12
R_HBLANK_END	16	图形数据结束:HBLANK.END	0x13

续表 8.7

名　称	有效位宽	意义（对应时序图）	地　址
R_VSYNC_END	6	帧同步信号宽度：VSYNC.END	0x14
R_VFRAME_END	16	一完整帧的宽度：VFRAME.END	0x15
R_VBLANK_BEGIN	8	帧图形数据开始：VBLANK.BEGIN	0x16
R_VBLANK_END	16	帧图形数据结束：VBLANK.END	0x17

8.5.4 背景层相关寄存器组

背景层的大小（分辨率）必须等于 LCD 显示分辨率的大小，它与 LCD 的时序参数是相对应的。只有在更换不同型号的 LCD 时才需要改变设置。背景层的横向分辨率和纵向分辨率必须是 2 的倍数。因为背景层每个像素用 16 位表示，而数据总线是 32 位，如果背景层横向，而纵向分辨率都是 2 的倍数，则所有的像素都可以按 32 位字格式读取。另外，在矩形模式下，换行地址必须是 4 的倍数，原因同上。表 8.8 所列为背景层相关寄存器名称及位宽、地址说明。

表 8.8 各相关寄存器名称及其含义

名　称	有效位宽	意　义	地　址
R_BG_STARTADDR	32	背景层起始地址	0x20
R_BG_ADDROFFSET	16	背景层换行地址偏移	0x21
R_BG_WIDTH	16	背景层的横向分辨率	0x22
R_BG_HEIGHT	16	背景层的纵向分辨率	0x23
R_BG_FIFO_USEDW	16	背景层 FIFO 使用的字数	0x24

说　明：
（1）每一帧背景层的内容总是从背景层起始地址处开始读取的。
（2）背景层换行地址偏移只在背景层读取模式为矩形时才有效。
（3）背景层的横向分辨率和背景层的纵向分辨率为背景层实际显示在 LCD 上的大小，等于 LCD 的显示分辨率（640×480）。
（4）背景层 FIFO 使用的字数是只读的。

对寄读写存器的说明：对寄存器的写操作不是立刻起效的。必须关闭 LCD 显示以后，才能设置时序寄存器，重新开启 LCD 显示后，新设置的时序寄存器才起作用。对背景层参数的设置，若是在一帧的开始，则立刻起效；若这一帧已经开始显示，则会在下一帧起效果。写入的新值，会保存在一个临时寄存器中，在下一帧开始时，这些值才被真正写入。当读取这些寄存器的值时，读到的总是当前正在起效的值。

8.6 模块划分及模块功能简介

1. 单图层 LCD 控制器 IP 的模块组成

（1）Register_slave 模块：Register_slave 模块是 Avalon 总线接口的 slave 端口。Nios Ⅱ 处理器通过软件读写该模块内部的寄存器来设置某些参数，控制 LCD 的显示。

（2）master 模块：master 模块是 Avalon 总线接口的 master 端口。该模块产生地址和读控制信号，通过 Avalon 总线读取存储器中的像素数据用于显示。

（3）BG_FIFO 模块：该模块是用 Quartus Ⅱ 软件参数化模块库（LPM）中的参数化模块，其深度 512，数据宽度 32，用于缓冲 master 模块读取图像数据。该 FIFO 模块进行读/写采用同一个时钟。在生成该参数化 FIFO 时，在设置读方式时，选择 show－ahead synchronous FIFO mode。在这种工作方式下，数据在读信号 rdreq 有效前已经出现在输出端。rdreq 作为应答信号，即 rdreq 有效时，表明 FIFO 输出端的数据已经被取走，FIFO 的输出端将出现下一个数据。

（4）FIFO_32to16 模块：该模块把 BG_FIFO 模块中的 32 位数据转换成两个 16 位像素数据。

（5）data_fetcher 模块：产生读取 BG_FIFO 模块信号，把经过 FIFO_32～FIFO_16 模块转换的像素数据（16 位）写到 Asyn_FIFO 模块。选择 show－ahead synchronous FIFO mode 读方式。

（6）Asyn_FIFO 模块：该模块是用 Quartus Ⅱ 软件参数化模块库（LPM）中的参数化模块，其深度 256，宽度 16。该 FIFO 模块进行读/写采用不同时钟。该 FIFO 的读方式选择 show－ahead synchronous FIFO mode。

（7）Timing_Engine 模块：该模块根据时序寄存器中的内容产生驱动 LCD 显示的时序控制信号。

（8）BG_Layer 模块：包含：master 模块、BG_FIFO 模块和 FIFO_32～FIFO_16 三个子模块。

（9）LCD_controller 模块：该模块为顶层模块。包含 BG_Layer 模块、Register_slave 模块、data_fetcher 模块、Asyn_FIFO 模块和 Timing_Engine 模块。

2. 主要模块的介绍

为了帮助读者理解本讲提供的程序代码，下面专门对主要模块作了简要的介绍，未作介绍的模块读者仔细阅读程序代码，根据注释和变量的命名来理解程序的含义。

（1）Register_slave.v： 该模块提供 Avalon slave 接口信号，通过这些信号 Nios Ⅱ 处理器可以访问模块内部寄存器。同时，Register_slave.v 模块的内部寄存器作为输出信号，控制 master、data_fetcher 和 Timing_Engine 等模块的工作。下面是该模块的端口信号：

```
module Register_slave(
    //avalon signals
    input  clk,    //avalon clk
```

```
    input    reset_n,     //avalon reset_n
    input    register_slave_chipselect_n,
    input    register_slave_read_n,
    input    register_slave_write_n,
    input    [7:0] register_slave_address,
    input    [31:0] register_slave_writedata,
输出 reg [31:0] register_slave_readdata,
    //FIFO usedw
    input    [8:0] BG_FIFO_USEDW,
    //from data_fetcher
    input    Vsync,   //synchronized with avalon clk
    //registers
    //control
    output reg  [7:0] R_CTRL,
    output reg  [7:0] R_LAYER_EN,
    output reg  [7:0] R_READ_MODE,
    //LCD timing parameter
    output reg  [7:0] R_HSYNC_END,
    output reg  [15:0] R_HLINE_END,
    output reg  [7:0] R_HBLANK_BEGIN,
    output reg  [15:0] R_HBLANK_END,
    output reg  [7:0] R_VSYNC_END,
    output reg  [15:0] R_VFRAME_END,
    output reg  [7:0] R_VBLANK_BEGIN,
    output reg  [15:0] R_VBLANK_END,
    //background layer
    output reg  [31:0] R_BG_STARTADDR,
    output reg  [15:0] R_BG_ADDROFFSET,
    output reg  [15:0] R_BG_WIDTH,
    output reg  [15:0] R_BG_HEIGHT
    );
```

Vsync 信号是与 Avalon 总线时钟同步的帧同步信号,用于指示新一帧图像的开始。每个寄存器都有一个唯一的地址,系统复位时都被赋予一个默认值。对所有寄存器的写操作都是先写到临时寄存器,待满足一定条件时,设置值才被写到相应的寄存器。以设置控制寄存器 R_LAYER_EN 为例,其程序代码为:

```
always @ (posedge clk)
begin
  if(! reset_n)
   T_LAYER_EN  <=   DEFAULT_LAYER_EN;
  else if((register_slave_address_shift == ADDR_LAYER_EN)&
       ! register_slave_chipselect_n_shift &
       ! register_slave_write_n_shift   &
```

```
                register_slave_write_n)
      T_LAYER_EN <= register_slave_writedata_shift[7:0];
    end
```

本程序中的 always 块表明,对 R_LAYER_EN 寄存器的设置数据被写到临时寄存器 T_LAYER_EN。下面的 always 块描述表示,当帧同步信号有效(新一帧图像开始)时,临时寄存器 T_LAYER_EN 的值被写入 R_LAYER_EN 寄存器,并在新的一帧起作用。其程序代码为:

```
    always @ (posedge clk)
    begin
      if(! reset_n)
      R_LAYER_EN  <= DEFAULT_LAYER_EN;
      else if(! Vsync)
      R_LAYER_EN  <= T_LAYER_EN;
    end
```

对时序寄存器进行设置,只有在关闭 LCD 显示(R_CTRL[0]=0)后,设置值才会被写入相应寄存器。以 R_HSYNC_END 寄存器为例,代码如下:

```
    always @ (posedge clk)
    begin
      if(! reset_n)
      R_HSYNC_END  <=   DEFAULT_HSYNC_END;
      else if(! R_CTRL[0])
      R_HSYNC_END  <=   T_HSYNC_END;
    end
```

对寄存器的读操作,读取的是该寄存器的当前值,代码如下:

```
    always @ (posedge clk)begin
      if(! reset_n)
      register_slave_readdata<= 32'd0;
      else if(! register_slave_chipselect_n & ! register_slave_read_n)
      case(register_slave_address)
      ADDR_CTRL:register_slave_readdata<= R_CTRL;
      ADDR_LAYER_EN:register_slave_readdata<= R_LAYER_EN;
      ……
      default :register_slave_readdata <=   32'd0;
      endcase
    end
```

(2) master.v: 该模块提供 avalon master 接口信号,产生读取像素数据所需的地址和控制信号。模块端口信号程序代码如下:

```
    module master(
      //avalon signals
      input   clk,
      input   reset_n,
      input   waitrequest,
```

```
    input    readdatavalid,
    input    [31:0] readdata,
    output wire    flush,
    output reg    read_n,
    output wire    [9:0]burstcount,
    output reg    [31:0] address,
    //FIFO signals
    input    full,
    input    [8:0] usedw,
    output wire    wrreq,
    output wire [31:0] data,
    //from data_fetcher
    input    Vsync,   //synchronized with avalon clk
    //from  Register_slave
    input    layer_en,
    input    read_mode,
    input    [31:0] startaddr,
    input    [15:0] addroffset,
    input    [15:0] width,
    input    [15:0] height
    );
```

其中 Avalon signals 是 avalon 总线接口部分的信号；FIFO signals 包括来自 BG_FIFO 模块的信号，其中，标志 FIFO 状态的信号为 full 和 usedw，这两个信号对于避免 FIFO 向上溢出起到关键作用。它们控制着 master 模块能否发起新一次的 burst 读操作以及能否向 FIFO 中写入数据。其余两个分别是数据和 FIFO 写控制信号。还来自 Register_slave 模块的信号控制 master 模块的读操作，给出读取像素的起始地址和图像的大小等信息。

master 模块采用 burst 读方式，每次读取一整行的像素。burstcount 表明一次 burst 读操作要传输的字数（32 位）：

```
assign burstcount = (width * PIXEL_WIDTH) >> 2;
```

每个像素占两个字节，所以 PIXEL_WIDTH=2。width * PIXEL_WIDTH 是一行像素包含的字节数，右移两位得到一行像素包含的字数（32 位）。

c_read 被用来记录在一次 burst 读过程中，已经读取的字数。c_read 为 0 时，表示一次 burst 读过程结束，并且可以发起新一次 burst 读操作。

```
always @ (posedge clk)begin
  if(! reset_n | ! Vsync)
  c_read <=   10`d0;
  else if(read_over & (usedw<= threshold))
  c_read <=   burstcount;
  else if(! read_over & readdatavalid)
  c_read <=   c_read- 1`b1;
end
```

读信号的产生需要满足一定的条件，下面的 always 块产生读信号 read_n 为：

```verilog
always @ (posedge clk)begin
  if(! reset_n | ! Vsync | ! layer_en | burst_over)
  read_n  <=   1`b1;
  else if(read_over &(usedw<= threshold))
  read_n  <=   1`b0;
  else if(waitrequest)
  read_n  <=   1`b0;
  else
  read_n  <=   1`b1;
end
```

上面代码中的 usedw 代表 FIFO 中已有的字节数，usedw<=threshold 这个判断用来查看是否可以发起下一次 burst 读操作。

系统复位、帧同步期间、背景层不使能或者一帧像素读完，其中任何一种情况发生时读信号无效。如果上面的条件都不满足，当一次 burst 读操作完成（read_over 为 1）且 FIFO 还可以写入一整行的像素时 read_n 有效。来自从机的 waitrequest 信号可以延长 read_n 的有效时间。

当发出读信号后，地址被更新为下一行像素的起始地址。地址的产生经由下面的 always 块实现：

```verilog
always @ (posedge clk)begin
  if(! reset_n | ! Vsync)  //Vsync= 0时,为帧同步
  address <=   startaddr;
  else if(! read_n_shift & read_n)
  address <=   address + (((read_mode)?
                width:addroffset)* PIXEL_WIDTH);
end
```

其中 read_mode 为 1 时表示线性读取，取 width；否则为矩形读取方式，取 addroffset。

(3) data_fetcher.v： 该模块通过一个状态机产生读取 BG_FIFO 模块的读信号，并把读到的数据写到 Asyn_FIFO 模块。来自 Timing_Engine 模块的帧同步信号 Vsync_100M 被系统时钟 clk 同步为 Vsync 信号输出到其他模块。

产生读信号的状态机如下：

```verilog
always @ (posedge clk)begin
  if(! reset_n | ! Vsync)
  state <=   IDLE;
  else
  state <=   next;
end
//next
always @ (* )begin
  case(state)
  IDLE: begin
  if(BG_ready & ! almost_full)
  next =   REQ;
```

```
        else
            next  =  IDLE;
        end
        REQ: begin
            next  =  IDLE;
        end
        default: next  =  IDLE;
    endcase
end
```

只有当 BG_FIFO 未被读空且 Asyn_FIFO 没有"几乎满"时,才可以发出读 BG_FIFO 的读信号。其中 almost_full 信号可以自己设定。

(4) Timing_Engine.v: 该模块产生驱动 LCD 显示的时序控制信号,并读取 Asyn_FIFO 中的数据,产生 RGB 三种颜色信号的输出。

输出到 LCD 的时钟信号 pclk 是 clk_100M 的 4 分频。c_pclk 对 pclk 时钟进行计数,用于产生行同步 Hsync 和 hblank 信号。c_h 对行数进行计数,用于产生帧同步 Vsync 和 vblank 信号。

读者可参考图 8.4 来理解 Timing_Engine 文件中的代码。

8.7　LCD IP 模块的测试

LCD IP 设计完成后必须编写测试平台(Teatbench)对 IP 进行较完整的测试,以发现设计中的缺陷和错误。测试可以分为两个步骤进行:

(1) 先针对单个模块分别进行测试。

(2) 单个模块测试正确后,把所有模块组成一个整体进行测试。

为了进行测试,需要编写必要的行为模型如 avalon 总线接口的存储器模型,该模型与 LCD IP 的 master 端口连接,并能够响应 master 端口的读操作,产生读数据。还需要编写处理器的总线功能模型,模拟处理器读写 LCD IP 内部寄存器操作。LCD 显示控制器设计的测试模块可在与本讲配套的文件夹中找到。

8.8　在 SOPC 系统中应用 LCD 显示控制器 IP 核

在 SOPC 系统中应用并验证 LCD 显示控制器 IP 核的正确性,必须遵循必要的步骤,才能构成一个完整的系统才有,这个系统的基本构造如图 8.3 所示。所以,必须建立一个设计项目,把所有需要的 IP 组件连接起来构成一个完整的可以运行的系统。具体设计步骤如下:

(1) 创建一个放置设计文件的目录:详细的步骤可参照第 7 讲。

(2) 创建自己设计的组件:这一步骤与第 7 讲不同的地方是组成 LCD 显示控制器的 Verilog 源文件共有 9 个,其中 LCD_controller_one_layer.v 为顶层文件,所以,必须在 HDL Files 框中添加完 9 个文件后,在 Top 选栏中选择 LCD_controller_one_layer.v 作为顶层文件,对话框的设置如图 8.5 所示。

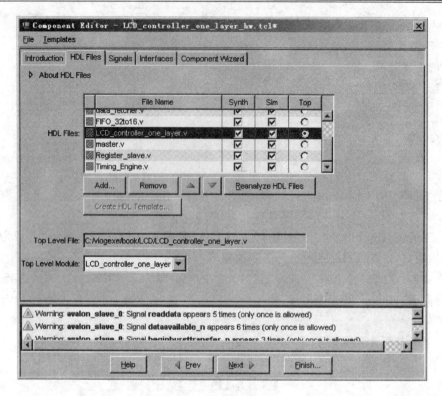

图 8.5 添加设计源文件

设置完成后,单击 Next 键进行 Signals 选项设置。

(3) Signals 选项的设置:顶层模块的所有信号都会出现在 Signals 选项中,未进行任何设置的 Signals 选项如图 8.6 所示。在图 8.6 下部窗口的状态栏里有许多警告信息,因为所有的选项都是系统自己设定的,一般不可能与实际情况完全符合,所以,必须根据实际情况手动设置,不能使用默认设置。

对于 Avalon 总线的时钟和复位信号,其 Interface 必须选为 Clock input 类型,Signal Type 分别是 clk 和 reset_n。

以 register_slave 为前缀的信号是 Avalon Memory Mapped Slave 类型的信号,系统自动地把这些信号的 Interface 设为 register_slave,并且将 Signal Type 都分配为实际的信号类型,因此,无须重新设置。但是,通常不要指望系统能正确地自动分配所有信号的 Interface 和 Signal Type。前缀为 BG_master 是 Avalon Memory Mapped Master 类型的信号,需要新建一个 master 类型的 Interface 与这些信号对应。以 BG_master_waitrequest 信号为例,单击该信号的 Interface 项(见图 8.7),在下拉菜单中选择"New Avalon Memory Mapped Master…"选项,则该信号的 Interface 变成 avalon_master,再把该信号的 Signal Type 选成信号的实际类型 waitrequest。然后,把属于该端口的所有信号的 Interface 都选为 avalon_master。

我们设计的顶层模块只有一个 slave 端口和一个 master 端口,如果有多个 master 和 slave 类型端口,可以通过"New Avalon Memory Mapped Master…"和"New Avalon Memory Mapped Slave…"来增加新的端口,并把所有属于同一个端口的信号选为相同的端口类型。

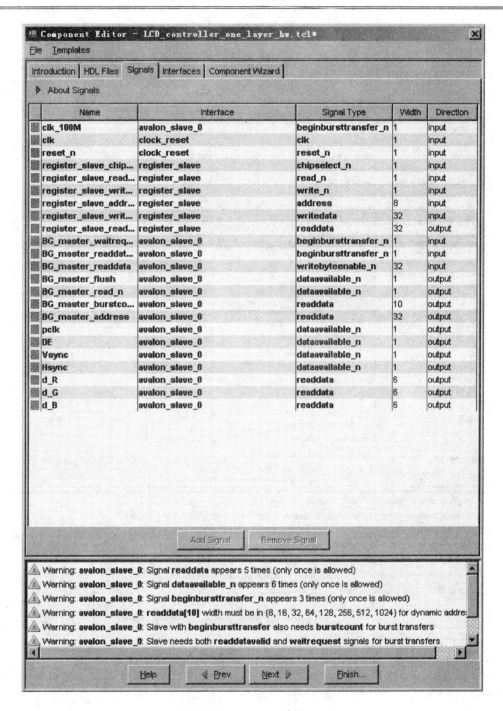

图 8.6 Signals 选项

顶层模块中,有的信号不属于任何一个 master 或 slave 端口,因此必须把这些信号的 Interface 选成 Conduit,Signal Type 选成 export。如 clk_100M、pclk、DE、Vsync、Hsync、d_R、d_G 和 d_B。

Signals 选项设置完成后出现如图 8.8 所示对话框。当 Interfaces 设置完毕后,可以看到图 8.10 下部窗口的状态栏里应该不再有错误信息。

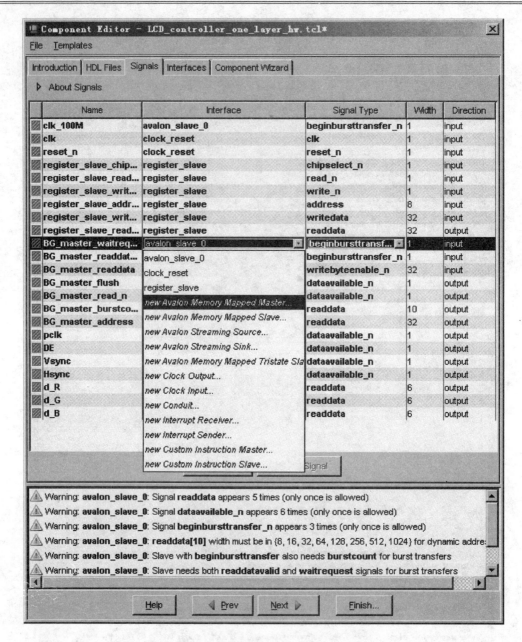

图 8.7 设置信号的 Interface

(4) Interfaces 选项的设置：在本讲中，LCD 显示器 IP 顶层模块有两个接口与 Avalon 总线连接：一个是与 register_slave 连接的从接口，另外一个是与 BG_master 连接的主接口。单击 Next 键，进入 Interfaces 选项，出现如图 8.9 所示的对话框。

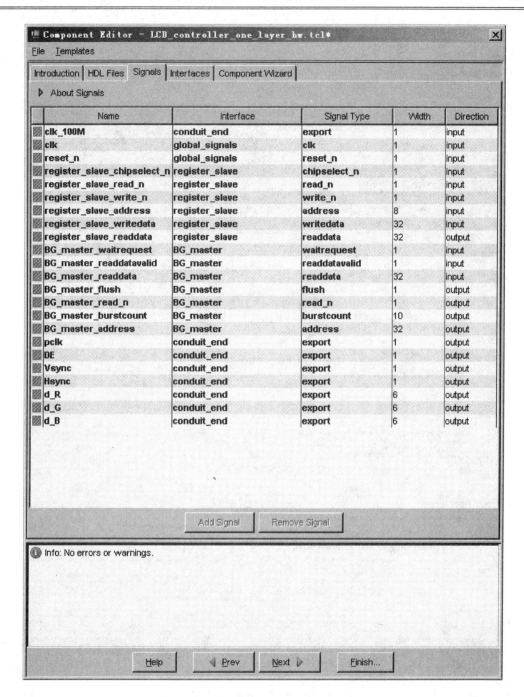

图 8.8 设置完成后的 Signals 选项

图 8.9 下部的状态栏中报告有一些接口没有信号,这些接口在前面 Signals 设置中并未使用,因此是多余的。我们可以通过"Remove Interfaces With No Signals"选项来去除多余的端口。

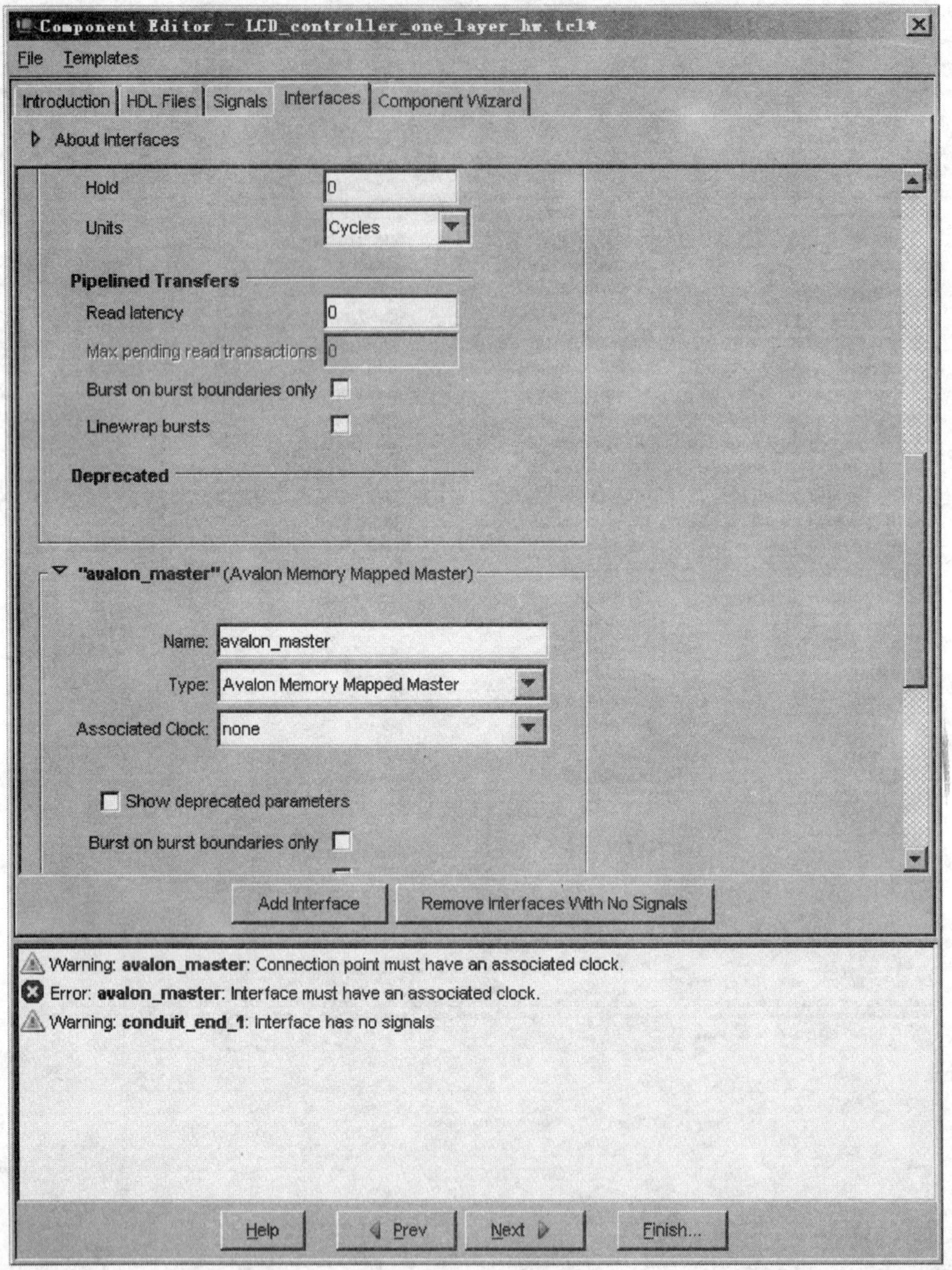

图 8.9 设置 Interfaces 选项

slave 端口设置如图 8.10 所示，这里设置的端口类型必须与实际的类型相一致。

master 端口设置如图 8.11 所示。为了使端口名有意义，便于理解，把端口名 Avalon_master_0 改为 BG_master，并且端口类型 Type 设置为 Avalon master，Associated Clock 设置为 global_signals(上述的 Clock input 接口)。

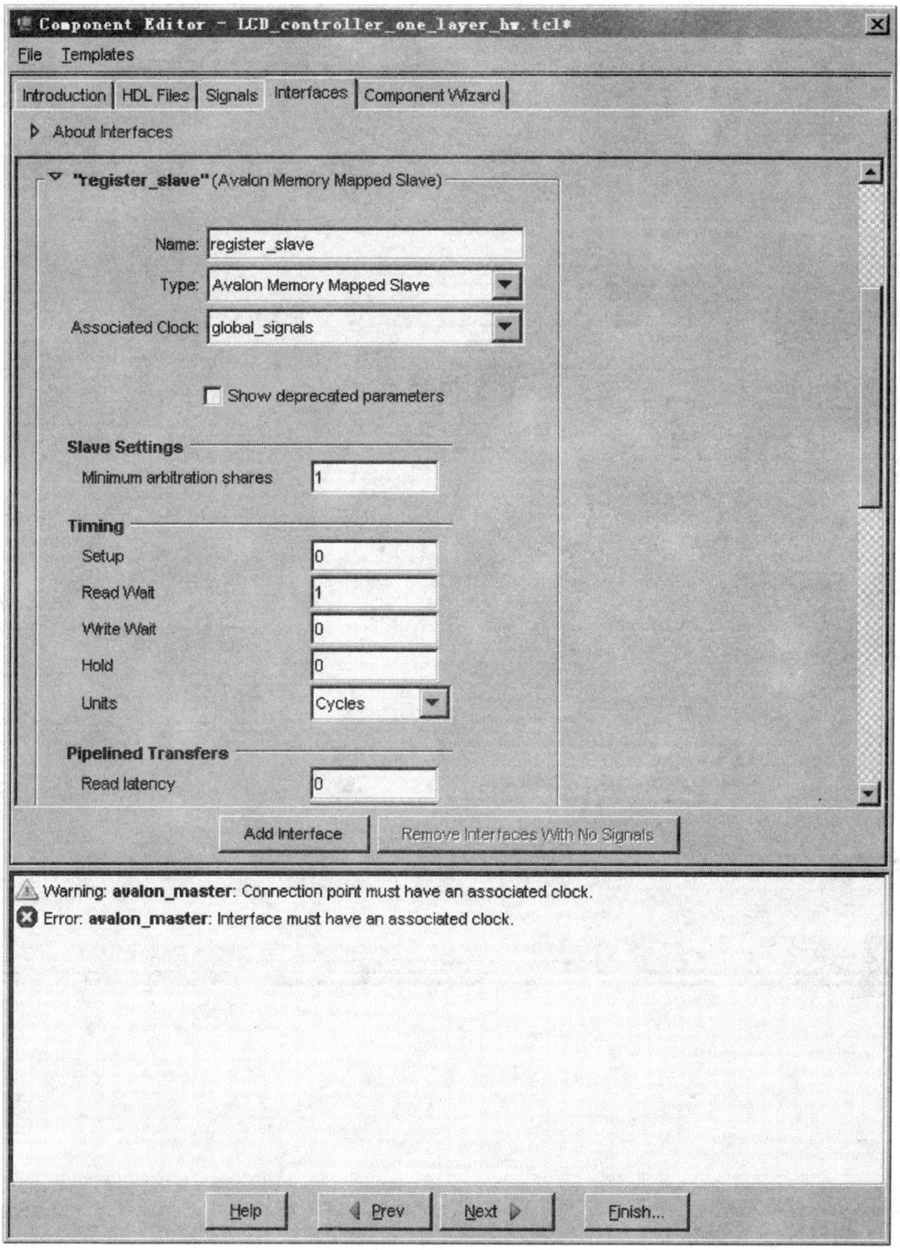

图 8.10　slave 端口设置

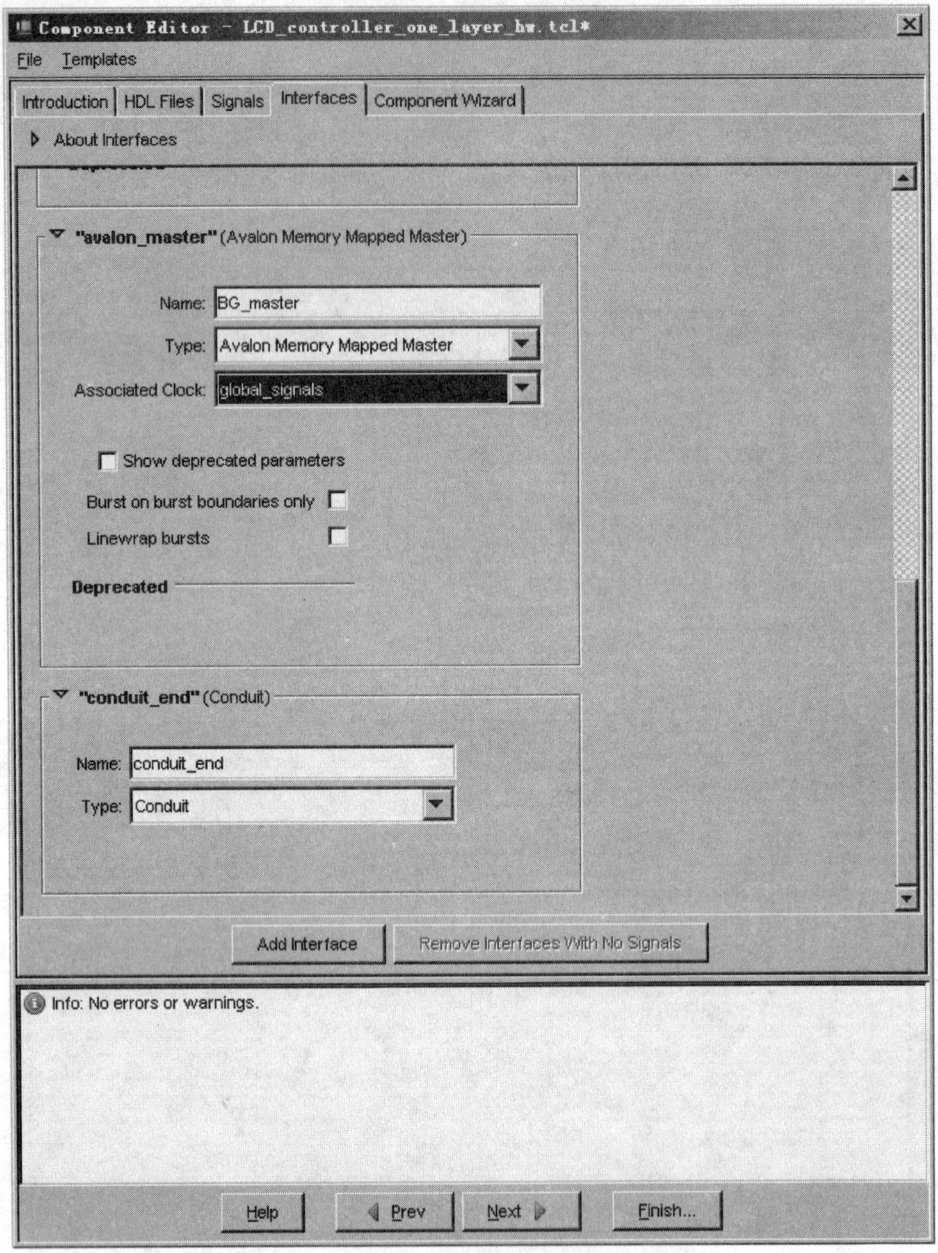

图 8.11 master 端口设置

(5) 单击 NEXT 键，出现 Component Wizard 选项，设置如图 8.12 所示。

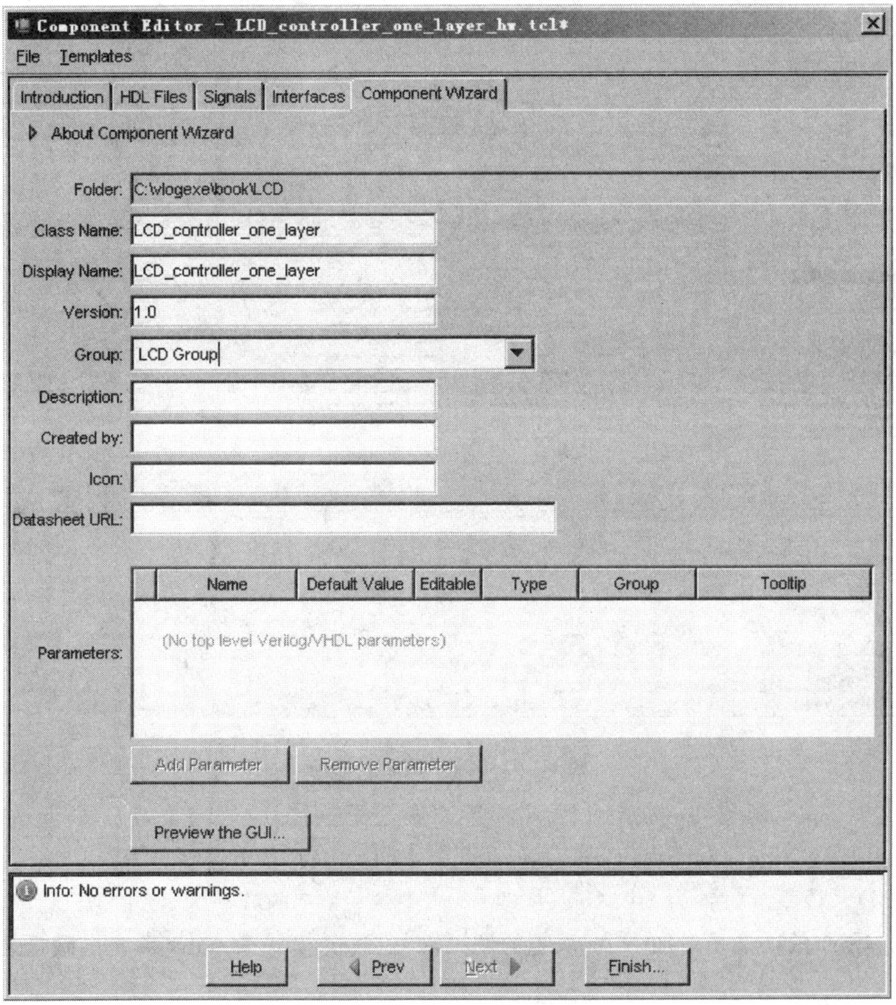

图 8.12 Component Wiard 选项框

设置完成后，单击 Finish 按钮完成 LCD 控制器 IP 的配置过程。接下来就可以用 LCD IP 和 Nios Ⅱ 处理器核等 IP 来组成一个 SOPC 系统。

8.9 构建 SOPC 系统

一个系统名为 NIOS_LCD，如图 8.13 所示。

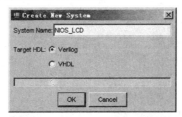

图 8.13 创建一个 SOPC 系统

根据前面章节所述方法，搭建一个如图 8.14 所示的 SOPC 系统。

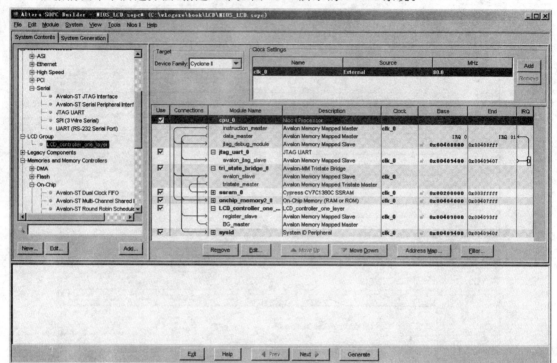

图 8.14　SOPC 系统的结构

在这个 SOPC 系统中，包括一个 Nios Ⅱ/f 处理器软核，Level 1 的 JTAG 调试口，一个三态桥，SSRAM，lcd_controller_one_layer（此即 LCD_CRT_TV 控制器 IP）和 onchip_memory（RAM）。该系统时钟为 80 MHz，修改 8.14 中的 clk_0 的频率为 80.0 MHz。

Jtag Uart 的功能是增加 Nios 系统的调试功能，Jtag 模式为 Nios 系统与微机之间建立了通信。

为了使 Nios 系统能与开发板上的存储器进行通信，必须在 Avalone 总线和连接外部存储器的总线之间加入 Avalone 三态桥。

在添加 LCD 控制器 IP 时，系统的状态栏中会提示：LCD 控制器 IP 的 BG_master 端口未与任何 slave 端口相连。需要把 BG_master 端口与三态桥的 avalon_slave 端口连接起来，这样 BG_master 端口可以通过三态桥访问 SSRAM。

onchip_memory 的设置如图 8.15 所示。

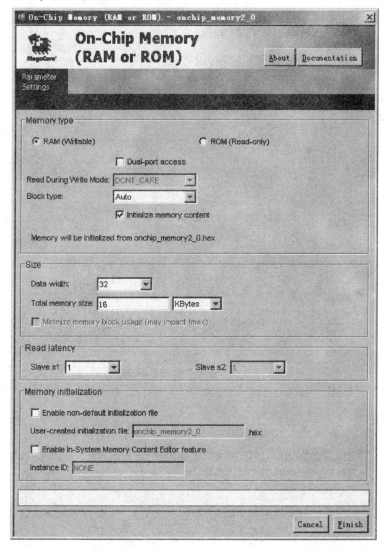

图 8.15　onchip_memory 的设置

SSRAM 控制器的设置如图 8.16 所示。

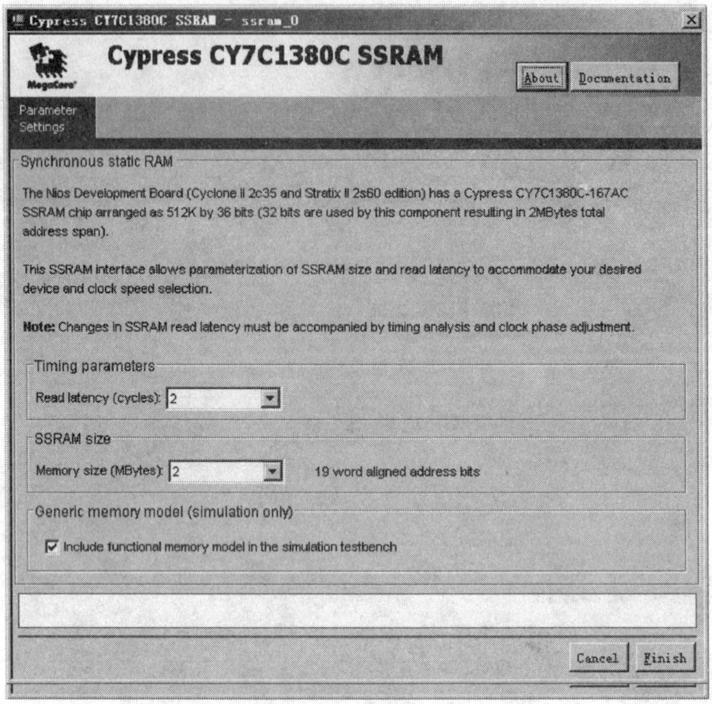

图 8.16 SSRAM 控制器的设置

当添加完所有的 IP 组件后,单击 System>Auto – Assign Base Address,系统将为所有元件自动分配基地址。

处理器的复位和异常地址设置如图 8.17 所示。

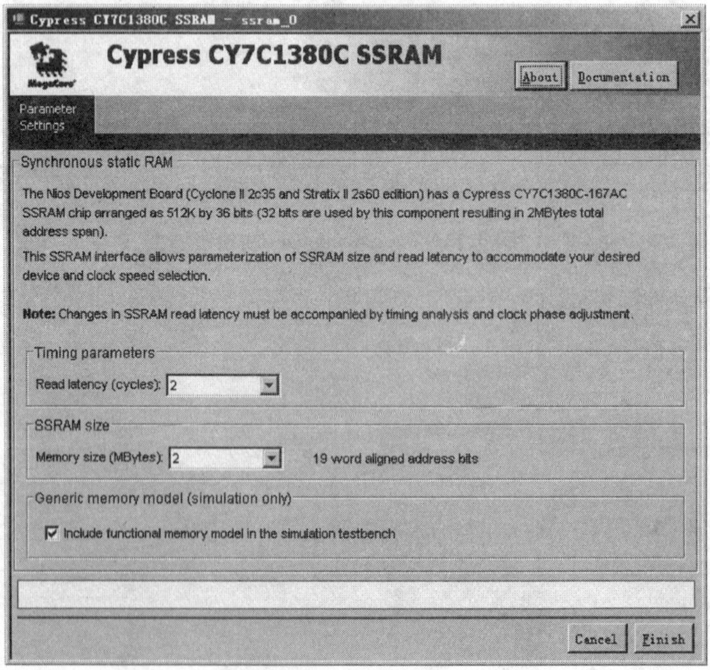

图 8.17 设置系统的复位地址和异常向量地址

第 8 讲 LCD 显示控制器 IP 的设计

设置完成后,单击 generate 按钮生成 SOPC 系统,还需要编写一个顶层模块把生成的 SOPC 系统实例化。顶层模块名为 LCD_ONE_LAYER_TOP,代码如下:

```verilog
module LCD_ONE_LAYER_TOP(
    input   clk,
    input   reset,

    //SSRAM
    output wire  adsc_n_to_the_ssram_0,
    output wire  bwe_n_to_the_ssram_0,
    output wire  chipenable1_n_to_the_ssram_0,
    output wire  outputenable_n_to_the_ssram_0,
    output wire  [20:0]tri_state_bridge_0_address,
    output wire  [3:0]tri_state_bridge_0_byteenablen,
    inout  wire  [31:0]tri_state_bridge_0_data,
    //SSRAM additional signal
    output wire  SSRAM_Addition_H_ADSP_n,
    output wire  SSRAM_Addition_H_ADV_n,
    output wire  SSRAM_Addition_H_GW_n,
    output wire  SSRAM_Addition_L_ZZ,
    output wire  SSRAM_Addition_H_CE2,
    output wire  SSRAM_Addition_L_CE3_n,
    output wire  SSRAM_clk_for_ssram,
    //LCD signal
    output wire  pclk_from_the_lcd_controller_one_layer_0,
    output wire  DE_from_the_lcd_controller_one_layer_0,
    output wire  Hsync_from_the_lcd_controller_one_layer_0,
    output wire  Vsync_from_the_lcd_controller_one_layer_0,
    output wire  [5:0]d_B_from_the_lcd_controller_one_layer_0,
    output wire  [5:0]d_G_from_the_lcd_controller_one_layer_0,
    output wire  [5:0]d_R_from_the_lcd_controller_one_layer_0
    );
wire  clk_sys;
wire  clk_100M;
wire  reset_n;

assign reset_n= ~ reset;
assign SSRAM_clk_for_ssram= ~ clk_sys;

assign SSRAM_Addition_H_ADSP_n= 1;
assign SSRAM_Addition_H_ADV_n= 1;
assign SSRAM_Addition_H_GW_n= 1;
assign SSRAM_Addition_L_ZZ= 0;
assign SSRAM_Addition_H_CE2= 1;
```

```verilog
assign SSRAM_Addition_L_CE3_n= 0;

PLL_cycloneii PLL(
            .inclk0(clk),
          .c0(clk_sys),
          .c1(clk_100M)
            );
  NIOS_LCD DUT
    (
.DE_from_the_LCD_controller_one_layer_0
    (DE_from_the_lcd_controller_one_layer_0),
.Hsync_from_the_LCD_controller_one_layer_0
    (Hsync_from_the_lcd_controller_one_layer_0),
.Vsync_from_the_LCD_controller_one_layer_0
    (Vsync_from_the_lcd_controller_one_layer_0),
.adsc_n_to_the_ssram_0
 (adsc_n_to_the_ssram_0),
.bwe_n_to_the_ssram_0
    (bwe_n_to_the_ssram_0),
.chipenable1_n_to_the_ssram_0
    (chipenable1_n_to_the_ssram_0),
.clk_0(clk_sys),
.clk_100M_to_the_LCD_controller_one_layer_0(clk_100M),
.d_B_from_the_LCD_controller_one_layer_0
    (d_B_from_the_lcd_controller_one_layer_0),
.d_G_from_the_LCD_controller_one_layer_0
    (d_G_from_the_lcd_controller_one_layer_0),
.d_R_from_the_LCD_controller_one_layer_0
    (d_R_from_the_lcd_controller_one_layer_0),
.outputenable_n_to_the_ssram_0
    (outputenable_n_to_the_ssram_0),
.pclk_from_the_LCD_controller_one_layer_0
    (pclk_from_the_lcd_controller_one_layer_0),
.reset_n(reset_n),
.address_to_the_ssram_0
    (tri_state_bridge_0_address),
.bw_n_to_the_ssram_0
    (tri_state_bridge_0_byteenablen),
.data_to_and_from_the_ssram_0
    (tri_state_bridge_0_data)
    );
endmodule
```

顶层模块用到一个PLL,把开发板上的50 MHz输入时钟,倍频产生一个频率为

80 MHz,另一个为 100 MHz 的时钟,其时钟的相位差都为 0。

8.10 引脚分配

编写 tcl 文件进行引脚分配,文件名为 Nios_LCD.tcl,代码如下:

```
# - - - - - - - - - - - - - - - - - - - - - - - - - - - - - - - - - - - - -
# 对应革新科技 Altera Cyclone Ⅱ EP2C35F672C8N 开发板的引脚定义文件 NIOS_LCD.tcl
# 注意:模块中定义的信号名不同、FPGA 的型号不同或者开发板不同,NIOS_LCD.tcl 引脚定义文
# 件需要根据硬件信号连线的具体情况,重新定义,以下 tcl 代码仅供参考。
# - - - - - - - - - - - - - - - Start of NIOS_LCD.tcl- - - - - - - - - - - - -
set_global_assignment- name RESERVE_ALL_UNUSED_PINS "AS INPUT TRI- STATED"
# global signal
set_location_assignment PIN_P25- to clk
set_location_assignment PIN_Y11- to reset
# SSRAM
set_location_assignment PIN_G5- to tri_state_bridge_0_address[2]
set_location_assignment PIN_G6- to tri_state_bridge_0_address[3]
set_location_assignment PIN_C2- to tri_state_bridge_0_address[4]
set_location_assignment PIN_C3- to tri_state_bridge_0_address[5]
set_location_assignment PIN_B2- to tri_state_bridge_0_address[6]
set_location_assignment PIN_B3- to tri_state_bridge_0_address[7]
set_location_assignment PIN_L9- to tri_state_bridge_0_address[8]
set_location_assignment PIN_F7- to tri_state_bridge_0_address[9]
set_location_assignment PIN_L10- to tri_state_bridge_0_address[10]
set_location_assignment PIN_J5- to tri_state_bridge_0_address[11]
set_location_assignment PIN_L4- to tri_state_bridge_0_address[12]
set_location_assignment PIN_C6- to tri_state_bridge_0_address[13]
set_location_assignment PIN_A4- to tri_state_bridge_0_address[14]
set_location_assignment PIN_B4- to tri_state_bridge_0_address[15]
set_location_assignment PIN_A5- to tri_state_bridge_0_address[16]
set_location_assignment PIN_B5- to tri_state_bridge_0_address[17]
set_location_assignment PIN_B6- to tri_state_bridge_0_address[18]
set_location_assignment PIN_A6- to tri_state_bridge_0_address[19]
set_location_assignment PIN_C4- to tri_state_bridge_0_address[20]
set_location_assignment PIN_G9- to adsc_n_to_the_ssram_0
set_location_assignment PIN_M3- to tri_state_bridge_0_byteenablen[0]
set_location_assignment PIN_M2- to tri_state_bridge_0_byteenablen[1]
set_location_assignment PIN_M5- to tri_state_bridge_0_byteenablen[2]
set_location_assignment PIN_M4- to tri_state_bridge_0_byteenablen[3]
set_location_assignment PIN_J9- to bwe_n_to_the_ssram_0
set_location_assignment PIN_C7- to chipenable1_n_to_the_ssram_0
set_location_assignment PIN_L2- to tri_state_bridge_0_data[0]
```

```
set_location_assignment PIN_L3- to tri_state_bridge_0_data[1]
set_location_assignment PIN_L7- to tri_state_bridge_0_data[2]
set_location_assignment PIN_L6- to tri_state_bridge_0_data[3]
set_location_assignment PIN_N9- to tri_state_bridge_0_data[4]
set_location_assignment PIN_P9- to tri_state_bridge_0_data[5]
set_location_assignment PIN_K1- to tri_state_bridge_0_data[6]
set_location_assignment PIN_K2- to tri_state_bridge_0_data[7]
set_location_assignment PIN_K4- to tri_state_bridge_0_data[8]
set_location_assignment PIN_K3- to tri_state_bridge_0_data[9]
set_location_assignment PIN_J2- to tri_state_bridge_0_data[10]
set_location_assignment PIN_J1- to tri_state_bridge_0_data[11]
set_location_assignment PIN_H2- to tri_state_bridge_0_data[12]
set_location_assignment PIN_H1- to tri_state_bridge_0_data[13]
set_location_assignment PIN_J3- to tri_state_bridge_0_data[14]
set_location_assignment PIN_J4- to tri_state_bridge_0_data[15]
set_location_assignment PIN_H3- to tri_state_bridge_0_data[16]
set_location_assignment PIN_H4- to tri_state_bridge_0_data[17]
set_location_assignment PIN_G1- to tri_state_bridge_0_data[18]
set_location_assignment PIN_G2- to tri_state_bridge_0_data[19]
set_location_assignment PIN_F2- to tri_state_bridge_0_data[20]
set_location_assignment PIN_F1- to tri_state_bridge_0_data[21]
set_location_assignment PIN_K8- to tri_state_bridge_0_data[22]
set_location_assignment PIN_K7- to tri_state_bridge_0_data[23]
set_location_assignment PIN_G4- to tri_state_bridge_0_data[24]
set_location_assignment PIN_G3- to tri_state_bridge_0_data[25]
set_location_assignment PIN_K6- to tri_state_bridge_0_data[26]
set_location_assignment PIN_K5- to tri_state_bridge_0_data[27]
set_location_assignment PIN_E2- to tri_state_bridge_0_data[28]
set_location_assignment PIN_E1- to tri_state_bridge_0_data[29]
set_location_assignment PIN_J8- to tri_state_bridge_0_data[30]
set_location_assignment PIN_J7- to tri_state_bridge_0_data[31]
set_location_assignment PIN_D5- to outputenable_n_to_the_ssram_0
set_location_assignment PIN_E5- to SSRAM_clk_for_ssram
set_location_assignment PIN_D7- to SSRAM_Addition_H_ADSP_n
set_location_assignment PIN_H10- to SSRAM_Addition_H_ADV_n
set_location_assignment PIN_K9- to SSRAM_Addition_H_GW_n
set_location_assignment PIN_A7- to SSRAM_Addition_L_CE3_n
set_location_assignment PIN_B7- to SSRAM_Addition_H_CE2
# LCD
set_location_assignment PIN_T18- to DE_from_the_lcd_controller_one_layer_0
set_location_assignment PIN_G23- to pclk_from_the_lcd_controller_one_layer_0
set_location_assignment PIN_N18- to Hsync_from_the_lcd_controller_one_layer_0
set_location_assignment PIN_F26- to Vsync_from_the_lcd_controller_one_layer_0
```

```
set_location_assignment PIN_K24- to d_B_from_the_lcd_controller_one_layer_0[0]
set_location_assignment PIN_J25- to d_B_from_the_lcd_controller_one_layer_0[1]
set_location_assignment PIN_J26- to d_B_from_the_lcd_controller_one_layer_0[2]
set_location_assignment PIN_M21- to d_B_from_the_lcd_controller_one_layer_0[3]
set_location_assignment PIN_T23- to d_B_from_the_lcd_controller_one_layer_0[4]
set_location_assignment PIN_R17- to d_B_from_the_lcd_controller_one_layer_0[5]
set_location_assignment PIN_J24- to d_G_from_the_lcd_controller_one_layer_0[0]
set_location_assignment PIN_H25- to d_G_from_the_lcd_controller_one_layer_0[1]
set_location_assignment PIN_H26- to d_G_from_the_lcd_controller_one_layer_0[2]
set_location_assignment PIN_K18- to d_G_from_the_lcd_controller_one_layer_0[3]
set_location_assignment PIN_K19- to d_G_from_the_lcd_controller_one_layer_0[4]
set_location_assignment PIN_K23- to d_G_from_the_lcd_controller_one_layer_0[5]
set_location_assignment PIN_G24- to d_R_from_the_lcd_controller_one_layer_0[0]
set_location_assignment PIN_G25- to d_R_from_the_lcd_controller_one_layer_0[1]
set_location_assignment PIN_G26- to d_R_from_the_lcd_controller_one_layer_0[2]
set_location_assignment PIN_H23- to d_R_from_the_lcd_controller_one_layer_0[3]
set_location_assignment PIN_H24- to d_R_from_the_lcd_controller_one_layer_0[4]
set_location_assignment PIN_J23- to d_R_from_the_lcd_controller_one_layer_0[5]
# - - - - - - - - - - - - - - - End of NIOS_LCD.tcl - - - - - - - - - - - - - - - -
```

单击 Quartus Ⅱ 主窗口的项目浏览器标签为 File 的子窗口,右击 Files,从弹出菜单中选择 Add/remove Files in Project,把 LCD_ONE_LAYER_TOP.v 和 PLL_cycloneii.v 以及 NIOS_LCD.qip 添加进来,并设置 LCD_ONE_LAYER_TOP.v 为顶层文件。

单击 Tools > Tcl scripts ,选择 NIOS_LCD.tcl,并单击 Run,引脚设置完毕后,进入 Assignments > Assignment Editor 进行引脚检查确认。

接着开始编译设计,编译成功后,将本工程项目的逻辑代码文件 LCD_ONE_LAYER_TOP.sof 下载到 FPGA 芯片上。

注意:位于开发板上有一组蓝色开关,名称为拨码开关 MODUL_SEL。只有当第 1 位～第 3 位处于相应功能模块的选择状态时,才有效;当第 1 位和第 2 位处于 OFF,第 3 位处于 ON 时,LCD 模块才会被选通。

至此,SOPC 系统的硬件已经构建完成,接下来的工作是开发在此 SOPC 硬件系统上运行的软件系统。

8.11 软件开发

SOPC 系统构建完成之后,就可以开发软件了。现创建一个名为 LCD_DEMO 的 C/C++ Application,详细的步骤请参看前面一讲。

在编写应用软件之前,先编写 LCD 控制器的头文件 avalon_lcd_regs.h。在头文件中定义了 CPU 可以访问的 LCD 控制器中的内部寄存器。

```
//avalon_lcd_regs.h
# ifndef __AVALON_LCD_REGS_H__
# define __AVALON_LCD_REGS_H__
```

```c
# include < io.h>
# define IORD_AVALON_LCD_CTRL(base)                       IORD(base,0x00)
# define IOWR_AVALON_LCD_CTRL(base,data)                  IOWR(base,0x00,data)
# define IORD_AVALON_LCD_LAYER_EN(base)                   IORD(base,0x01)
# define IOWR_AVALON_LCD_LAYER_EN(base,data)              IOWR(base,0x01,data)
# define IORD_AVALON_LCD_READ_MODE(base)                  IORD(base,0x02)
# define IOWR_AVALON_LCD_READ_MODE(base,data)             IOWR(base,0x02,data)
# define IORD_AVALON_LCD_HSYNC_END(base)                  IORD(base,0x10)
# define IOWR_AVALON_LCD_HSYNC_END(base,data)             IOWR(base,0x10,data)
# define IORD_AVALON_LCD_HLINE_END(base)                  IORD(base,0x11)
# define IOWR_AVALON_LCD_HLINE_END(base,data)             IOWR(base,0x11,data)
# define IORD_AVALON_LCD_HBLANK_BEGIN(base)               IORD(base,0x12)
# define IOWR_AVALON_LCD_HBLANK_BEGIN(base,data)          IOWR(base,0x12,data)
# define IORD_AVALON_LCD_HBLANK_END(base)                 IORD(base,0x13)
# define IOWR_AVALON_LCD_HBLANK_END(base,data)            IOWR(base,0x13,data)
# define IORD_AVALON_LCD_VSYNC_END(base)                  IORD(base,0x14)
# define IOWR_AVALON_LCD_VSYNC_END(base,data)             IOWR(base,0x14,data)
# define IORD_AVALON_LCD_VFRAME_END(base)                 IORD(base,0x15)
# define IOWR_AVALON_LCD_VFRAME_END(base,data)            IOWR(base,0x15,data)
# define IORD_AVALON_LCD_VBLANK_BEGIN(base)               IORD(base,0x16)
# define IOWR_AVALON_LCD_VBLANK_BEGIN(base,data)          IOWR(base,0x16,data)
# define IORD_AVALON_LCD_VBLANK_END(base)
```

```
                                        IORD(base,0x17)
# define IOWR_AVALON_LCD_VBLANK_END(base,data)   \
                                        IOWR(base,0x17,data)
# define IORD_AVALON_LCD_BG_STARTADDR(base)      \
                                        IORD(base,0x20)
# define IOWR_AVALON_LCD_BG_STARTADDR(base,data) \
                                        IOWR(base,0x20,data)
# define IORD_AVALON_LCD_BG_ADDROFFSET(base)     \
                                        IORD(base,0x21)
# define IOWR_AVALON_LCD_BG_ADDROFFSET(base,data)\
                                        IOWR(base,0x21,data)
# define IORD_AVALON_LCD_BG_WIDTH(base)          \
                                        IORD(base,0x22)
# define IOWR_AVALON_LCD_BG_WIDTH(base,data)     \
                                        IOWR(base,0x22,data)
# define IORD_AVALON_LCD_BG_HEIGHT(base)         \
                                        IORD(base,0x23)
# define IOWR_AVALON_LCD_BG_HEIGHT(base,data)    \
                                        IOWR(base,0x23,data)
# define IORD_AVALON_LCD_BG_FIFO_USEDW(base)     \
                                        IORD(base,0x24)
# define IOWR_AVALON_LCD_BG_FIFO_USEDW(base,data)\
                                        IOWR(base,0x24,data)
# endif /* _AVALON_LCD_REGS_H_ */
```

下面给出的 main.c 是一个示例软件。该示例程序实现的功能是把整个 LCD 屏幕分割成 40×40 的方块,方块的颜色交替相同。main.c 示例软件代码如下:

```
# include <stdio.h>
# include <stdlib.h>
# include <io.h>
# include <sys/alt_cache.h>
# include "system.h"
# include "avalon_lcd_regs.h"
int main()
{
  alt_u32 nBGOffset;
  alt_u16 nBGWidth;
  alt_u16 nBGHeight;
//alt_u32,alt_u16 是 Altera 公司在"alt_types.h"
//头文件中定义的 32 和 16 位的无符号整型数,读者可自行查阅此头文件
  nBGOffset= SSRAM_0_BASE+ 0x00100000;
  nBGWidth= 640;
  nBGHeight= 480;
```

```c
//初始化 LCD 控制器
//使能背景层
IOWR_AVALON_LCD_LAYER_EN(LCD_CONTROLLER_one_layer_0_BASE,0x01);
//设置读模式为线性模式
IOWR_AVALON_LCD_READ_MODE(LCD_CONTROLLER_one_layer_0_BASE,0x01);
//设置背景层起始地址
IOWR_AVALON_LCD_BG_STARTADDR(LCD_CONTROLLER_one_layer_0_BASE,nBGoffset);
//使能 LCD 控制器
IOWR_AVALON_LCD_CTRL(LCD_CONTROLLER_one_layer_0_BASE,0x01);
//画背景层
  alt_u16  * pPixel;
//pPixel 指向背景层像素起始地址,每个像素占两个字节,所以 pPixel 每次加 2
//((alt_u32)pPixel- nBGOffset)/2)% nBGWidth 为每行像素在 X 轴的坐标
//(((alt_u32)pPixel- nBGOffset)/2)/nBGWidth 为每行像素在 Y 轴的坐标
//
for(pPixel= (alt_u16* )nBGOffset; pPixel< (alt_u16* )
            (nBGOffset+ nBGWidth* nBGHeight* 2); pPixel+ + )
  {
    alt_u16 x;
    alt_u16 y;
    x= ((((alt_u32)pPixel- nBGOffset)/2)% nBGWidth/40)% 2;
    y= ((((alt_u32)pPixel- nBGOffset)/2)/ nBGWidth/40)% 2;
    if(x== y)
    {
    * pPixel= 0x001f; //blue
    }
    else
    {
    * pPixel= 0xf800; //red
    }
  }

  alt_dcache_flush_all();
}
```

main 函数中使用的写 LCD IP 内部寄存器的函数在 avalon_lcd_regs.h 头文件中定义。

在编译软件之前,还需要对系统库(system library)进行设置,如图 8.18 所示。在 IDE 中操作步骤如下:右击软件目录名 LCD,选择 System library Properties,随即弹出对话框(见图 8.18)做如下设置,目的是确定软件程序的储存位置、操作系统类型,和硬件/软件调试信号的输入/输出。

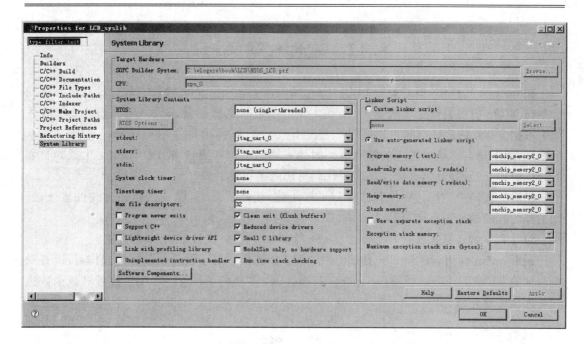

图 8.18　系统库 system library 的设置

将 SOPC 的硬件和软件都下载到革新 EP2C35 开发板的 FPGA 中后,演示系统的结果如图 8.19 所示。

图 8.19　LCD 演示结果

8.12 软件代码解释

在 main.c 文件中,当需要给 nBGOffset 赋值时,使用了 SSRAM_0_BASE 变量。该变量是在 NIOS 项目编译生成的 system.h 文件中产生的系统变量,SSRAM 在整个 NIOS 系统中占据 2 MB 的地址空间。建议用户在使用系统变量时,尽量使用 system.h 中定义的系统变量,而不是自己给出相应的常数值。因为不同的系统在通过 SOPC builder 生成的过程中分配的地址是不同的,这样也是为了代码更加的通用性。

随后的代码中,对 LCD 控制器进行了初始化,使能背景层、设置读模式为线性地址,且背景层的起始地址为 nBGOffset。

对 x 和 y 的运算操作使在屏幕上生成一个红蓝颜色交替的 40×40 的方格。

最后,main 调用 alt_dcache_flush_all() 函数。该函数属于硬件抽象层的操作,可以查看 Altera 的 Nios Ⅱ Software Developer's Handbook 文档的 API 参考,API 参考对该函数进行更加详细地介绍。

总　结

本讲介绍了一个单图层 LCD 控制器,并对 LCD 控制器的模块组成、每个模块的功能作了详细的介绍。控制器的主要功能是产生 LCD 显示控制时序,并把存储器的某一块区域与 LCD 显示屏对应起来,作为 LCD 的显示缓冲区(显存)。只要改变显存的内容就可改变 LCD 显示屏相应位置的显示图形。

本讲详细地介绍了如何用 Verilog 代码自行设计一个由多个模块组成的 LCD 控制器,并把它添加到 SOPC 组件库中,成为一个有自己知识产权的模块(IP)。在此基础上,介绍了如何由现成的 Nios Ⅱ 处理器,自己设计的 LCD 控制器,现成的 SSRAM 接口、参数化的 ON-CHIP RAM 和可配置的锁相环等组件构成一个可在一片 FPGA 上运行(除了 SSRAM 芯片外)的完整的 SOPC 系统,并开发了一个演示用的简单软件程序,以验证硬件/软件设计的正确性,为读者独立设计以 FPGA 为基础平台的嵌入式系统打下了坚实的基础。

通过上面的介绍,可以把设计 SOPC 的操作步骤归纳如下(注意步骤次序是可以改变的):

(1) 根据设计需求,确定设计系统的功能,画出如图 8.3 所示的系统总体结构图,并确定不得不自己设计的 LCD 显示控制器 IP 核的结构细节。

(2) 根据 LCD 显示控制器的结构,编写每个模块的代码,并编写 SSRAM 的 avalon 总线行为模型。该模型可以根据 master 模块发出的读数据信号,产生相应的数据流,并把数据放在总线上供 master 模块读取;编写用于测试 LCD 时序产生模块所需要的 100 MHz 时钟、复位信号、像素数据以及时序寄存器值等的行为模型;编写用于测试 LCD 控制器背景层数据通道的行为模型;用 ModelSim 对 LCD 显示控制器结构的每个模块和模块组合进行测试,验证自行编写的描述 LCD 显示控制器结构的模块代码的功能是正确的和完整的。

(3) 用 Quartus Ⅱ 软件建立工作目录,定义项目名称(NIOS_LCD)。用 tool> Option 命令将默认的文件目录改成已建立的工作目录。建议项目名与顶层设计名有所不同,顶层设计名一般用 _top 做后缀,而且必须与系统顶层文件名一致(本教材中,必须用 LCD_ONE_

LAYER_TOP 做顶层设计名,因为程序包中已经提供了系统的顶层文件 LCD_ONE_LAYER_TOP.v)。

(4) 利用 Quartus Ⅱ 软件中的 SOPC Builder 工具,根据设计需求配置 Nios Ⅱ 核和外围器件。本讲与第 7 讲的差别是需要自己设计一个比较复杂的由多个 RTL 级 Verilog 模块组成的 LCD 显示控制器 IP,该控制器 IP 可通过 Avalon 总线自动地读取 SSRAM 图形数据,并把它们按照 LCD 要求的时序,送到 LCD 的输入端口,从而产生显示。该 LCD 显示控制器由多个 Verilog 模块组成,其中有的模块使用了 LPM 库提供的参数化模块,例如 BG_FIFO.v 等模块;有的模块例如:master.v,需要彻底理解 Avalon 总线协议和接口信号类型才能编写;而模块 Timing_Engine.v 需要彻底理解 LCD 的控制时序,才能编写出正确的 RTL 代码。

(5) 配置完毕后,检查每个模块的基地址、意外地址和中断等级设置等,用 SOPC Builder 自动生成以中等规模的 Nios Ⅱ 为核心的数字系统(由一组 Verilog 模块构成)。

(6) 编写顶层文件,设置时钟、复位、输入/输出信号线名称。

(7) 编写扩展名为 NIOS_LCD.tcl 的处理引脚分配的命令文件。

(8) 将设计涉及的所有文件,包括 Verilog 文件和其他文件调入 Quartus 8.1 工具的 Device Design Files 文件夹。

(9) 运行 NIOS_LCD.tcl 命令文件,分配给 FPGA 引脚以合适的信号。

(10) 用 Quartus Ⅱ 进行编译。

(11) 将编译完毕的硬件逻辑代码下载到 FPGA 芯片中。

(12) 调用软件集成开发环境 IDE,切换软件工作空间,建立软件项目,配置 IDE 工作的硬件环境。

(13) 参考样板程序,编写 C/C++程序,将 C 源代码和有关头文件添加到软件项目的文件夹中。

(14) 连接必要的函数库,核对程序中的接口信号名。

(15) 编译 C/C++程序,下载程序和数据到 Nios Ⅱ 系统的 ON_CHIP_RAM_0 中。

(16) 利用 IDE 在计算机窗口上所显示的信息,结合观察到的系统电路行为,不断地改进其行为和性能直到满意为止。

(17) 进行系统级别的验证,对系统做进一步的改进。

(18) 进一步完善设计完成的组件,编写设计文档,鼓励重复使用。

思 考 题

(1) 修改软件,改变方格的宽度、高度和颜色。

答:修改 main.c 中的 40 为其他值即可改变宽度和高度,修改 main.c 中的 *pPixel 值即可修改颜色。

(2) 为什么在 SOPC 的设计中尽量利用现成的 IP? 在 Quartus Ⅱ 工具上如何找到现成的 IP?

答:使用现成的 IP 可以加速项目的设计,避免一些错误。通过 SOPC Builder 工具就可以找到现成的 IP。

(3) 在许多情况下,为什么必须对现成的 IP 进行配置,才能使用这些 IP? 这些可配置的 IP 利用了 Verilog 语言中的什么语法?

答:不同的项目所需要的模块不一样,即使使用同一个模块,也需要有不同的参数。利用了 Verilog parameter override 的办法,使用 defparam 来传参数。

(4) 正确配置现成的 IP 的前提是什么？为什么必须仔细阅读 Avalon 总线的协议才能正确地配置与 Avalon 总线连接的 IP？

答：前提需要对 Avalon 总线协议熟悉。只有了解了 Avalon 的时序和信号定义，才能够正确地使用 Avalon 总线来连接 IP。

(5) 为什么 Nios Ⅱ 核与 SSRAM 的连接还必须通过三态桥，而与自己设计的 LCD 控制器连接却不需要，可直接与 Avalon 总线连接？

答：因为 LCD 控制器内部集成了一个 avalon master 和 avalon slave，Avalon slave 用于寄存器的设置，它和 Nios Ⅱ 核的 Master 相通信；而 Avalon master 则与三态桥通信以获取 SSRAM 中的数据，LCD 控制器本身并不需要和 Nios Ⅱ 相交互，只需要 Avalon 总线即可和 Nios 通信。而 SSRAM 模块本身就具有一个三态 slave，需要一个三态桥的 master 和它交互。

(6) 在本项目的设计中，如果不用现成的 ON_CHIP_RAM 是否可以？如果不用 ON_CHIP_RAM 系统是否能运行？如果想让它运行，应该如何修改？

答：不用 ON_CHIP_RAM 也可以，可以使用 SSRAM 上的资源来存放代码、复位地址以及异常向量，如同第 7 讲中一样。

(7) 在本项目的设计中，如果只用 ON_CHIP_RAM 不用 SSRAM 是否可以？如果不用 SSRAM 系统是否可以简单许多？但会出现什么问题？

答：可以。但 ON_CHIP_RAM 的空间要足够大才行，否则无法装下所有的 LCD 像素数据。

(8) 为什么对自己设计的 IP 必须用 ModelSim 或者其他仿真工具进行完整的 RTL 和综合后网表的功能仿真后，才能成为 SOPCBuilder 工具中的 IP？

答：进行了仿真后的代码才被认为满足 Avalon 总线协议，才可以最终在 SOPCBuilder 中使用。

(9) 改进本讲 LCD IP 为两层 LCD 控制器，并具有 Alpha 混合和透明色功能。

提　示：

① 首先需要增加与前景层相关的寄存器，如前景层的位置、分辨率、像素起始地址等，还要修改控制寄存器，使处理器可以控制前景层的显示。

② 增加一个前景层模块 FG1_Layer 用于读取前景层像素数据。该模块与背景层模块 BG_Layer 一样有三个模块：master、FIFO 和 FIFO_32to16。

③ 由于需要对两层像素数据进行混合运算，所以有一个 data_mixer 模块，如图 8.3 所示 LCD 控制器 IP 总体结构。该模块包含 data_fetcher、Alpha_Pipe 和 scanner。data_fetcher 模块既要负责取背景层像素，又要负责取前景层像素，只有到达设定的位置时才读取前景层的像素。所以，用 scanner 模块来跟踪当前读取的背景层像素坐标，当这个坐标值落在前景层的显示范围内时，data_fetcher 模块才可以发出读取前景层像素信号。读取的背景层和前景层像素经过 Alpha_Pipe 模块进行混合运算，Alpha 计算方法在前面已经提过。Alpha_Pipe 模块实际上是一个计算流水线，计算结果被写到 Asyn_FIFO 模块。Timing_Engine 模块保持不变。

(10) 在两层 LCD IP 的基础上，改成三层 LCD IP。第 3 层使用 8 bpp 颜色格式。

第9讲 BitBLT 控制器 IP

前　言

上一讲,我们介绍了 LCD 显示控制器 IP 核的设计,其功能是把储存在 RAM 中某一特定区域的图像数据读出,产生 LCD 显示控制时序;并将读出的图像数据写到 LCD 显示器件中,从而形成相应的图像显示。这一块特定的存储区域就是所谓的 LCD 显示缓冲区。用软件改写显示缓冲区的内容,就可改变 LCD 显示的内容。

在本讲中,将介绍 BitBLT 控制器,所谓 BitBLT 亦称快速位图块传输操作。该控制器把源数据块以 DMA 方式(即不用 CPU 控制的方式)传输到目的区域,源处和目的地之中至少有一个位于显示缓冲区(显存)。在传输的过程中,还可以对数据进行一定的运算或控制。因此,BitBLT 控制器可以完成图形加速的基本功能。

9.1　图形加速及 BitBLT 相关概念介绍

图形显示的内容本质上是数据。要显示出图形,首先要得到表示图形的数据。而图形的数据从何而来呢？一种情况是图形数据存放在存储器的某一区域,待显示图形时只需从该区域把数据移动到显示缓冲区;另一种情况是待显示的图形数据需要经过一定的运算才能得到。

这两种情况都可以用软件来完成,也可以用专用的硬件来完成其中的一部分功能。由于用专门的硬件执行的速度往往远比软件快,所以称其为图形加速系统。在 PC 系统中,显卡就是这种图形加速系统。

图形的计算和显示总是伴随着大量的运算和数据移动,尤其是动态图像和 3D 图像的显示过程,需要的运算量和数据量往往都大得惊人。即使现代 CPU 的运算速度越来越快,但在计算和显示一些图像(比如 3D 场景)时,仍然显得力不从心。实际上,现代 PC 系统中,大运算量的图形计算往往是由显卡芯片完成的。如果没有显卡芯片对图形的计算过程进行硬件加速,目前是无法享受到精美的多媒体视听的。在 PC 系统中是如此,在嵌入式领域中也是同样的道理。嵌入式处理芯片一般比 PC 系统的 CPU 运算慢,这就使得如果要有比较好的图形显示效果,它就更加需要图形加速系统。

确定哪些操作需要硬件加速的基本原则是：在可实现性的前提下,将每次操作需要 CPU 的指令周期数乘以显示过程中每秒钟执行该操作的次数,若该值越大,则越有必要对其进行硬件加速。

上面所说的是基本原则,在专用的系统中遵循这一原则可以提高系统的性能。但是在通用的系统中,由于硬件加速芯片的设计者和操作系统及应用程序的设计者往往不是同一家公司,若硬件加速芯片对某一操作进行了加速,但操作系统的设计者和应用程序的设计者对此并不知情,那么硬件加速芯片的这一功能就不会提高系统的最终性能。所以,硬件加速芯片设计公司、操作系统设计公司和应用程序设计者三者之间必须有一定约定才行。即硬件加速芯片设计公司和操作系统设计公司之间要约定好一个硬件和软件的接口,操作系统设计公司和应用程序开发公司之间也要约定好一个接口。这样,芯片设计公司就可以专心于实现硬件加速接口规定的操作。对于没有进行硬件加速的操作可以由芯片的驱动程序或者操作系统的图形引擎来软仿真,这样,应用程序的开发者就不用担心某一特定操作,显示芯片是否支持了。GDI、DirectX 和 OpenGL 就是上面所说的三方所定义的接口。它们都规定了一系列的基本操作,硬件和操作系统的接口,操作系统和应用程序的接口。DirectDraw 是 DirectX 的一个组件,只处理位图,为显卡提供了二维的、高性能的接口,支持显存直接存取、BitBLT、后台缓冲、弹出(flip)、调色板管理、剪切、覆盖和颜色键控等功能。下面简单介绍一下关于 DirectDraw 中的一些术语。

9.1.1 位图和 BitBLT

有关位图的概念已经在第 8 讲介绍过,请读者自行参考第 8 讲所述内容,这里不再赘述。

如前所述,DirectDraw 只处理位图,所谓位图就是矩形块。DirectDraw 的所有操作绝大部分是基于位图的。BitBLT 即快速位图块传输操作,它把源矩形块用 DMA(不用 CPU 控制)方式传输到目的矩形区域,源块和目的块之中往往至少有一个块位于显示缓存区。在传输的过程中,还可以附加一定的运算或控制,比如光栅操作、alpha 混合和颜色键控等。

一次 BitBLT 操作至少需要 4 个参数:
(1) 源块起始地址;
(2) 目的块起始地址;
(3) 块宽度;
(4) 块高度。

除此之外,它还常常需要下述参数:
(1) 颜色格式选择:一般是 8bpp 和 16bpp(bpp:bit per pixel,每像素位数);
(2) 源块行地址偏移量:从源处每读完一行之后偏移一定的地址量后再接着读下一行,这样源块在源内存处就不用线性排列;
(3) 目的块行地址偏移量:从目的处每写完一行之后偏移一定的地址量后再接着写下一行,这样源块在目的内存处就不用线性排列。

BitBLT 除了可以将一个源块传输到目的块,还可以没有源块而只对目的块进行填充,填充的颜色可以有两种选择:前景色(Foreground)和背景色(Background)。它们分别存在前景色寄存器和背景色寄存器中。

9.1.2 调色板

BitBLT 可以有颜色格式选择,一般是 8 bpp 或 16 bpp。其中的 16 bpp 就是人们常说的 5-6-5 颜色格式。即像素的 R、G、B(即 red、green 和 blue)值分别用 5 位、6 位、5 位表示。

如果一个像素是 8 bpp，该值并不代表该颜色的 RGB 值，而是用这个值通过颜色查找表即调色板得到该像素对应的 RGB 值。由于 8 位最多可以表示 256 种颜色，所以常把 8 bpp 位图称为 256 色位图。

9.1.3 颜色扩展

颜色扩展是指源块的数据格式是 1 bpp，即每个像素由 1 位表示。当源块的数据填充到目的块时，若源数据为 0 就填背景色（背景色寄存器值），为 1 就填前景色（前景色寄存器值）。因为每个像素只用 1 位表示，所以，利用颜色扩展输出文本可以大大减小字库的大小。

9.1.4 颜色键控

颜色键控是指当源块中某像素的颜色和背景色（背景色寄存器值）相同时，就不覆盖目的块中的对应像素，或者当目的块中的某像素颜色等于前景色（前景色寄存器值），就不被源块对应像素覆盖。利用颜色键控进行透明色控制可以进行复杂形状块的传输。

9.1.5 光栅操作

在 BitBLT 过程中，可以将源块中的每一像素与目的块中的对应像素运算后再填充到目的块。常用的运算除了前面说的 alpha 混合外，还有光栅操作。光栅操作还可分为二维、三维至多维。下面是最常用的二元光栅操作的定义：D 代表运算后填充到目的块中的像素的值，d 和 s 分别代表操作前目的像素和源像素的值。在这里，对 RGB 颜色格式，R、G、B 均是分开计算的。表 9.1 所列为光栅操作。

表 9.1 光栅操作表

ROP2	公 式	ROP2	公 式
R2_BLACK	$D=0$	R2_NOTXORPEN	$D=\sim(d\char`\^ s)$
R2_NOTMERGEPEN	$D=\sim(d\mid s)$	R2_NOP	$D=d$
R2_MASKNOTPEN	$D=d\ \&\sim s$	R2_MERGENOTPEN	$D=d\mid\sim s$
R2_NOTCOPYPEN	$D=\sim s$	R2_COPYPEN	$D=s$
R2_MASKPENNOT	$D=s\ \&\sim d$	R2_MERGEPENNOT	$D=s\mid\sim d$
R2_NOT	$D=\sim d$	R2_MERGEPEN	$D=s\mid d$
R2_XORPEN	$D=d\char`\^ s$	R2_WHITE	$D=1$
R2_NOTMASKPEN	$D=\sim(d\ \& s)$	R2_NOTXORPEN	$D=\sim(d\char`\^ s)$
R2_MASKPEN	$D=d\ \& s$		

光栅操作的应用是：
(1) 光栅操作可以替代部分图形剪裁操作，尤其是不规则剪裁；
(2) 复制、黑/白操作是常用的填充操作；

(3) 彩色系统中，在复制操作后源块取反并与目标块进行与操作是常用的擦除操作（擦除为黑色），而图像/文字/区域的选定反色显示。

9.2 BitBLT 控制器 IP 介绍

BitBLT 控制器 IP 是由北京革新科技有限公司 2006 年初委托北京航空航天大学 EDA 实验室开发的。BitBLT 控制器 IP 具有 Avalon 总线接口，可以方便地由 SOPC Builder 工具调用，成为用户自定义的 IP。

9.2.1 BitBLT 控制器 IP 结构和系统结构框图

图 9.1 为 BitBLT 模块的组成框图和系统结构框图。图中的虚线框内是 BitBLT 控制器 IP 的结构框图。图中给出了基本的数据路径，其中 source read master，destination read master 和 destination write master 分别表示读取源块、读取目的块和写目的块三个基本通道。利用这三个通道的子模块，可以完成所需的所有功能，即对 SSRAM 的直接存储器访问（DMA 读/写）。

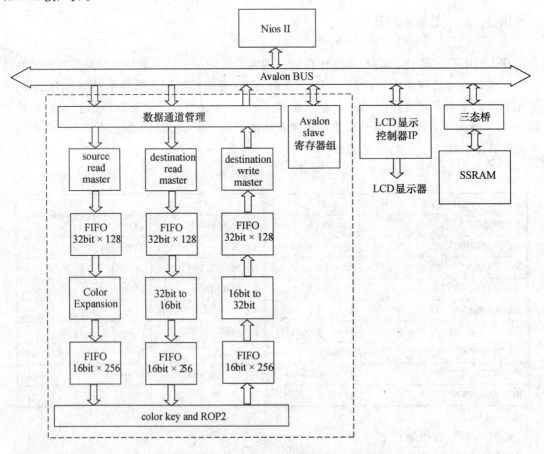

图 9.1 BitBLT 模块的组成框图和系统结构框图

1. color expansion(颜色扩展)

该子模块会根据源块数据的不同格式进行不同的操作。若源块为 1 bpp，则用背景色和前景色将其扩展为 16 bpp；若源块为 8 bpp 伪彩色，则通过调色板，将其扩展为 16 bpp；若源块本身就是 16 bpp，则只用将 32 位的数据拆成两个 16 bit 的像素点即可。

2. color key and ROP2

该子模块实现颜色键控和光栅操作，具体操作类型将从相应的寄存器中读取。最后被写入目的块的数据，有可能是固定色(前景色)，有可能是经过颜色键控或是光栅操作以后的数据，到底写入哪种数据，由 destination write 模块决定。

设计中的 3 个通道在有些情况下并不会同时工作。比如，如果使用固定色填充，那么两个读通道都是没用的。如果只进行基本块传输，把源块传输到目的块，那么 destination read 通道就是多余的。在任何情况下 destination write 通道都会用到。实际上，应该尽可能的关闭不需要的通道，以减少总线的压力。也可用一个状态机来控制 2 个读通道的打开和关闭。该状态机可以根据软件设置的操作命令(操作命令由软件写入 BitBLT 控制器的内部寄存器中)来产生 2 个控制信号，分别控制 2 个读通道的打开和关闭。这一功能由数据通道管理模块 Data channel management 实现。

命令的传输由一组寄存器和一个 Avalon Slave 端口来实现。Nios Ⅱ CPU 通过接到 Avalon 总线上的 Slave 端口来读写这些寄存器。这些寄存器分别存储操作类型及相关的参数(这里不讨论具体寄存器组的定义)。

除此之外，必须有一个 start 信号来启动一次 BitBLT 传输，并将 Busy/Ready 信号反馈给软件，用来标明现在的工作状态(也可以用来确认收到命令)。

在本讲配套的光盘文件夹中，提供了构建 BitBLT 控制器 IP 硬件的全套程序代码，文件夹的名称为：.../lecture9/Verilog/anywhere_avalon_bitblt/。在这个目录下有两个文件夹 hdl 和 inc，在 hdl 文件夹中有经过 ModelSim 调试和验证的全套 RTL 代码，共 22 个文件，与图 9.1 中的方框图中的结构对应；在 inc 文件夹中有相应 IP 的头文件。在.../lecture9/C/文件夹中还有本讲演示的三个 C 语言程序文件，其中 Demo.c 为主程序，BitBlt.c 和 LCD.c 为子程序。

在本讲配套的光盘文件夹中，还提供了构建完整的 LCD 控制器 IP 硬件的全套程序代码，文件夹的名称为：.../lecture9/Verilog/anywhere_LCD_controller/。在这个目录下有两个文件夹 hdl 和 inc，在 hdl 文件夹中有经过 ModelSim 调试和验证的全套 RTL 代码，共 19 个文件，与第 8 讲图 8.3 中 LCD 控制器 IP 方框图中的完整结构对应。在 inc 文件夹中有相应 IP 的头文件。

构成本讲演示系统的其他 Verilog 文件将由 SOPCBUILDER 工具根据系统的配置而自动产生。

为了帮助读者理解本讲提供的描述 BitBLT 控制器 IP 结构的程序代码，特别编写了 9.2.2 节和 9.2.3 节，建议读者结合文件夹中的 22 个文件来深入理解这个 BitBLT 控制器 IP 的结构和功能。

当然我们希望读者在理解第 8 讲的基础上，结合光盘中.../lecture9/Verilog/any where_

LCD_controller/ 中的 hdl 和 inc 文件夹中的 19 个文件,来深入理解一个具有三个显示层面的全功能 LCD 显示控制器的结构,作为第 8 讲思考和实验题的标准答案,可供读者参考。

9.2.2 BitBLT 控制器 IP 寄存器说明

表 9.2 为 BitBLT 模块寄存器列表。表内叙述寄存器名称、有效位宽、读/写状态、偏移地址和说明。

表 9.2 BitBLT 模块的寄存器列表

寄存器名称	有效位宽	读/写	偏移地址	说 明
CmdReg	4	r/w	4'd15	命令寄存器
CtrlReg	8	r/w	4'd12	控制寄存器
StatusReg	8	r	4'd0	状态寄存器
SrcStartAdrReg	32	r/w	4'd1	源块起始地址
SrcMemOffsetReg	32	r/w	4'd2	源地址行偏移量
DestStartAdrReg	32	r/w	4'd3	目的块起始地地址
DestMemOffsetReg	32	r/w	4'd4	目的地址行偏移量
WidthReg	16	r/w	4'd5	宽度寄存器
HeightReg	16	r/w	4'd6	高度寄存器
BackgroundColorReg	16	r/w	4'd7	背景色寄存器
ForegroundColorReg	16	r/w	4'd8	前景色寄存器
ROPCodeReg	8	r/w	4'd9	光栅操作 Code

这些寄存器的详细叙述如下:

(1) CmdReg 寄存器:可读可写型 4 位命令寄存器。只有当状态寄存器 StatusReg 的 BSY 位(bit7)为 0 时方可写此寄存器。当写此寄存器时 BitBLT 模块执行对应命令,各命令如表 9.3 所列。

表 9.3 BitBLT 操作命令表

命 令	Command Code	说 明
SolidFill	4'h3	固定色填充
BitBLT	4'h5	位块传输
BitBLT with Color Expansion	4'h7	带颜色扩展的位块传输

(2) CtrlReg 寄存器:可读可写型 8 位控制寄存器。只有当状态寄存器 StatusReg 的 BSY 位(bit7)为 0 时方可写此寄存器。不同的位控制命令执行不同的操作模式,如表 9.4 所列。

表 9.4 BitBLT 模块的控制寄存器表

数据位	操作名称	意 义
0,4,5	Reserved	保 留

续表 9.4

数据位	操作名称	意义
1	ROP EN	光栅操作使能标志。当 ROP EN 设为 1 时,开启光栅操作。光栅操作码在 ROPCodeReg 寄存器中
2	ColorKey Back EN	背景色颜色键控使能标志。当 ColorKey Back EN 设为 1 时,传输时若源块某像素的颜色等于背景色,则不覆盖目的像素
3	ColorKey Fore EN	前景色颜色键控使能标志。当 ColorKey Fore EN 设为 1 时,传输时若目的块某像素的颜色等于前景色,则不覆盖目的像素
6	Source Linear Select	源地址线性/矩形选择 Source Linear Select 为 0 时,地址选择为矩形 Source Linear Select 为 1 时,地址选择为线性
7	Destination Linear Select	目标地址线性/矩形选择 Destination Linear Select 为 0 时,地址选择为矩形 Destination Linear Select 为 1 时,地址选择为线性

(3) StatusReg 寄存器:只读型 8 位状态寄存器。用于指示当前系统状态。只有 bit7 用于指示系统忙闲状态,其余位保留。

(4) SrcStartAdrReg 寄存器:32 位可读可写源块起始地址寄存器。当状态寄存器 StatusReg 的 BSY 位(bit7)为 0 时方可写此寄存器。

(5) SrcMemOffsetReg 寄存器:32 位可读可写源块行地址偏移量寄存器,用于指示任一行起始地址与其下一行起始地址两者间的差值。当状态寄存器 StatusReg 的 BSY 位(bit7)为 0 时方可写此寄存器。

(6) DestStartAdrReg 寄存器:32 位可读可写目的块起始地址寄存器。当状态寄存器 StatusReg 的 BSY 位(bit7)为 0 时方可写此寄存器。

(7) DestMemOffsetReg 寄存器:32 位可读可写目的块行地址偏移量寄存器,用于指示任一行起始地址与其下一行起始地址两者间的差值。当状态寄存器 StatusReg 的 BSY 位(bit7)为 0 时方可写此寄存器。

(8) WidthReg 寄存器:16 位可读可写宽度寄存器,单位为像素。

(9) HeightReg 寄存器:16 位可读可写高度寄存器,单位为像素。

(10) BackgroundColorReg 寄存器:16 位可读可写背景色寄存器。

(11) ForegroundColorReg 寄存器:16 位可读可写前景色寄存器。

(12) ROPCodeReg 寄存器:8 位可读可写光栅码寄存器。bit4~bit7 保留,bit0~bit3 表示光栅操作码。

9.2.3 BitBLT 控制器 IP 模块说明

BitBLT 控制器 IP 从整体上可以分为两个读数据通道、一个写数据通道、一个 Avalon slave 端口、颜色键控和光栅操作模块和一个数据通道管理模块。下面按此分类介绍各个模块的功能和模块之间的关系。

1. bitblt_avalon_slave 模块

该模块内部定义了命令寄存器、控制寄存器、状态寄存器和源块起始地址寄存器等寄存器来实现软件和硬件之间的交互。软件通过读写这些寄存器来控制硬件的工作、获取硬件的工作状态。

2. 读源块数据通道

该通道包括以下 4 个子模块：

(1) bitblt_rd_src_master 模块 对读数据过程进行控制，产生读数据所需的地址、控制信号。并把数据写到 128×32 bit FIFO 模块 lpm_fifo_32_128 中。模块内部实例化一个 bitblt_avalon_burstread 模块。

(2) 128×32 bit FIFO 模块 lpm_fifo_32_128。

(3) bitblt_src_change_color_format 模块 该模块把 lpm_fifo_32_128 中的数据读出，按颜色格式不同分别进行处理。内部包含三个子模块：bitblt_src_fifo1_to_fifo2_32to16 模块、bitblt_src_fifo1_to_fifo2_color_expan 模块和 bitblt_src_fifo1_to_fifo2_color_lut 模块。

根据源数据格式不同分别用这三个模块处理。如果源数据是 16 bpp，则 bitblt_src_fifo1_to_fifo2_32to16 模块把 32 位数据拆分成两个像素。如果是 1 bpp，则 bitblt_src_fifo1_to_fifo2_color_expan 模块对源数据进行颜色扩展。即如果源数据中的某数据位是 0，该位代表的像素值就是背景色寄存器值。数据位是 1，代表的像素值就是前景色寄存器值。如果数据是 8 bpp，则利用颜色查找表 bitblt_src_fifo1_to_fifo2_color_lut 把数据变成 16 bpp。处理完的数据被写到 256×16 bit FIFO 模块的 lpm_fifo_16_256 中。

(4) 256×16 bit FIFO 模块 lpm_fifo_16_256。

3. 读目的块数据通道

该通道包括以下 4 个子模块：

(1) bitblt_rd_dest_master 模块 该模块的功能与 bitblt_rd_src_master 模块完全相同。模块内部实例化一个 bitblt_avalon_burstread 模块。

(2) 128×32bit FIFO 模块 lpm_fifo_32_128。

(3) bitblt_src_fifo1_to_fifo2_32to16 模块 目的块数据格式是 16 bpp，只需要把读到的 32 位数据拆分成两个像素，写到 256×16 bit FIFO 模块 lpm_fifo_16_256。

(4) 256×16bit FIFO 模块 lpm_fifo_16_256。

4. 颜色键控和光栅操作模块 bitblt_dataproc

该模块把来自源和目的数据通道的数据按要求进行处理，并把处理过的像素数据写到 256×16 bit FIFO 中。包括以下三个子模块：

(1) bitblt_dataproc_src 模块 该模块只负责处理光栅操作码为 ROP_NOTCOPYPEN（源像素取反）和 ROP_COPYPEN（像素复制）的操作。

(2) bitblt_dataproc_dest 模块 该模块只处理光栅操作码为 ROP_NOT（目的像素取反）的操作。

(3) bitblt_dataproc_src_dest 模块 该模块处理两个操作数（源和目的像素）的光栅操

作和颜色键控操作。

5. 写数据通道

写数据通道包括以下4个子模块：

(1) 256×16 bit FIFO 模块 lpm_fifo_16_256 经过 bitblt_dataproc 模块处理过的数据写到该 FIFO 中。

(2) bitblt_16to32 模块 该模块把 256×16 bit FIFO 中的数据读出，用两个像素拼凑成 32 位数写到 FIFO 模块 lpm_fifo_32_128_showhead 中。

(3) 128×32bit FIFO 模块 lpm_fifo_32_128_showhead 在生成该参数化 FIFO 和设置读方式时，选择 show-ahead synchronous FIFO mode。在这种工作方式下，数据在读信号 rdreq 有效前已经出现在输出端。rdreq 作为应答信号。

(4) bitblt_wr_dest_master 模块 该模块根据软件设置的操作命令选择写到目的块中的数据。如果是固定色填充命令则前景色（前景色寄存器值）被写到目的块。如果光栅操作码（光栅操作使能时）ROP_BLACK 或 ROP_WHITE，则数据 16'hffff 或 16'h0000 被写到目的块。除了上述情况外，lpm_fifo_32_128_showhead 中的数据被写到目的块。

6. 数据通道管理模块 bitblt_mainstate

该模块根据软件设置的操作命令打开数据通道，关闭不用的数据通道。

9.3 BitBLT 控制器 IP 使用示例

9.3.1 构建 SOPC 系统

本讲中将用 SOPCBUILDER 工具构建一个名为 BitBLT 的 SOPC 系统。该系统包括两个自己设计的 IP：LCD 显示控制器 IP 和 BitBLT 控制器 IP。第 8 讲中曾使用一层 LCD 控制器，本讲将使用三层（背景层、前景层 1 和前景层 2）LCD 控制器。其中前景层 2 使用 8 bpp 颜色格式。需要通过颜色查找表把颜色格式转换成 16 bpp。颜色查找表功能由参数化 ROM 实现。ROM 中的内容放在存储器初始化文件 color_LUT.mif 中。因此，必须存放在 Quartus Ⅱ 工程的根目录下。按照第 8 讲的方法把 LCD 显示控制器 IP 和 BitBLT 控制器 IP 添加到 SOPC Builder 后，就可以用它来构建 SOPC 系统了。添加完两个 IP 后系统目录如图 9.2 所示。

创建一个名为 BitBLT 的 SOPC 系统。根据前面章节所述方法，搭建如图 9.3 所示的 SOPC 系统，图中各个元件的名字都使用系统默认的名字。

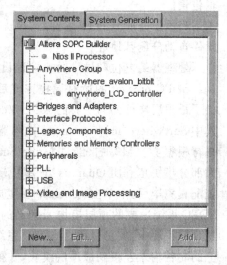

图 9.2 添加自设计 IP

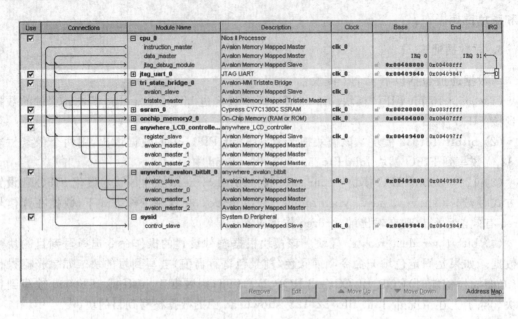

图 9.3 SOPC 系统组成

在这个 SOPC 系统中，包括一个 Nios Ⅱ/f 处理器软核（使用默认设置），Level 1 的 JTAG 调试口，一个三态桥，ssram，anywhere_lcd_controller，anywhere_avalon_bitblt 和 on-chip_memory(RAM)。该系统时钟为 50 MHz。其中 ssram 和 onchip_memory 设置与前一讲相同。最后还要添加系统 ID，即 System ID，对本设计作出标记。

注意：在添加 LCD 显示控制器和 BitBLT 控制器时，需要手动把这两个控制器展开，实现两个控制器的所有 master 端口与三态桥的 slave 端口连接，如图 9.3 所示。在系统端口连接时要注意连接是否正确，不正确的连接会在 SOPCBUILDER 下面的信息窗口中报告出现错误。

当添加完所有的 IP 组件后，单击 System>Auto-Assign Base Address，系统将为所有元件自动分配基地址。

处理器的复位和异常向量地址设置如图 9.4 所示。

SOPC builder 的所有设置完成后，单击 generate 随即自动生成可在 FPGA 上运行的、除了最顶层文件外的所有的 RTL Verilog 文件，这些文件是组成演示系统的最重要的部分。其中，anywhere_lcd_controller 控制器和 anywhere_avalon_bitblt 控制器中的一部分模块是自行根据协议编写的，经过 ModelSim 仿真证明是正确的，已保存在相关的文件夹中；而一大部分模块是利用 Quartus Ⅱ 库中现成的参数化模块现场配置的，这些模块是在 SOPC 系统配置完毕后，由单击 generate 后生成，共有几十个这样的 Verilog 模块。最后还有一个以 SOPC 系统生成的顶层模块为基础的最顶层模块（BitBLT_TOP.v），必须自己编写，在这个最顶层模块中，实例引用由 SOPC 系统生成的顶层模块和自己配置的锁相环模块，把线路板上的时钟输入连接到最顶层模块，并把最顶层模块的输出信号线连接到 LCD 显示器和 SS-RAM 芯片。这个最顶层模块实际表示的是系统可在 FPGA 上运行的全部 Verilog 模块，这些模块综合后生成的固件可在 FPGA 上运行。该 FPGA 的相关引脚连接到线路板上的时钟信号、LCD 和 SSRAM 的控制和数据线，就可进行本讲系统的演示。

第 9 讲 BitBLT 控制器 IP

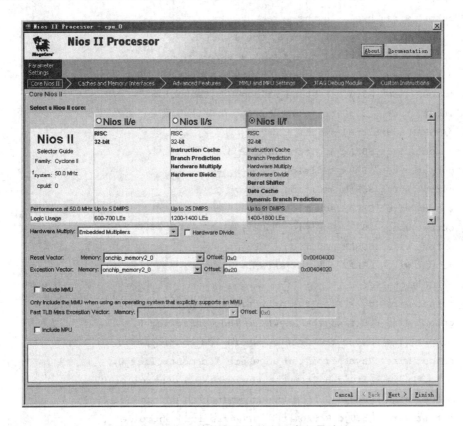

图 9.4 设置系统的复位地址和异常向量地址

下面列出的代码所表示的是系统最顶层模块 BitBlt_top.v。该模块由两部分组成：

(1) BitBLT，这是由图形加速器 IP、LCD 显示 IP、Nios Ⅱ 处理器核、Avalon 总线和三态桥这 5 个组件组成。通过 SOPCBuilder 自动生成了描述上述 5 个组件的顶层模块 BitBLT.v。

(2) 锁相环，这是一个由 Quartus Ⅱ 参数化库提供的可配置参数化模块。

与 BitBlt_top.v 对应的硬件网表，可下载到 FPGA 中，构成本讲实验演示系统最主要的硬件电路系统。只需要连接线路板上的 SSRAM 和晶体时钟发生器，并且用 IDE 工具运行本讲所提供的软件(C 语言程序)，演示系统就能正常地运行，显示出不断变换颜色的固定方格图案。本讲实验演示的是：Nios Ⅱ 处理器核用软件生成一个表示四个小方格图形的数组，然后，用图形加速器把该数组连续多次地传送到 LCD 显示缓冲区(SSRAM)直到整个显示缓冲区被填充满，而 LCD 显示控制器则不断地读出这些数据并将其送到 LCD 显示器显示，在这个过程中 Nios Ⅱ 处理器核不需控制传送的时序，而只需要检测传送是否完成。

最顶层模块是 BitBlt_top，模块代码如下：

```
module BitBLT_top(
    input   clk,
    input   reset,

    //SSRAM
    output wire  adsc_n_to_the_ssram_0,
```

```verilog
        output wire   bwe_n_to_the_ssram_0,
        output wire   chipenable1_n_to_the_ssram_0,
        output wire   outputenable_n_to_the_ssram_0,
        output wire   [20:0]tri_state_bridge_0_address,
        output wire   [3:0]tri_state_bridge_0_byteenablen,
        inout  wire   [31:0]tri_state_bridge_0_data,
        //SSRAM additional signal
        output wire   SSRAM_Addition_H_ADSP_n,
        output wire   SSRAM_Addition_H_ADV_n,
        output wire   SSRAM_Addition_H_GW_n,
        output wire   SSRAM_Addition_L_ZZ,
        output wire   SSRAM_Addition_H_CE2,
        output wire   SSRAM_Addition_L_CE3_n,
        output wire   SSRAM_clk_for_ssram,
        //LCD signal
        output wire   pclk_from_the_anywhere_lcd_controller_0,
        output wire   DE_from_the_anywhere_lcd_controller_0,
        output wire   Hsync_from_the_anywhere_lcd_controller_0,
        output wire   Vsync_from_the_anywhere_lcd_controller_0,
        output wire   [5:0]d_B_from_the_anywhere_lcd_controller_0,
        output wire   [5:0]d_G_from_the_anywhere_lcd_controller_0,
        output wire   [5:0]d_R_from_the_anywhere_lcd_controller_0
        );
wire  clk_sys;
wire  clk_100M;
wire  reset_n;
assign reset_n= ~ reset;
//SSRAM初始化
assign SSRAM_clk_for_ssram= ~ clk_sys;
assign SSRAM_Addition_H_ADSP_n= 1;
assign SSRAM_Addition_H_ADV_n= 1;
assign SSRAM_Addition_H_GW_n= 1;
assign SSRAM_Addition_L_ZZ= 0;
assign SSRAM_Addition_H_CE2= 1;
assign SSRAM_Addition_L_CE3_n= 0;
PLL_cycloneii PLL(
             .inclk0(clk),
            .c0(clk_sys),
            .c1(clk_100M)
            );
BitBLT DUT
(
 .DE_from_the_anywhere_lcd_controller_0    (DE_from_the_anywhere_lcd_controller_0),
```

```
    .Hsync_from_the_anywhere_lcd_controller_0   (Hsync_from_the_anywhere_lcd_controller_0),
    .Vsync_from_the_anywhere_lcd_controller_0   (Vsync_from_the_anywhere_lcd_controller_0),
    .adsc_n_to_the_ssram_0(adsc_n_to_the_ssram_0),
    .bwe_n_to_the_ssram_0(bwe_n_to_the_ssram_0),
    .chipenable1_n_to_the_ssram_0
                    (chipenable1_n_to_the_ssram_0),
    .clk                    (clk_sys),
 .clk_100M_to_the_anywhere_lcd_controller_0(clk_100M),
    .d_B_from_the_anywhere_lcd_controller_0
                    (d_B_from_the_anywhere_lcd_controller_0),
    .d_G_from_the_anywhere_lcd_controller_0
                    (d_G_from_the_anywhere_lcd_controller_0),
    .d_R_from_the_anywhere_lcd_controller_0
                    (d_R_from_the_anywhere_lcd_controller_0),
    .outputenable_n_to_the_ssram_0
                    (outputenable_n_to_the_ssram_0),
    .pclk_from_the_anywhere_lcd_controller_0
                    (pclk_from_the_anywhere_lcd_controller_0),
    .reset_n    (reset_n),
    .tri_state_bridge_0_address(tri_state_bridge_0_address),
    .tri_state_bridge_0_byteenablen
                    (tri_state_bridge_0_byteenablen),
    .tri_state_bridge_0_data(tri_state_bridge_0_data)
);
endmodule
```

上述模块中的 PLL,把开发板上的 50 MHz 输入时钟,转换为两个频率的时钟:一个为 80 MHz,另一个为 100 MHz。时钟的相位差均为 0。

9.3.2 引脚分配

通过编写 tcl 文件进行引脚分配,文件名为 BitBLT.tcl,代码如下:

```
set_global_assignment- name RESERVE_ALL_UNUSED_PINS "AS INPUT TRI- STATED"
# global signal
set_location_assignment PIN_P25- to clk
set_location_assignment PIN_Y11- to reset
# SSRAM
set_location_assignment PIN_G5- to tri_state_bridge_0_address[2]
set_location_assignment PIN_G6- to tri_state_bridge_0_address[3]
set_location_assignment PIN_C2- to tri_state_bridge_0_address[4]
set_location_assignment PIN_C3- to tri_state_bridge_0_address[5]
set_location_assignment PIN_B2- to tri_state_bridge_0_address[6]
set_location_assignment PIN_B3- to tri_state_bridge_0_address[7]
```

```
set_location_assignment PIN_L9- to tri_state_bridge_0_address[8]
set_location_assignment PIN_F7- to tri_state_bridge_0_address[9]
set_location_assignment PIN_L10- to tri_state_bridge_0_address[10]
set_location_assignment PIN_J5- to tri_state_bridge_0_address[11]
set_location_assignment PIN_L4- to tri_state_bridge_0_address[12]
set_location_assignment PIN_C6- to tri_state_bridge_0_address[13]
set_location_assignment PIN_A4- to tri_state_bridge_0_address[14]
set_location_assignment PIN_B4- to tri_state_bridge_0_address[15]
set_location_assignment PIN_A5- to tri_state_bridge_0_address[16]
set_location_assignment PIN_B5- to tri_state_bridge_0_address[17]
set_location_assignment PIN_B6- to tri_state_bridge_0_address[18]
set_location_assignment PIN_A6- to tri_state_bridge_0_address[19]
set_location_assignment PIN_C4- to tri_state_bridge_0_address[20]
set_location_assignment PIN_G9- to adsc_n_to_the_ssram_0
set_location_assignment PIN_M3- to tri_state_bridge_0_byteenablen[0]
set_location_assignment PIN_M2- to tri_state_bridge_0_byteenablen[1]
set_location_assignment PIN_M5- to tri_state_bridge_0_byteenablen[2]
set_location_assignment PIN_M4- to tri_state_bridge_0_byteenablen[3]
set_location_assignment PIN_J9- to bwe_n_to_the_ssram_0
set_location_assignment PIN_C7- to chipenable1_n_to_the_ssram_0
set_location_assignment PIN_L2- to tri_state_bridge_0_data[0]
set_location_assignment PIN_L3- to tri_state_bridge_0_data[1]
set_location_assignment PIN_L7- to tri_state_bridge_0_data[2]
set_location_assignment PIN_L6- to tri_state_bridge_0_data[3]
set_location_assignment PIN_N9- to tri_state_bridge_0_data[4]
set_location_assignment PIN_P9- to tri_state_bridge_0_data[5]
set_location_assignment PIN_K1- to tri_state_bridge_0_data[6]
set_location_assignment PIN_K2- to tri_state_bridge_0_data[7]
set_location_assignment PIN_K4- to tri_state_bridge_0_data[8]
set_location_assignment PIN_K3- to tri_state_bridge_0_data[9]
set_location_assignment PIN_J2- to tri_state_bridge_0_data[10]
set_location_assignment PIN_J1- to tri_state_bridge_0_data[11]
set_location_assignment PIN_H2- to tri_state_bridge_0_data[12]
set_location_assignment PIN_H1- to tri_state_bridge_0_data[13]
set_location_assignment PIN_J3- to tri_state_bridge_0_data[14]
set_location_assignment PIN_J4- to tri_state_bridge_0_data[15]
set_location_assignment PIN_H3- to tri_state_bridge_0_data[16]
set_location_assignment PIN_H4- to tri_state_bridge_0_data[17]
set_location_assignment PIN_G1- to tri_state_bridge_0_data[18]
set_location_assignment PIN_G2- to tri_state_bridge_0_data[19]
set_location_assignment PIN_F2- to tri_state_bridge_0_data[20]
set_location_assignment PIN_F1- to tri_state_bridge_0_data[21]
set_location_assignment PIN_K8- to tri_state_bridge_0_data[22]
```

```
set_location_assignment PIN_K7- to tri_state_bridge_0_data[23]
set_location_assignment PIN_G4- to tri_state_bridge_0_data[24]
set_location_assignment PIN_G3- to tri_state_bridge_0_data[25]
set_location_assignment PIN_K6- to tri_state_bridge_0_data[26]
set_location_assignment PIN_K5- to tri_state_bridge_0_data[27]
set_location_assignment PIN_E2- to tri_state_bridge_0_data[28]
set_location_assignment PIN_E1- to tri_state_bridge_0_data[29]
set_location_assignment PIN_J8- to tri_state_bridge_0_data[30]
set_location_assignment PIN_J7- to tri_state_bridge_0_data[31]
set_location_assignment PIN_D5- to outputenable_n_to_the_ssram_0
set_location_assignment PIN_E5- to SSRAM_clk_for_ssram
set_location_assignment PIN_D7- to SSRAM_Addition_H_ADSP_n
set_location_assignment PIN_H10- to SSRAM_Addition_H_ADV_n
set_location_assignment PIN_K9- to SSRAM_Addition_H_GW_n
set_location_assignment PIN_A7- to SSRAM_Addition_L_CE3_n
set_location_assignment PIN_B7- to SSRAM_Addition_H_CE2
# LCD
set_location_assignment PIN_T18- to DE_from_the_anywhere_lcd_controller_0
set_location_assignment PIN_G23- to pclk_from_the_anywhere_lcd_controller_0
set_location_assignment PIN_N18- to Hsync_from_the_anywhere_lcd_controller_0
set_location_assignment PIN_F26- to Vsync_from_the_anywhere_lcd_controller_0
set_location_assignment PIN_K24- to d_B_from_the_anywhere_lcd_controller_0[0]
set_location_assignment PIN_J25- to d_B_from_the_anywhere_lcd_controller_0[1]
set_location_assignment PIN_J26- to d_B_from_the_anywhere_lcd_controller_0[2]
set_location_assignment PIN_M21- to d_B_from_the_anywhere_lcd_controller_0[3]
set_location_assignment PIN_T23- to d_B_from_the_anywhere_lcd_controller_0[4]
set_location_assignment PIN_R17- to d_B_from_the_anywhere_lcd_controller_0[5]
set_location_assignment PIN_J24- to d_G_from_the_anywhere_lcd_controller_0[0]
set_location_assignment PIN_H25- to d_G_from_the_anywhere_lcd_controller_0[1]
set_location_assignment PIN_H26- to d_G_from_the_anywhere_lcd_controller_0[2]
set_location_assignment PIN_K18- to d_G_from_the_anywhere_lcd_controller_0[3]
set_location_assignment PIN_K19- to d_G_from_the_anywhere_lcd_controller_0[4]
set_location_assignment PIN_K23- to d_G_from_the_anywhere_lcd_controller_0[5]
set_location_assignment PIN_G24- to d_R_from_the_anywhere_lcd_controller_0[0]
set_location_assignment PIN_G25- to d_R_from_the_anywhere_lcd_controller_0[1]
set_location_assignment PIN_G26- to d_R_from_the_anywhere_lcd_controller_0[2]
set_location_assignment PIN_H23- to d_R_from_the_anywhere_lcd_controller_0[3]
set_location_assignment PIN_H24- to d_R_from_the_anywhere_lcd_controller_0[4]
set_location_assignment PIN_J23- to d_R_from_the_anywhere_lcd_controller_0[5]
```

单击 Quartus Ⅱ 主窗口的项目浏览器标签为 File 的子窗口,右击 Device Design Files,从弹出菜单中选择 Add/remove Files in Project,把 BitBTL.qip、PLL_cycloneii.v、BitBLT_top.v 添加进来,并把 BitBLT_top.v 设置为顶层文件。单击 Tools＞Tcl scripts,选择 BitBLT.tcl,并单击 Run,进行引脚分配。

至此,可以开始编译设计,编译成功后,将工程项目的逻辑代码文件 BitBLT_top.sof 下载到 FPGA 芯片上。

9.3.3 软件开发

SOPC 系统构建完成后,就可以开发应用软件了。创建一个名为 Demo 的 C/C++ Application,编写 LCD 控制器和 BitBLT 控制器的头文件。

对头文件的包括有两部分,一部分是 LCD 控制器的头文件,另外一部分是 BitBLT 的头文件。LCD 控制器的头文件包括了对 LCD 控制寄存器组、时序寄存器组、背景层寄存器组、前景层 1 寄存器组以及前景层 2 寄存器组的操作函数,寄存器的具体说明可参考第 8 讲 8.5 节。

1. LCD 控制器的头文件 anywhere_avalon_lcd_regs.h

```
//************************************
# ifndef __ANYWHERE_AVALON_LCD_REGS_H__
# define __ANYWHERE_AVALON_LCD_REGS_H__
# include < io.h>
# define IORD_ANYWHERE_AVALON_LCD_CTRL(base)            \
                                    IORD(base,0x00)
# define IOWR_ANYWHERE_AVALON_LCD_CTRL(base,data)       \
                                    IOWR(base,0x00,data)
# define IORD_ANYWHERE_AVALON_LCD_LAYER_EN(base)        \
                                    IORD(base,0x01)
# define IOWR_ANYWHERE_AVALON_LCD_LAYER_EN(base,data)   \
                                    IOWR(base,0x01,data)
# define IORD_ANYWHERE_AVALON_LCD_READ_MODE(base)       \
                                    IORD(base,0x02)
# define IOWR_ANYWHERE_AVALON_LCD_READ_MODE(base,data)  \
                                    IOWR(base,0x02,data)
# define IORD_ANYWHERE_AVALON_LCD_TRANS_EN(base)        \
                                    IORD(base,0x03)
# define IOWR_ANYWHERE_AVALON_LCD_TRANS_EN(base,data)   \
                                    IOWR(base,0x03,data)
# define IORD_ANYWHERE_AVALON_LCD_HSYNC_END(base)       \
                                    IORD(base,0x10)
# define IOWR_ANYWHERE_AVALON_LCD_HSYNC_END(base,data)  \
                                    IOWR(base,0x10,data)
# define IORD_ANYWHERE_AVALON_LCD_HLINE_END(base)       \
                                    IORD(base,0x11)
# define IOWR_ANYWHERE_AVALON_LCD_HLINE_END(base,data)  \
                                    IOWR(base,0x11,data)
# define IORD_ANYWHERE_AVALON_LCD_HBLANK_BEGIN(base)    \
                                    IORD(base,0x12)
```

```c
# define IOWR_ANYWHERE_AVALON_LCD_HBLANK_BEGIN(base,data)   \
                                            IOWR(base,0x12,data)
# define IORD_ANYWHERE_AVALON_LCD_HBLANK_END(base)          \
                                            IORD(base,0x13)
# define IOWR_ANYWHERE_AVALON_LCD_HBLANK_END(base,data)     \
                                            IOWR(base,0x13,data)
# define IORD_ANYWHERE_AVALON_LCD_VSYNC_END(base)           \
                                            IORD(base,0x14)
# define IOWR_ANYWHERE_AVALON_LCD_VSYNC_END(base,data)      \
                                            IOWR(base,0x14,data)
# define IORD_ANYWHERE_AVALON_LCD_VFRAME_END(base)          \
                                            IORD(base,0x15)
# define IOWR_ANYWHERE_AVALON_LCD_VFRAME_END(base,data)     \
                                            IOWR(base,0x15,data)
# define IORD_ANYWHERE_AVALON_LCD_VBLANK_BEGIN(base)        \
                                            IORD(base,0x16)
# define IOWR_ANYWHERE_AVALON_LCD_VBLANK_BEGIN(base,data)   \
                                            IOWR(base,0x16,data)
# define IORD_ANYWHERE_AVALON_LCD_VBLANK_END(base)          \
                                            IORD(base,0x17)
# define IOWR_ANYWHERE_AVALON_LCD_VBLANK_END(base,data)     \
                                            IOWR(base,0x17,data)
# define IORD_ANYWHERE_AVALON_LCD_BG_STARTADDR(base)        \
                                            IORD(base,0x20)
# define IOWR_ANYWHERE_AVALON_LCD_BG_STARTADDR(base,data)   \
                                            IOWR(base,0x20,data)
# define IORD_ANYWHERE_AVALON_LCD_BG_ADDROFFSET(base)       \
                                            IORD(base,0x21)
# define IOWR_ANYWHERE_AVALON_LCD_BG_ADDROFFSET(base,data)  \
                                            IOWR(base,0x21,data)
# define IORD_ANYWHERE_AVALON_LCD_BG_WIDTH(base)            \
                                            IORD(base,0x22)
# define IOWR_ANYWHERE_AVALON_LCD_BG_WIDTH(base,data)       \
                                            IOWR(base,0x22,data)
# define IORD_ANYWHERE_AVALON_LCD_BG_HEIGHT(base)           \
                                            IORD(base,0x23)
# define IOWR_ANYWHERE_AVALON_LCD_BG_HEIGHT(base,data)      \
                                            IOWR(base,0x23,data)
# define IORD_ANYWHERE_AVALON_LCD_BG_FIFO_USEDW(base)       \
                                            IORD(base,0x24)
# define IOWR_ANYWHERE_AVALON_LCD_BG_FIFO_USEDW(base,data)  \
                                            IOWR(base,0x24,data)
# define IORD_ANYWHERE_AVALON_LCD_FG1_STARTADDR(base)
```

```
                                        IORD(base,0x30)
# define IOWR_ANYWHERE_AVALON_LCD_FG1_STARTADDR(base,data)  \
                                        IOWR(base,0x30,data)
# define IORD_ANYWHERE_AVALON_LCD_FG1_ADDROFFSET(base)  \
                                        IORD(base,0x31)
# define IOWR_ANYWHERE_AVALON_LCD_FG1_ADDROFFSET(base,data)  \
                                        IOWR(base,0x31,data)
# define IORD_ANYWHERE_AVALON_LCD_FG1_WIDTH(base)  \
                                        IORD(base,0x32)
# define IOWR_ANYWHERE_AVALON_LCD_FG1_WIDTH(base,data)  \
                                        IOWR(base,0x32,data)
# define IORD_ANYWHERE_AVALON_LCD_FG1_HEIGHT(base)  \
                                        IORD(base,0x33)
# define IOWR_ANYWHERE_AVALON_LCD_FG1_HEIGHT(base,data)  \
                                        IOWR(base,0x33,data)
# define IORD_ANYWHERE_AVALON_LCD_FG1_X(base)  \
                                        IORD(base,0x34)
# define IOWR_ANYWHERE_AVALON_LCD_FG1_X(base,data)  \
                                        IOWR(base,0x34,data)
# define IORD_ANYWHERE_AVALON_LCD_FG1_Y(base)  \
                                        IORD(base,0x35)
# define IOWR_ANYWHERE_AVALON_LCD_FG1_Y(base,data)  \
                                        IOWR(base,0x35,data)
# define IORD_ANYWHERE_AVALON_LCD_FG1_ALPHA(base)  \
                                        IORD(base,0x36)
# define IOWR_ANYWHERE_AVALON_LCD_FG1_ALPHA(base,data)  \
                                        IOWR(base,0x36,data)
# define IORD_ANYWHERE_AVALON_LCD_FG1_FIFO_USEDW(base)  \
                                        IORD(base,0x37)
# define IOWR_ANYWHERE_AVALON_LCD_FG1_FIFO_USEDW(base,data)  \
                                        IOWR(base,0x37,data)
# define IORD_ANYWHERE_AVALON_LCD_FG1_TRANSCOLOR(base)  \
                                        IORD(base,0x38)
# define IOWR_ANYWHERE_AVALON_LCD_FG1_TRANSCOLOR(base,data)  \
                                        IOWR(base,0x38,data)
# define IORD_ANYWHERE_AVALON_LCD_FG2_STARTADDR(base)  \
                                        IORD(base,0x40)
# define IOWR_ANYWHERE_AVALON_LCD_FG2_STARTADDR(base,data)  \
                                        IOWR(base,0x40,data)
# define IORD_ANYWHERE_AVALON_LCD_FG2_ADDROFFSET(base)  \
                                        IORD(base,0x41)
# define IOWR_ANYWHERE_AVALON_LCD_FG2_ADDROFFSET(base,data)  \
                                        IOWR(base,0x41,data)
```

```c
# define IORD_ANYWHERE_AVALON_LCD_FG2_WIDTH(base)                \
                                        IORD(base,0x42)
# define IOWR_ANYWHERE_AVALON_LCD_FG2_WIDTH(base,data)           \
                                        IOWR(base,0x42,data)
# define IORD_ANYWHERE_AVALON_LCD_FG2_HEIGHT(base)               \
                                        IORD(base,0x43)
# define IOWR_ANYWHERE_AVALON_LCD_FG2_HEIGHT(base,data)          \
                                        IOWR(base,0x43,data)
# define IORD_ANYWHERE_AVALON_LCD_FG2_X(base)                    \
                                        IORD(base,0x44)
# define IOWR_ANYWHERE_AVALON_LCD_FG2_X(base,data)               \
                                        IOWR(base,0x44,data)
# define IORD_ANYWHERE_AVALON_LCD_FG2_Y(base)                    \
                                        IORD(base,0x45)
# define IOWR_ANYWHERE_AVALON_LCD_FG2_Y(base,data)               \
                                        IOWR(base,0x45,data)
# define IORD_ANYWHERE_AVALON_LCD_FG2_ALPHA(base)                \
                                        IORD(base,0x46)
# define IOWR_ANYWHERE_AVALON_LCD_FG2_ALPHA(base,data)           \
                                        IOWR(base,0x46,data)
# define IORD_ANYWHERE_AVALON_LCD_FG2_FIFO_USEDW(base)           \
                                        IORD(base,0x47)
# define IOWR_ANYWHERE_AVALON_LCD_FG2_FIFO_USEDW(base,data)      \
                                        IOWR(base,0x47,data)
# define IORD_ANYWHERE_AVALON_LCD_FG2_TRANSCOLOR(base)           \
                                        IORD(base,0x48)
# define IOWR_ANYWHERE_AVALON_LCD_FG2_TRANSCOLOR(base,data)      \
                                        IOWR(base,0x48,data)
# endif /* __ANYWHERE_AVALON_LCD_REGS_H__ */
//* * * * * * * * * * * * * * * * * * * * * * * * * * * * * * * * * *
```

2. BitBLT 控制器的头文件 anywhere_avalon_bitblt_regs.h

```c
//* * * * * * * * * * * * * * * * * * * * * * * * * * * * * * * * * *
# ifndef __ANYWHERE_AVALON_BITBLT_REGS_H__
# define __ANYWHERE_AVALON_BITBLT_REGS_H__
# include <io.h>
# define IOWR_ANYWHERE_AVALON_BITBLT_CMD(base,data)              \
                                        IOWR(base,0x0f,data)
# define IORD_ANYWHERE_AVALON_BITBLT_CTRL(base)                  \
                                        IORD(base,0x0c)
# define IOWR_ANYWHERE_AVALON_BITBLT_CTRL(base,data)             \
                                        IOWR(base,0x0c,data)
# define IORD_ANYWHERE_AVALON_BITBLT_STATUS(base)                \
```

```
                                        IORD(base,0x00)
# define IORD_ANYWHERE_AVALON_BITBLT_SRC_START_ADR(base)
                                        IORD(base,0x01)
# define IOWR_ANYWHERE_AVALON_BITBLT_SRC_START_ADR(base,data)
                                        IOWR(base,0x01,data)
# define IORD_ANYWHERE_AVALON_BITBLT_SRC_MEM_OFFSET(base)
                                        IORD(base,0x02)
# define IOWR_ANYWHERE_AVALON_BITBLT_SRC_MEM_OFFSET(base,data)
                                        IOWR(base,0x02,data)
# define IORD_ANYWHERE_AVALON_BITBLT_DEST_START_ADR(base)
                                        IORD(base,0x03)
# define IOWR_ANYWHERE_AVALON_BITBLT_DEST_START_ADR(base,data)
                                        IOWR(base,0x03,data)
# define IORD_ANYWHERE_AVALON_BITBLT_DEST_MEM_OFFSET(base)
                                        IORD(base,0x04)
# define IOWR_ANYWHERE_AVALON_BITBLT_DEST_MEM_OFFSET(base,data)
                                        IOWR(base,0x04,data)
# define IORD_ANYWHERE_AVALON_BITBLT_WIDTH(base)
                                        IORD(base,0x05)
# define IOWR_ANYWHERE_AVALON_BITBLT_WIDTH(base,data)
                                        IOWR(base,0x05,data)
# define IORD_ANYWHERE_AVALON_BITBLT_HEIGHT(base)
                                        IORD(base,0x06)
# define IOWR_ANYWHERE_AVALON_BITBLT_HEIGHT(base,data)
                                        IOWR(base,0x06,data)
# define IORD_ANYWHERE_AVALON_BITBLT_BACKGROUND(base)
                                        IORD(base,0x07)
# define IOWR_ANYWHERE_AVALON_BITBLT_BACKGROUND(base,data)
                                        IOWR(base,0x07,data)
# define IORD_ANYWHERE_AVALON_BITBLT_FOREGROUND(base)
                                        IORD(base,0x08)
# define IOWR_ANYWHERE_AVALON_BITBLT_FOREGROUND(base,data)
                                        IOWR(base,0x08,data)
# define IORD_ANYWHERE_AVALON_BITBLT_ROP_CODE(base)
                                        IORD(base,0x09)
# define IOWR_ANYWHERE_AVALON_BITBLT_ROP_CODE(base,data)
                                        IOWR(base,0x09,data)
# endif /*  __ANYWHERE_AVALON_BITBLT_REGS_H__ */
//* * * * * * * * * * * * * * * * * * * * * * * * * * * * * * * * * * * *
```

本讲的软件程序通过演示一个 BitBLT 控制器的位块传输功能,来说明软件如何与硬件进行交互。把对硬件操作的指令集合封装成一个函数,由这个函数实现与硬件的交互,包括对硬件寄存器进行设置、启动硬件操作、读取硬件状态等。这样的函数可以像一般的函数一样具有参数,在函数调用时传递参数。实际上,调用这样的函数与一般的函数并无任何区别。程序员在使用该函数时无须知道它是用硬件还是用软件实现其功能的。

3. 软件结构

编写的软件从整体上可以分为两个部分：
(1) 对 LCD 控制器操作部分：该部分由两个函数实现，即 LCDInit() 和 LCD()。LCDInit() 函数对 LCD 控制器的参数进行设置、画背景层和前景层图像。将使能 3 层 LCD 中的 2 层显示，并开启 Alpha 混合功能。LCD() 函数实时改变前景层的显示位置，使前景层相对于背景层移动。

(2) 和对 BitBLT 控制器操作部分：BitBlt 函数实现的功能是先用软件画一个 80×80 的矩形图块，再用 BitBLT 控制器的位块传输功能把这个矩形块复制到整个屏幕。软件画矩形由 Fill() 函数完成。硬件位块传输功能由 BLT() 函数完成。

软件包含 3 个源文件：LCD.c、BitBLT.c 和 Demo.c。LCD.c 对 LCD 控制器进行初始化。BitBlt.c 实现 BitBLT 控制器的位块传输功能。Demo.c 为主程序，调用 LCD 初始化和 BitBLT 功能函数。

4. 透明色

使能透明色功能时，与透明色寄存器值相同的像素就不会显示到 LCD 上。透明色寄存器存放像素的 RGB 值(16 bpp)。只能对前景层使用透明色功能。如果想让前景层某些位置的像素不显示，只需把这些位置的像素值设置得与透明色寄存器的值相同。

5. Alpha 混合

在 Alpha 混合的控制过程中，需要完成图层 Alpha 值的确定。在设定时，最底层图层的 Alpha 值不能设定，它是由高层图层的 Alpha 值计算得到，其中每个图层 Alpha 值取值范围为 0~128。以两层 LCD(背景层和前景层 1)为例，可以设置前景层 1 的 Alpha 值为 Alpha1，而背景层的 Alpha 值为 128－Alpha1。当前景层 1 的 Alpha 值为 0 时前景层 1 为完全透明，而当其 Alpha 值为 128 时为完全不透明。

6. BitBlt 控制

该实验中使用了 BitBlt 功能来填充图形。程序中在背景层绘制了一个 80×80 的矩形块，位于图层的左上角，使用 BitBlt 功能将其依次复制到图层的其他位置，逐渐将 640×480 的空间填充满。在 BitBlt 操作中，需要控制的问题主要包括：源块/目的块使用的寻址方式(线性/矩形)，光栅操作，以及操作中颜色键控。

(1) 源块/目的块寻址模式：一般有线性模式和矩形模式两种。而线性模式是指所针对的图块是存储在一段线性的存储空间中的，连续读取即可。矩形模式指其需要在存储空间中一个较大的线性空间中提取一个矩形块，操作稍显复杂。

(2) 光栅操作：光栅操作是指从源块到目的块的数据搬移中，将源块和目的块的数据进行一定的逻辑运算，然后将结果存储在目的块中。光栅操作中较常用的一种是"复制"，即不管目的块原有的数据，只是将源块数据复制到目的块中去。

(3) 颜色键控：分为前向颜色键控和后向颜色键控两种，前向颜色键控是指在传输时，若目的块某像素的颜色等于某个指定的颜色(前景色),则不覆盖目的像素;而后向颜色键控则是指传输时若源块某像素的颜色等于某个指定的颜色(背景色),则不覆盖目的像素。

9.3.4 软件源程序

1. LCD.c 文件对控制器进行初始化

LCD.c 文件包含 LCDInit() 和 LCD() 函数,软件代码如下:

```c
//LCD.c
# include < stdio.h>
# include < stdlib.h>
# include < io.h>
# include < sys/alt_cache.h>
# include "system.h"
# include "anywhere_avalon_lcd_regs.h"
  alt_u32 nBGOffset;
  alt_u32 nFG1Offset;
  alt_u16 nBGWidth;
  alt_u16 nBGHeight;
  alt_u16 nFG1Width;
  alt_u16 nFG1Height;
  alt_u16 nFG1PosX;
  alt_u16 nFG1PosY;
  alt_u8  nFG1Alpha;
  alt_u16 nFG1TransColor;
  alt_16 nStepX;
  alt_16 nStepY;

int LCDInit()
{
  nBGOffset= SSRAM_0_BASE; //参考第8讲软件代码解释
  nBGWidth= 640;
  nBGHeight= 480;
  nFG1Offset= nBGOffset+ nBGWidth* nBGHeight* 2;
  nFG1Width= 20;    //前景层1的宽
  nFG1Height= 20;   //前景层1的高
  nFG1PosX= 100;    //前景层1的初始X坐标
  nFG1PosY= 100;    //前景层1的初始Y坐标
  nFG1Alpha= 128;
  nFG1TransColor= 0x1234;  //前景色1的透明色
  nStepX= 2;        //前景层1的X坐标移动步长
  nStepY= 2;        //前景层1的Y坐标移动步长
```

```c
//初始化 LCD 控制器
//使能背景层、前景层 1
IOWR_ANYWHERE_AVALON_LCD_LAYER_EN
                    (ANYWHERE_LCD_CONTROLLER_0_BASE,0x03);
//设置读模式为矩形模式
IOWR_ANYWHERE_AVALON_LCD_READ_MODE
                    (ANYWHERE_LCD_CONTROLLER_0_BASE,0x02);
//设置背景层换行地址偏移
IOWR_ANYWHERE_AVALON_LCD_BG_ADDROFFSET
                    (ANYWHERE_LCD_CONTROLLER_0_BASE,640);
//使能透明
IOWR_ANYWHERE_AVALON_LCD_TRANS_EN
                    (ANYWHERE_LCD_CONTROLLER_0_BASE,0x02);
//设置背景层、前景层 1 的起始地址
IOWR_ANYWHERE_AVALON_LCD_BG_STARTADDR
                    (ANYWHERE_LCD_CONTROLLER_0_BASE,nBGOffset);
IOWR_ANYWHERE_AVALON_LCD_FG1_STARTADDR
                    (ANYWHERE_LCD_CONTROLLER_0_BASE,nFG1Offset);
//设置前景层 1 的横向分辨率、纵向分辨率、XY 坐标、Alpha 值以及透明色
IOWR_ANYWHERE_AVALON_LCD_FG1_WIDTH
                    (ANYWHERE_LCD_CONTROLLER_0_BASE,nFG1Width);
IOWR_ANYWHERE_AVALON_LCD_FG1_HEIGHT
                    (ANYWHERE_LCD_CONTROLLER_0_BASE,nFG1Height);
IOWR_ANYWHERE_AVALON_LCD_FG1_X
                    (ANYWHERE_LCD_CONTROLLER_0_BASE,nFG1PosX);
IOWR_ANYWHERE_AVALON_LCD_FG1_Y
                    (ANYWHERE_LCD_CONTROLLER_0_BASE,nFG1PosY);
IOWR_ANYWHERE_AVALON_LCD_FG1_ALPHA
                    (ANYWHERE_LCD_CONTROLLER_0_BASE,nFG1Alpha);
IOWR_ANYWHERE_AVALON_LCD_FG1_TRANSCOLOR
                    (ANYWHERE_LCD_CONTROLLER_0_BASE,nFG1TransColor);
//使能 LCD 控制器
IOWR_ANYWHERE_AVALON_LCD_CTRL
                    (ANYWHERE_LCD_CONTROLLER_0_BASE,0x01);
alt_u16 * pPixel;
//画背景层,可参考第 8 讲相关部分
    for(pPixel= (alt_u16 * )nBGOffset;
        pPixel< (alt_u16* )(nBGOffset+ nBGWidth* nBGHeight* 2);pPixel+ + )
    {//画一个 40×40 的矩形
        alt_u8 x;
        alt_u8 y;
        x= ((((alt_u32)pPixel- nBGOffset)/2)% nBGWidth/40)% 2;
```

```c
        y= ((((alt_u32)pPixel- nBGOffset)/2)/nBGWidth/40)% 2;
        if(x== y)
        {
        * pPixel= 0xf800;
        }
        else
        {
        * pPixel= 0x001f;
        }
    }

    //画前景层1
    for( pPixel= (alt_u16 * )nFG1Offset;
         pPixel< (alt_u16* )(nFG1Offset+ nFG1Width* nFG1Height* 2);
                                                    (pPixel+ + )
    {//画一个半径为10的圆
      alt_u16 x;
      alt_u16 y;
      alt_u32 d;
      x= (((alt_u32)pPixel- nFG1Offset)/2)% nFG1Width;
      y= (((alt_u32)pPixel- nFG1Offset)/2)/nFG1Width;
      d= (x- nFG1Width/2)* (x- nFG1Width/2)+ (y- nFG1Height/2)
                                           * (y- nFG1Height/2);
      if(d< 10* 10)
      {
      * pPixel= 0x0000;   //Black
      }
      else
      {
      * pPixel= nFG1TransColor;
      }
    }
    //Flush Data to Mem
    alt_dcache_flush_all();
}
void LCD()
{
    alt_u32 nCount;
    //延时
    nCount= 200000;
    while(nCount- - );

    //设置新的前景层1的位置
```

```c
        nFG1PosX+ = nStepX;
        if(nFG1PosX== 0 ||nFG1PosX+ nFG1Width== nBGWidth)
        {
        nStepX= - nStepX;
        }
        nFG1PosY+ = nStepY;
        if(nFG1PosY== 0 || nFG1PosY+ nFG1Height== nBGHeight)
        {
        nStepY= - nStepY;
        }
        IOWR_ANYWHERE_AVALON_LCD_FG1_X
                    (ANYWHERE_LCD_CONTROLLER_0_BASE,nFG1PosX);
        IOWR_ANYWHERE_AVALON_LCD_FG1_Y
                    (ANYWHERE_LCD_CONTROLLER_0_BASE,nFG1PosY);
}
```

2. BitBlt.c 文件实现 BitBLT 控制器的位块传输功能

```c
//BitBlt.c
# include "system.h"
# include "alt_types.h"
# include < sys/alt_cache.h>
# include "anywhere_avalon_lcd_regs.h"
# include "anywhere_avalon_bitblt_regs.h"

alt_u32 FramebufferOffset= SSRAM_0_BASE;
void Fill(alt_u32 XPos, alt_u32 YPos, alt_u32 Width,
                    alt_u32 Height, alt_u16 Color)
{
    int i,j;
    alt_u16* DataOffset;

    DataOffset= FramebufferOffset;
    DataOffset + = (XPos + YPos * 640);

    //填充一个 Xpos x Ypos 的矩形
    for(i= 0; i < Height; i+ + )
    {
      for(j= 0;j < Width;j+ + )
      {
        * (DataOffset+ j)= Color;
      }
        DataOffset + = 640;
    }
```

```c
    //Flush Data to Mem
    alt_dcache_flush_all();
}
void Blt(alt_u32 SrcXPos, alt_u32 SrcYPos,alt_u32 DesXPos,
         alt_u32 DesYPos, alt_u32 Width, alt_u32 Height)
{
    alt_u16* SrcDataOffset;
    alt_u16* DesDataOffset;

    alt_u16 Status;
    alt_u8  Mode= 0;

    alt_u8  WorkFinished= 0;
    alt_u32 Try= 0;
//设置模式
    Mode= IORD_ANYWHERE_AVALON_BITBLT_CTRL
                    (ANYWHERE_AVALON_BITBLT_0_BASE);
    Mode|= 0x02;       // 光栅操作使能,地址选择为矩形
    IOWR_ANYWHERE_AVALON_BITBLT_CTRL
                    (ANYWHERE_AVALON_BITBLT_0_BASE,Mode);
//设置光栅码 Rop code 为 0xC(copy)
IOWR_ANYWHERE_AVALON_BITBLT_ROP_CODE
                    (ANYWHERE_AVALON_BITBLT_0_BASE,0x0C);

    //参数
    SrcDataOffset= FramebufferOffset;
    SrcDataOffset + = (SrcXPos + SrcYPos * 640);
    DesDataOffset= FramebufferOffset;
    DesDataOffset + = (DesXPos + DesYPos * 640);
//设置源块起始地址、地址偏移量,目的块起始地址、地址偏移量,宽高像素
IOWR_ANYWHERE_AVALON_BITBLT_SRC_START_ADR
            (ANYWHERE_AVALON_BITBLT_0_BASE,SrcDataOffset);
IOWR_ANYWHERE_AVALON_BITBLT_SRC_MEM_OFFSET
                    (ANYWHERE_AVALON_BITBLT_0_BASE,1280);
IOWR_ANYWHERE_AVALON_BITBLT_DEST_START_ADR
            (ANYWHERE_AVALON_BITBLT_0_BASE,DesDataOffset);
IOWR_ANYWHERE_AVALON_BITBLT_DEST_MEM_OFFSET
                    (ANYWHERE_AVALON_BITBLT_0_BASE,1280);
IOWR_ANYWHERE_AVALON_BITBLT_WIDTH
                    (ANYWHERE_AVALON_BITBLT_0_BASE,Width);
IOWR_ANYWHERE_AVALON_BITBLT_HEIGHT
                    (ANYWHERE_AVALON_BITBLT_0_BASE,Height);
```

```c
//开始位块传输
IOWR_ANYWHERE_AVALON_BITBLT_CMD
                    (ANYWHERE_AVALON_BITBLT_0_BASE,0x05);

//等待位块传输结束
while((WorkFinished== 0)&&(Try <  10000000))
    {
        Status= IORD_ANYWHERE_AVALON_BITBLT_STATUS
                            (ANYWHERE_AVALON_BITBLT_0_BASE);
        if(Status & 0x80)//BLT_STATUS_BUSY
        {
          Try+ + ;
        }
        else
        {
          WorkFinished= 1;
        }
    }
}
int BitBlt(void)
{
  alt_u32 tXPos;
  alt_u32 tYPos;

  static alt_32 BlockNum= 0;
  static alt_32 ColorNum= 0;

  alt_u16 BGColor;
  alt_u16 FGColor;

  //设置背景色和前景色,为随机值
  BGColor= ColorNum *  rand();
  FGColor= ~ BGColor;
  //画一个80×80的矩形块,然后填满屏幕
  if(BlockNum== 0)
  {
    //Draw 80×80 block
    Fill(0,0,40,40,BGColor);
    Fill(0,40,40,40,FGColor);
    Fill(40,0,40,40,FGColor);
    Fill(40,40,40,40,BGColor);
```

```c
        }
        else
        {
    //Blt
            tXPos = (BlockNum % 8)* 80;
            tYPos = (BlockNum / 8)* 80;
            Blt(0,0,tXPos,tYPos,80,80); //
        }

        //下一次 BLT 传输
        ColorNum++;
        BlockNum++;
        if(BlockNum== 48)
        {
            BlockNum= 0;
        }
        return 0;
}
```

3. Demo.c 文件：调用 LCD 初始化和 BitBLT 功能函数，进行演示的主程序

```c
# include "system.h"
# include "alt_types.h"
# include <sys/alt_cache.h>
# include "anywhere_avalon_lcd_regs.h"
# include "anywhere_avalon_bitblt_regs.h"
int main(void)__attribute__((weak, alias("alt_main")));

int alt_main(void)
{
    void LCDInit(void);
    void LCD(void);
    void BitBlt(void);

    LCDInit();

    while(1)
    {
        LCD();
        BitBlt();
    }
    return 0;
}
```

在编译软件之前，右击软件工程的目录名，在弹出的下拉菜单的最下部选择系统库属性

(system library property),在弹出的图 9.5 所示对话框中,进行设置,确定程序存储空间的位置在 onchip_memory_0 中,如图 9.5 所示。

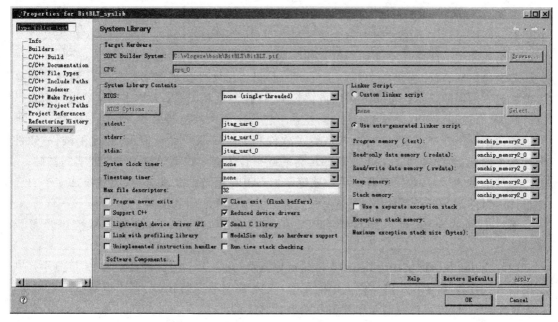

图 9.5 系统库 system library 的设置

然后在 Quartus Ⅱ 主窗口中选择编程图标,将 SOPC 的硬件部分下载到 FPGA 中,再调用软件开发工具 IDE,将软件程序下载到 EP2C35 开发板的 FPGA 中,编译和运行 C 程序,即可看到演示效果:在处理器核用软件生成一个表示四个小方格图形的数组后,图形加速器把该数组连续多次地传送到 LCD 显示缓冲区(SSRAM)直到整个显示缓冲区被填充满,而 LCD 显示控制器则不断地读出这些数据并将其送到 LCD 显示器显示,所以,显示器上就出现不断翻新颜色的方块图案。

9.3.5 软件代码解释

在 LCD.c 文件中,对于 pPixel 变量使用了 alt_u16 * 类型指针,而在计算 x、y 值时,需要通过 alt_u32 强制类型转换把它变为 32 位整形数再进行地址计算。而对于前景色 1,通过一个 $(x-10)^2+(y-10)^2<100$ 的计算,在屏幕上画出一个前景色为黑色的圆,20×20 的前景色 1 矩形的其他位置为透明色。该 20×20 矩形通过 nStepX、nStepY 不断变化位置坐标 nFG1PosX 和 nFG1PosY,从而用户看到一个不断飞行的圆在 640×480 的屏上运动,当该矩形碰到屏周围时,通过 nStepX 和 nStepY 取反来返回屏幕。

而 BitBLT.c 通过 Fill() 函数画一个 80×80 的矩形,然后利用 BLT() 进行 SSRAM 缓存数据的更新,更新余下的 47 次把整个屏幕上刷新后,再次生成新的 80×80 的矩形,进入下次更新。

Demo.c 则利用 LCD() 和 BitBLT() 的死循环来不断更新屏幕的背景色和前景色。

总　结

　　本讲使用了第 8 讲思考题中完成的三层 LCD 显示控制器（模块代码保存在相关文件夹中），简单地介绍了图形显示加速的概念和图形加速器 BitBLT 控制器的设计，对 BitBLT 加速器的模块组成、每个模块的功能作了简要的介绍。用硬件实现图形数据的移动和运算显著地加速了图形的显示。按第 8 讲的方法把 LCD 控制器和 BitBLT 加速控制器这两个自己设计的 IP 添加到 SOPC 系统组件中，构建一个包含这两个控制器的 SOPC 硬件系统。在硬件设计的基础上开发了演示软件，并进行了软件和硬件的联合运行演示，验证了硬件/软件设计的正确性，为读者独立设计以 FPGA 为基础平台的嵌入式系统打下了更坚实的基础。

　　通过本讲的学习，希望读者能更加熟练掌握 SOPC 系统的开发步骤；能够添加多个自己的设计的组件到 SOPC 系统中；更深入地理解软件与硬件之间的关系。

　　通过上面的介绍，可以把设计 SOPC 的操作步骤归纳如下（注意步骤次序是可以改变的）：

　　(1) 复习第 8 讲课文中介绍的 LCD 显示控制器，并将第 9 讲文件夹中的 LCD 显示控制器的所有程序模块与第 8 讲文件夹中的 LCD 显示控制器进行比较，深入理解支持三层 alpah 混合的 LCD 显示控制器与单层显示器有什么不同。

　　(2) 根据设计需求，确定设计系统的功能，画出如图 9.1 所示的系统总体结构图，并确定自行设计的 BitBLT 图形加速器 IP 核的结构细节。

　　(3) 根据 BitBLT 图形加速器的结构，编写每个模块的代码，并编写 SSRAM 的 avalon 总线行为模型。该模型可以根据 BitBLT 图形加速器的 master 模块发出的读数据信号，产生相应数据流，并把数据放在总线上供 BitBLT 的 master 模块读取；还可以根据 BitBLT master 模块发出的写数据信号写入到虚拟的 SSRAM。编写用于测试 BitBLT 图形加速器时序产生模块所需要的时钟、复位信号的行为模型；编写用于测试 BitBLT 图形加速器数据通道的行为模型；用 ModelSim 对 BitBLT 图形加速器结构的每个模块和模块组合进行测试，验证自己编写的描述 BitBLT 图形加速器结构的模块代码功能是正确的和完整的。

　　(4) 用 Quartus Ⅱ 软件建立工作目录，定义项目名称为 BitBLT。用 tool＞ Option 命令将默认的文件目录改成已建立的工作目录。建议项目名与顶层设计名有所不同，顶层设计名一般用 _top 做后缀，而且必须与系统顶层文件名一致（本教材中，必须用 BitBLT_TOP 做顶层设计名，因为程序包中已经提供了系统的顶层文件 BitBLT_TOP.v）。

　　(5) 利用 Quartus Ⅱ 软件中的 SOPC Builder 工具，根据设计需求配置 Nios Ⅱ 核和外围器件。本讲与第 8 讲的差别是：除了在第 8 讲的基础上，设计一个支持三层 alpah 混合的 LCD 显示控制器 IP 外，还需要再设计一个比较复杂的由多个 RTL 级 Verilog 模块组成的 BitBLT 图形加速器 IP。该控制器 IP 可通过 Avalon 总线自动地读取一小块 SSRAM 图形数据，产生多次重复的高速数据传输，送到 SSRAM 的目的地址。对本讲的演示例子而言，是不断地重复传输用四个颜色方块图案数据组成数据流来填满 SSRAM 的显示控制区，再由 LCD 显示控制器不断地将显示数据送到 LCD 显示。

　　(6) 配置完毕后，检查每个模块的基地址、意外地址和中断等级设置等，用 SOPC Builder自动生成以中等规模的 Nios Ⅱ 为核心的数字系统（由一组 Verilog 模块构成）。

(7) 编写顶层文件 BitBLT_TOP.v,设置时钟、复位、输入/输出信号线名称。

(8) 编写扩展名为 BitBLT.tcl 的处理引脚分配的命令文件。

(9) 将设计涉及的所有文件,包括 Verilog 文件和其他文件调入 SOPC Builder 工具的 Device Design Files 文件夹。

(10) 运行 BitBLT.tcl 命令文件,分配 FPGA 的引脚给合适的信号。

(11) 用 Quartus II 进行编译。

(12) 将编译完毕的硬件逻辑代码下载到 FPGA 芯片中。

(13) 调用软件集成开发环境 IDE,切换软件工作空间,建立软件项目 BitBLT,配置 IDE 工作的硬件环境。

(14) 参考样板程序,编写 C/C++程序,将 C 源代码和有关头文件添加到软件项目的文件夹中。

(15) 连接必要的函数库,核对程序中的接口信号名。

(16) 编译 C/C++程序、下载程序和数据到 Nios II 系统的 ON_CHIP_RAM_0 中。

(17) 利用 IDE 在计算机窗口上所显示的信息,结合观察到的系统电路行为,不断地改进其行为和性能直到满意为止。

(18) 进行系统级别的验证,对系统做进一步的改进。

(19) 进一步完善设计完成的组件,编写设计文档,鼓励重复使用。

思 考 题

(1) LCD 初始化时 FG1Alpha 值设为 128,改变 Alpha 值观察显示效果有什么变化。

答:随着 Alpha 值从 128 减到 0,20×20 的前景色 1 矩形块逐渐减弱,直到消失。详细解释请参考 9.3.3 节关于 Alpha 混合的解释。

(2) 修改透明色寄存器 nFG1TransColor 的值,看 LCD 显示有什么变化,为什么?

答:由于前景色带有透明色的影响,如果修改代码中 *pPixel=nFG1TransColor 中的 nFG1TransColor 为其他值,则可以看到 20×20 的矩形块,除了圆形区域为黑色外,其他区域不再透明,为修改后的值的颜色。用户可以看到一个完整的 20×20 的矩形块在屏幕上运行。因为该值已经和前景色 1 设置的 nFG1TransColor 不同,故不再透明。

(3) 试着使用三层显示,并使用 Alpha 混合。

答:见本书所附光盘。

(4) 编写软件时应使用 BitBLT 控制器的其他功能,如光栅操作、颜色键控等。

答:见本书所附光盘。

(5) 将前景色 1 的 20×20 矩形块中的圆形变成一个三角形在屏幕上移动。

答:见本书所附光盘。

(6) 修改程序,使得 BitBLT 每次操作更新一个 160×160 区块。

答:见本书所附光盘。

第 10 讲 复杂 SOPC 系统的设计

前　言

在前面几讲中,不仅讲解了如何构建基于 Nios Ⅱ 处理器核的最小系统和较复杂的 SOPC 系统,还详细地介绍了在 SOPC 集成开发环境(SOPCBuilder 和 IDE)中如何利用现成的 IP 组件,如何设计和应用自定义的简单"IP"组件和复杂的 IP 组件,同时详细地阐述了如何编写可在 Nios Ⅱ 处理器核上运行,并能高效地利用外围 IPs(包括自己设计的 IPs)的丰富多样的软件程序,以达到设计需求。本讲将在第 9 讲已完成的硬件系统的基础上,更深入地学习如何编写软件,以实现自设计组件的高级功能,包括 LCD 控制器和 BitBLT 控制器的高级功能,使其在实际运行中能实现更高级的设计目标,用以说明软件设计如何与特定的硬件配合,实现变化无穷的功能。本讲与前两讲一起,可以作为学习硬件/软件协同设计的范例。

在本讲开始之前,先简单介绍一下想要实现的设计:这是一个图形演示系统,使用分辨率为 640×480 TFT 真彩液晶显示器,在 Nios Ⅱ 处理器核上运行自己编写的较高级的演示软件,根据设计需求,实现复杂的图形演示效果,表明系统的基本硬件配置能实现预定的高级设计目标。该 SOPC 系统具有演示高分辨率、复杂图形高速变化的功能,已具备了实际应用的基础。该演示系统的软件所运行的硬件平台与第 9 讲完全相同。为了更清楚地表达这个 SOPC 系统,读者可以对比第 9 讲的图 9.1 和本讲的图 10.1,并参阅工程顶层文件 BitBlt_top.v,更清楚地了解 FPGA 与外围组件的关系。

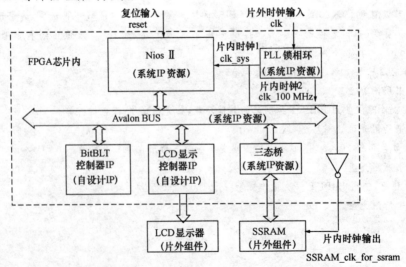

图 10.1　图形演示 SOPC 系统 FPGA 与片外组件关系结构框图

10.1 本讲使用的主要组件简介

本讲的主要内容是：在已配置的系统硬件下，如何根据自设计硬件，编写相应的软件，发挥软件的灵活性和硬件的快速性，使本系统能较充分地演示图形加速处理功能。本系统的硬件构造如图 10.1 所示，与第 9 讲的硬件系统完全一致。本系统除了系统资源，即 Nios Ⅱ 处理器核、Avalon 总线、三态桥 和 SSRAM 接口外，还使用了第 8 和第 9 讲自行设计的 LCD 显示控制器和 BitBLT 控制器 IPs。下面分两小节简单介绍这两个控制器。

10.1.1 LCD 控制器

在前面两讲的实验中，曾先后使用过简单的单层 LCD 控制器和复杂的多层 LCD 控制器。这里仅回顾复杂的多层 LCD 控制器：该 LCD 控制器是一个具有三图层、带硬件 Alpha 混合的高分辨率的 LCD 控制器，其 LCD 驱动时序参数、图层参数、Alpha 混合参数等都是可以用软件实时配置的。在第 9 讲的实验中，曾经使用了前景层相对背景层位置变化和图层透明色等功能。在本讲中，不再对 LCD 控制器的硬件做任何改进，只是通过编写软件，来演示自己设计的 LCD 控制器(IP)丰富多彩的功能。在本讲新建的工程中使用该控制器，只需将第 9 讲实验产生的工程文件夹(BitBLT)，复制到新工程的根目录下，即可在 SOPC-Builder 中直接调用 LCD 控制器(anywhere_lcd_controller)。

10.1.2 BitBLT 控制器

BitBLT 控制器是第 9 讲实验中使用过的 2D 图形加速控制器。第 9 讲中已使用过该控制器，这里只做简单的回顾：BitBLT 控制器是一个具有位块传输(BitBLT)、纯色填充、颜色扩展、颜色键控等功能的 2D 图形加速控制器，主要通过对其工作模式的设置(设置控制寄存器)，以及相关的命令来完成特定的操作，所有工作参数都可以用软件实时修改和配置。在第 9 讲的实验中，使用了控制器的 BitBLT 功能。在本讲的实验中，将在使用 BitBLT 功能基础上，演示各种光栅操作的效果。在使用时，同样只需将第 9 讲实验中生成的工程文件夹(BitBLT)复制到新工程的根目录下，即可在 SOPCBuilder 中直接调用该 BitBLT 组件(anywhere_avalon_bitblt)。

10.2 硬件设计步骤

10.2.1 Quartus Ⅱ 工程的建立

首先在 Quartus Ⅱ 的主窗口中建立 Quartus Ⅱ 工程。由于本讲使用的硬件与第 9 讲完全相同，因此可以在第 9 讲的硬件基础上编写新的软件程序。设计步骤与前几讲相同，不再叙述。

10.2.2 在工程中加入 LCD 控制器和 BitBLT 控制器

将第 9 讲实验的光盘工程文件夹（BitBLT）复制到 Quartus Ⅱ 新工程的根目录下，就可以在 SOPCBuilder 设计中使用两个控制器。三层 LCD 控制器的前景层 2 的颜色格式为 8 bpp，需要通过颜色查找表把颜色格式转换成 16 bpp。颜色查找表功能由参数化 ROM 实现。ROM 中的内容放在存储器初始化文件 color_LUT.mif 中。因此，必须把该文件放在 Quartus Ⅱ 工程根目录下。启动 SOPCBuilder 之后即可看到左侧组件列表中的 LCD 控制器（anywhere_lcd_controller）和 BitBlt 控制器（anywhere_avalon_bitblt）。

10.2.3 Nios Ⅱ 系统的构成

在 SOPCBuilder 环境下构造 Nios Ⅱ 系统的方法可以参考前面几讲。本讲选用的系统组件与第 9 讲相同。添加完所有的组件后，就可以生成 SOPC 系统。

10.2.4 编写设计项目顶层文件

生成 SOPC 系统后，需要编写顶层模块将生成的 SOPC 系统实例化。顶层模块的编写可以参照第 9 讲。

10.2.5 FPGA 引脚定义

使用 .tcl 文件配置 FPGA 引脚，各个引脚的定义与第 9 讲相同。

10.2.6 编译和下载项目

将 Quartus Ⅱ 工程编译和下载至 FPGA，即完成项目硬件的设计。软件运行需要的硬件环境已经准备好，下面就可以开发软件程序了。

10.3 软件开发

10.3.1 软件程序介绍

在本讲中，将使用三个图层的 LCD 显示和 Alpha 混合，及 BitBLT 控制器的 BitBLT 功能，在 BitBLT 过程中开启光栅操作。与第 9 讲的软件相比，LCDInit() 函数中增加了对前景层 2 的参数设置和画前景层 2 图形部分；BLT() 函数中增加了光栅操作码，作为函数的一个参数。

10.3.2 软件结构

本讲程序和第 9 讲的组织结构相同,包含 3 个源文件:LCD.c、BitBLT.c 和 Demo.c。主程序位于文件 Demo.c 中。该文件与第 9 讲相同。

10.3.3 软件源程序

1. LCD.c 文件

在 LCDInit()函数中增加了对第 3 层(前景层 2)显示参数的设置,包括:显示位置、宽度、高度、alpha 值、透明色等。在 LCD()函数中实时改变前景层 2 的显示位置。

在第 9 讲提到使用透明色功能时,只需把那些不想要在 LCD 上显示的像素值设置得与透明色寄存器值相同。对于前景层 1,这样做是对的。因为前景层 1 的像素格式是 16 bpp,透明色寄存器存放的像素值也是 16 bpp,前景层 1 的像素值可以直接与透明色寄存器值比较,从而得出该像素是否被显示。对于前景层 2,直接把像素值设置与透明色寄存器相同,并不能使该像素透明(即不显示在 LCD 上)。因为前景层 2 的像素格式是 8 bpp,它必须通过颜色查找表得到该像素的 16 位 RGB 值,再用这个值与透明色寄存器进行比较,才能确定该像素是否是透明色。

因此,如果想让前景层 2 的像素值为 1(8 bpp)的像素透明,可通过颜色查找表(在文件 color_LUT.mif)得到像素值 1 对应的颜色值(RGB)为 32768。所以,只需把透明色寄存器值设为 32 768 即可。

LCD.c 文件的程序代码如下:

```
# include < stdio.h>
# include < stdlib.h>
# include < io.h>
# include < sys/alt_cache.h>

# include "system.h"
# include "anywhere_avalon_lcd_regs.h"

  alt_u32 nBGOffset;
  alt_u32 nFG1Offset;
  alt_u16 nBGWidth;
  alt_u16 nBGHeight;
  alt_u16 nFG1Width;
  alt_u16 nFG1Height;
  alt_u16 nFG1PosX;
  alt_u16 nFG1PosY;
  alt_u8   nFG1Alpha;
  alt_u16 nFG1TransColor;
```

```c
    alt_16 nStepX1;
    alt_16 nStepY1;

    alt_u32 nFG2Offset;
    alt_u16 nFG2Width;
    alt_u16 nFG2Height;
    alt_u16 nFG2PosX;
    alt_u16 nFG2PosY;
    alt_u8  nFG2Alpha;
    alt_u16 nFG2TransColor;
    alt_16 nStepX2;
    alt_16 nStepY2;

int LCDInit()
{
    nBGOffset= SSRAM_0_BASE;    //参考第 8 讲软件代码解释
    nBGWidth= 640;
    nBGHeight= 480;
    nFG1Offset= nBGOffset+ nBGWidth* nBGHeight* 2;
    nFG1Width= 20;   //前景色 1 的宽
    nFG1Height= 20;   //前景色 1 的高
    nFG1PosX= 100;   //前景色 1 的初始 X 坐标
    nFG1PosY= 100;   //前景色 1 的初始 Y 坐标
    nFG1Alpha= 128;
    nFG1TransColor= 0x1234; //前景色 1 的透明色
    nStepX1= 2;   //前景色 1 的 X 坐标移动步长
    nStepY1= 2;   //前景色 1 的 Y 坐标移动步长

    nFG2Offset= nFG1Offset+ nFG1Width* nFG1Height* 2;
    nFG2Width= 20;   //前景色 2 的宽
    nFG2Height= 20;   //前景色 2 的高
    nFG2PosX= 500;   //前景色 2 的初始 X 坐标
    nFG2PosY= 400; //前景色 2 的初始 Y 坐标
    nFG2Alpha= 128;
    nFG2TransColor= 32768;    //前景色 2 的透明色,使用了颜色扩展
    nStepX2= 2;   //前景色 2 的 X 坐标移动步长
    nStepY2= 2; //前景色 2 的 Y 坐标移动步长

//初始化 LCD 控制器
//使能背景色、前景层 1、前景层 2
IOWR_ANYWHERE_AVALON_LCD_LAYER_EN(ANYWHERE_LCD_CONTROLLER_0_BASE,0x07);

//设置读模式为矩形模式
```

```c
IOWR_ANYWHERE_AVALON_LCD_READ_MODE(ANYWHERE_LCD_CONTROLLER_0_BASE,0x07);
//使能透明
IOWR_ANYWHERE_AVALON_LCD_TRANS_EN(ANYWHERE_LCD_CONTROLLER_0_BASE,0x06);
//设置背景层、前景层1、前景层2的起始地址
IOWR_ANYWHERE_AVALON_LCD_BG_STARTADDR
                    (ANYWHERE_LCD_CONTROLLER_0_BASE,nBGOffset);
IOWR_ANYWHERE_AVALON_LCD_FG1_STARTADDR
                    (ANYWHERE_LCD_CONTROLLER_0_BASE,nFG1Offset);
IOWR_ANYWHERE_AVALON_LCD_FG2_STARTADDR
                    (ANYWHERE_LCD_CONTROLLER_0_BASE,nFG2Offset);
//设置前景层1的横向分辨率、纵向分辨率、XY坐标、Alpha值以及透明色
IOWR_ANYWHERE_AVALON_LCD_FG1_WIDTH
                    (ANYWHERE_LCD_CONTROLLER_0_BASE,nFG1Width);
IOWR_ANYWHERE_AVALON_LCD_FG1_HEIGHT
                    (ANYWHERE_LCD_CONTROLLER_0_BASE,nFG1Height);
IOWR_ANYWHERE_AVALON_LCD_FG1_X
                    (ANYWHERE_LCD_CONTROLLER_0_BASE,nFG1PosX);
IOWR_ANYWHERE_AVALON_LCD_FG1_Y
                    (ANYWHERE_LCD_CONTROLLER_0_BASE,nFG1PosY);
IOWR_ANYWHERE_AVALON_LCD_FG1_ALPHA
                    (ANYWHERE_LCD_CONTROLLER_0_BASE,nFG1Alpha);
IOWR_ANYWHERE_AVALON_LCD_FG1_TRANSCOLOR
                    (ANYWHERE_LCD_CONTROLLER_0_BASE,nFG1TransColor);

//设置前景层2的横向分辨率、纵向分辨率、XY坐标、Alpha值以及透明色
IOWR_ANYWHERE_AVALON_LCD_FG2_WIDTH
                    (ANYWHERE_LCD_CONTROLLER_0_BASE,nFG2Width);
IOWR_ANYWHERE_AVALON_LCD_FG2_HEIGHT
                    (ANYWHERE_LCD_CONTROLLER_0_BASE,nFG2Height);
IOWR_ANYWHERE_AVALON_LCD_FG2_X
                    (ANYWHERE_LCD_CONTROLLER_0_BASE,nFG2PosX);
IOWR_ANYWHERE_AVALON_LCD_FG2_Y
                    (ANYWHERE_LCD_CONTROLLER_0_BASE,nFG2PosY);
IOWR_ANYWHERE_AVALON_LCD_FG2_ALPHA
                    (ANYWHERE_LCD_CONTROLLER_0_BASE,nFG2Alpha);
IOWR_ANYWHERE_AVALON_LCD_FG2_TRANSCOLOR
                    (ANYWHERE_LCD_CONTROLLER_0_BASE,nFG2TransColor);
//使能LCD控制器
IOWR_ANYWHERE_AVALON_LCD_CTRL
                    (ANYWHERE_LCD_CONTROLLER_0_BASE,0x01);
  alt_u16 * pPixel;
  //画背景层,可参考第8讲相关部分
  for(pPixel= (alt_u16 * )nBGOffset;pPixel< (alt_u16
```

```c
                * )(nBGOffset+ nBGWidth* nBGHeight* 2);pPixel+ + )
    {//画一个 40×40 的矩形
        alt_u8 x;
        alt_u8 y;
        x= ((((alt_u32)pPixel- nBGOffset)/2)% nBGWidth/40)% 2;
        y= ((((alt_u32)pPixel- nBGOffset)/2)/nBGWidth/40)% 2;
        if(x== y)
        {
           * pPixel= 0xf800;
        }
        else
        {
           * pPixel= 0x001f;
        }
    }
    //画前景层 1
    for(pPixel= (alt_u16 * )nFG1Offset;pPixel< (alt_u16 * )(nFG1Offset+ nFG1Width*
nFG1Height* 2);pPixel+ + )
    {//画一个半径为 10 的圆
        alt_u16 x;
        alt_u16 y;
        alt_u32 d;
        x= (((alt_u32)pPixel- nFG1Offset)/2)% nFG1Width;
        y= (((alt_u32)pPixel- nFG1Offset)/2)/nFG1Width;
        d= (x- nFG1Width/2)* (x- nFG1Width/2)+ (y- nFG1Height/2)* (y- nFG1Height/2);

        if(d< 10* 10)
        {
           * pPixel= 0x0000;   //Black
        }
        else
        {
           * pPixel= nFG1TransColor;
        }
    }
    //画前景层 2
    //前景层 2 颜色格式为 8 bpp,故采用 alt_u8 指针类型
    alt_u8 * pPixel2;
    for(pPixel2= (alt_u8 * )nFG2Offset;pPixel2< (alt_u8 * )(nFG2Offset+ nFG2Width*
nFG2Height);pPixel2+ + )
    {//画一个半径为 10 的圆
        alt_u16 x;
        alt_u16 y;
```

```c
    alt_u32 d;
    x = (((alt_u32)pPixel2- nFG2Offset))% nFG2Width;
    y = (((alt_u32)pPixel2- nFG2Offset))/nFG2Width;
    d = (x- nFG2Width/2)* (x- nFG2Width/2)+
        (y- nFG2Height/2)* (y- nFG2Height/2);

    if(d< 10* 10)
    {
       * pPixel2= 0xff;
    }
    else
    {
       * pPixel2= 1;//像素值'1'经颜色查找表得到颜色值为 32 768,等于 nFG2TransColor
    }
  }

  //Flush Data to Mem
  alt_dcache_flush_all();

}
void LCD()
{

    alt_u32 nCount;
    //延时
    nCount= 200000;
    while(nCount- - );

    //设置新的前景层 1 的位置
    nFG1PosX+ = nStepX1;
    if(nFG1PosX== 0 || nFG1PosX+ nFG1Width== nBGWidth)
    {
      nStepX1= - nStepX1;
    }
      nFG1PosY+ = nStepY1;
    if(nFG1PosY== 0 || nFG1PosY+ nFG1Height== nBGHeight)
    {
      nStepY1= - nStepY1;
    }
    //设置新的前景层 2 的位置
    nFG2PosX+ = nStepX2;
    if(nFG2PosX== 0 || nFG2PosX+ nFG2Width== nBGWidth)
    {
```

```
            nStepX2= - nStepX2;
        }
        nFG2PosY+ = nStepY2;
        if(nFG2PosY== 0 || nFG2PosY+ nFG2Height== nBGHeight)
        {
            nStepY2= - nStepY2;
        }

    IOWR_ANYWHERE_AVALON_LCD_FG1_X
                (ANYWHERE_LCD_CONTROLLER_0_BASE,nFG1PosX);
    IOWR_ANYWHERE_AVALON_LCD_FG1_Y
                (ANYWHERE_LCD_CONTROLLER_0_BASE,nFG1PosY);
    IOWR_ANYWHERE_AVALON_LCD_FG2_X
                (ANYWHERE_LCD_CONTROLLER_0_BASE,nFG2PosX);
    IOWR_ANYWHERE_AVALON_LCD_FG2_Y
                (ANYWHERE_LCD_CONTROLLER_0_BASE,nFG2PosY);
}
```

2. BitBlt.c 文件

先使用 BitBlt 控制器在背景层画一个 80×80 的矩形，再使用 BitBlt 功能将这个图块移动到整个屏幕，并在 BitBlt 过程中开启光栅操作。

```c
#include "system.h"
//#include "altera_avalon_pio_regs.h"
#include "alt_types.h"
#include <sys/alt_cache.h>
#include "anywhere_avalon_lcd_regs.h"
#include "anywhere_avalon_bitblt_regs.h"

alt_u32 FramebufferOffset= SSRAM_0_BASE;
void Fill(alt_u32 XPos, alt_u32 YPos, alt_u32 Width, alt_u32 Height, alt_u16 Color)
{
    int i,j;
    alt_u16* DataOffset;

    DataOffset= FramebufferOffset;
    DataOffset + = (XPos + YPos * 640);

    //Fill a Rect
    for(i= 0; i < Height; i++)
    {
        for(j= 0;j < Width;j++)
```

```c
        {
         * (DataOffset+ j)= Color;
        }
        DataOffset + = 640;
    }

    //Flush Data to Mem
    alt_dcache_flush_all();
}
void Blt(alt_u32 SrcXPos, alt_u32 SrcYPos,alt_u32 DesXPos, alt_u32 DesYPos, alt_u32 Width, alt_u32 Height, alt_u8 rop_code)
{
    alt_u32 SrcDataOffset;
    alt_u32 DesDataOffset;

    alt_u16 Status;
    alt_u8  Mode= 0;

    alt_u8  WorkFinished= 0;
    alt_u32 Try= 0;

//设置 BitBLT 模式为光栅操作
    Mode= IORD_ANYWHERE_AVALON_BITBLT_CTRL(ANYWHERE_AVALON_BITBLT_0_BASE);
    Mode|= 0x02;       //0000_0000 En: bit1 ROP- EN
    IOWR_ANYWHERE_AVALON_BITBLT_CTRL(ANYWHERE_AVALON_BITBLT_0_BASE,Mode);
//设置 ROP Code 为指定的 rop_code 值
    IOWR_ANYWHERE_AVALON_BITBLT_ROP_CODE
                            (ANYWHERE_AVALON_BITBLT_0_BASE,rop_code);

    //参数
    SrcDataOffset= FramebufferOffset;
    SrcDataOffset + = (SrcXPos + SrcYPos * 640)* 2;
    DesDataOffset= FramebufferOffset;
    DesDataOffset + = (DesXPos + DesYPos * 640)* 2;
//设置源块起始地址、地址偏移量、目的块起始地址、地址偏移量,宽高像素
    IOWR_ANYWHERE_AVALON_BITBLT_SRC_START_ADR
                (ANYWHERE_AVALON_BITBLT_0_BASE,SrcDataOffset);
    IOWR_ANYWHERE_AVALON_BITBLT_SRC_MEM_OFFSET
                (ANYWHERE_AVALON_BITBLT_0_BASE,1280);
    IOWR_ANYWHERE_AVALON_BITBLT_DEST_START_ADR
                (ANYWHERE_AVALON_BITBLT_0_BASE,DesDataOffset);
    IOWR_ANYWHERE_AVALON_BITBLT_DEST_MEM_OFFSET
                (ANYWHERE_AVALON_BITBLT_0_BASE,1280);
```

```c
IOWR_ANYWHERE_AVALON_BITBLT_WIDTH
            (ANYWHERE_AVALON_BITBLT_0_BASE,Width);
IOWR_ANYWHERE_AVALON_BITBLT_HEIGHT
            (ANYWHERE_AVALON_BITBLT_0_BASE,Height);

//开始位块传输
IOWR_ANYWHERE_AVALON_BITBLT_CMD
            (ANYWHERE_AVALON_BITBLT_0_BASE,0x05);

//等待位块传输结束
while((WorkFinished== 0)&&(Try <  10000000))
{
    Status= IORD_ANYWHERE_AVALON_BITBLT_STATUS
                    (ANYWHERE_AVALON_BITBLT_0_BASE);
    if(Status & 0x80)//BLT_STATUS_BUSY
    {
      Try++;
    }
    else
    {
      WorkFinished= 1;
    }
  }
}
int BitBlt(void)
{
  alt_u32 tXPos;
  alt_u32 tYPos;

  static alt_32 BlockNum= 0;
  static alt_32 ColorNum= 0;

  alt_u16 FGColor;

  //设置前景色
  FGColor= rand();
  //画一个 80×80 的矩形块,然后填满屏幕
  if(BlockNum== 0)
  {//Draw
    Fill(0,0,40,40,FGColor);
    Fill(0,40,40,40,FGColor);
```

```
      Fill(40,0,40,40,FGColor);
      Fill(40,40,40,40,FGColor);
  }
    else
    {//Blt
      tXPos = (BlockNum % 8)* 80;
      tYPos = (BlockNum / 8)* 80;
      Blt(0,0,tXPos,tYPos,80,80,rand());
    }

    //下一次 BLT 传输
    ColorNum+ + ;
    BlockNum+ + ;
    if(BlockNum== 48)
    {
      BlockNum= 0;
    }
    return 0;
}
```

10.3.4 软件代码解释

本实验开启了三个图层,其中前景色1和前景色2的20×20矩阵各画一个半径为10的圆,分别为白色和黑色,在640×480的屏幕上移动。而由于BitBLT采用了随机的光栅操作,屏幕上第一个80×80的矩形块采取单一色填充,然后和LCD.c中初始化生成的40×40矩形块(4个40×40矩形块组成一个80×80矩形块)进行随机光栅操作,在整个屏幕上得到随机颜色结果。

值得注意的是,在第9讲和第10讲,对于BitBLT()函数,第一个80×80的矩形是通过直接填充像素到目的缓存的方式来完成像素值更新,而剩余的47个80×80的矩形则都是通过BLT的光栅操作来完成的。读者可以从实验结果来比较这两种不同处理方式的速度不同,理解硬件设计对提高图像处理速度的重要性。

本讲使用了LCD的三个图层进行显示和3层Alpha混合;使用了BitBLT控制器位块传输、光栅操作等功能。还有一些功能没有演示,如颜色键控、颜色扩展以及固定色填充功能。希望读者在这一讲基础上,使用这些功能自己编写程序,加深对图形加速的理解。

总 结

通过本实验教程的10讲,可以把SOPC的开发要点和步骤总结如下:

(1) 在进行SOPC设计之前,必须明确系统的需求,其中包括算法的计算复杂度、数据带宽(流量)、接口类型、软件的线程数等。带Nios Ⅱ处理器核的SOPC是一个软件/硬件协同操作的系统。为了使系统具有更好的性能价格比,降低设计成本,必须根据设计的实际需求来确定软件和硬件的划分。只有遇到计算量特别大,迭代次数特别多的计算步骤,且仅用软件处理会严重影响处理速度,降低或者破坏系统性能时,才不得不考虑设计专门的硬件来加速。用硬件实现算法通常比用软件困难得多,而且改变处理方式也远不如软件灵活。所以,找到算法计算量的瓶颈,简化算法,确定软件和硬件的划分,并由此确定硬件的架构,对 SOPC 设计的成功与否至关重要。

(2) 设计 SOPC 必须先在 Quartus II 中建立一个工程(Project)。工程中的大部分组件可用 SOPCBuilder 系统构造工具,调用系统资源,即 Nios II 处理器核和各种 LPM 参数化模块库中的组件,也包括自己设计的模块,例如本讲中用到的 LCD 控制器(anywhere_lcd_controller)和 BitBlt 控制器(anywhere_avalon_bitblt)模块来构造。

(3) 用 SOPCBuilder 构造的系统只是一个由许多个现成系统资源 IP 模块和自己设计的模块,组合在一起的系统结构图。而由 SOPCBuilder 自动生成的只是对应这个系统结构图的可综合为片内逻辑的所有 RTL 级 Verilog HDL 代码块,而并非实际电路构造。

(4) 为了把由 SOPCBuilder 自动生成的这个 RTL 级代码块综合成对应于某具体 FPGA 中的电路,还必须自己编写一个描述这个构造与 FPGA 芯片引脚、时钟输入、复位输入和 SSRAM 等片外器件连接的可综合顶层模块。我们建议用文本编辑器来编写这个模块,而不要用图形编辑工具,因为用文本编辑器不但方便,而且能更清楚地理解由 SOPCBuilder 自动生成的顶层模块是如何构成的(如第 9 讲中的 BitBLT)。

(5) 本讲中的锁相环也可以与其他 LPM 模块一样,用 SOPCBuilder 构造工具添加到系统中,由 SOPCBuilder 自动融入顶层模块,成为由 BitBLT 实例引用的一个 LPM 子模块,这与在工程的顶层文件中,通过实例引用 PLL_cycloneii 是完全一致的。借助这个例子,使我们明白 SOPCBuilder 只不过是一个有某些约束的自动转换器,可把符合规定的图形构造自动地转换成用实例引用描述的 Verilog HDL 代码,节省了人工检查规则和编写代码的时间。

(6) 分配引脚最好编写或者修改扩展名为 .tcl 的处理引脚分配的命令文件,千万不要忘记把不需要连接的引脚设置成为三态(高阻)(set_global_assignment-name RESERVE_ALL_UNUSED_PINS "AS INPUT TRI-STATED")。

(7) 用 Quartus II 进行编译之前,必须用人工方法编写想要编译的工程的顶层文件,或者图形方法生成该顶层文件。仔细核对由该顶层文件实例引用的所有 RTL 子模块是否齐全,引脚是否已经分配完毕,编译的约束条件是否已经设置,器件选择是否正确。复杂的大型设计,应该分多次逐块进行编译,以便于查找错误,最后进行顶层文件的综合。综合后要认真阅读综合报告,分析出现的时序问题。直到所有问题都得到解决,此时硬件设计才算基本完成。

(8) 将编译完毕的硬件系统配置代码文件 *.sof(*.pof)下载到 FPGA 芯片中。

(9) 调用软件集成开发环境 IDE,切换软件工作空间,建立软件项目(BitBLT),配置 IDE 工作的硬件环境。

(10) 参考样板程序,编写 C/C++程序,将 C 源代码和有关头文件添加到软件项目的文件夹中。这个过程与普通的嵌入式系统的软件开发类似,唯一不同处在于,软件运行的硬件环境是自己定制的,具有自己的特色。软件移植时必须考虑低层硬件的不同。

(11) 连接必要的函数库,核对程序中的接口信号名。

(12) 编译 C/C++程序,把可执行程序(*.elf)和数据文件下载到嵌入式系统的(外部或者内部)RAM 中。

(13) 利用 IDE 在计算机窗口上所显示的信息,结合观察到的系统电路行为,不断地修改程序,使得系统电路的行为和性能达到满意为止。

(14) 进行系统级别的验证,对系统的软件/硬件做进一步的改进。

(15) 进一步完善设计完成的组件,编写设计文档,鼓励重复使用。

思 考 题

(1) 试尝试并观察三层 Alpha 混合时的现象,分析与两层 Alpha 混合有何不同?

答:三层 Alpha 混合的效果和两层 Alpha 混合的计算方法不同;两个 20×20 的前景色 1 和前景色 2 矩形的透明效果会随着 Alpha1 和 Alpha2 的变化有所不同。

(2) 为什么在程序中使用颜色键控功能?

答:改变 BitBLT.c 的 Mode 为 Model=0×4(背景色键控)或者 Model=0×8(前景色键控)。

(3) 能同时开放双向颜色键控吗?若能,效果如何?

答:可以。

(4) BitBLT 中颜色键控与光栅操作能同时开放吗?若能,最终效果如何?

答:不可以。屏幕图像不再更新。

(5) 若 BitBLT 控制器颜色扩展功能无演示,请尝试使用颜色扩展操作,并思考颜色扩展可能的主要用途在哪里?

答:颜色扩展可以大大减少字库的大小。每个像素用 1 位就可以表示。

(6) 使用 BitBLT 控制器的固定色填充功能,思考固定色填充的用途主要在哪里?

答:见光盘。

(7) 大胆地修改 BitBLT.c、LCD.c 和 Demo.c 程序,在现有硬件的环境下,编制出您认为最令人印象深刻的可演示的动态图形。

本书的结束语

本书通过10讲实验课、上百个思考题和课后实验，由浅入深地讲解了利用FPGA开发SOPC的方法和步骤。详细地介绍了Altera Quartus Ⅱ开发工具的使用方法。有关Nios Ⅱ处理器结构和Avalon总线等硬件技术资料，因为涉及的内容实在太多，对于初学者而言很难理解，只好待读者在完成这些实验作业的基础上，初步理解Nios Ⅱ系统硬件结构的基本概念后，再阅读Altera公司提供的详细英文技术资料，来加深理解。

有关软件设计方面的基础知识，请读者更多地参考Altera的Nios Ⅱ Software Developer's Handbook，这是一个最直接的文档。该文档提供了Nios Ⅱ软件开发环境、硬件抽象层(HAL)等方面的指导。软件设计需要考虑的方面除了Nios Ⅱ架构外，剩下的主要考虑HAL(硬件抽象层)。在Altera资料中提供了许多已封装好的HAL函数，熟练地利用这些函数，就可以更好地扩展软件的应用。必须告诉各位读者的是：想要成为一个成功的SOPC的硬件/软件开发者，必须熟练地掌握阅读英文技术资料的能力，具有坚实的计算机系统和数字电路的硬件知识，不怕困难，坚持不懈。设计者具有Verilog语言、C语言和数据结构的功底对项目的成功至关重要。

通过阅读这本教材，读者可以更全面地掌握了ModelSim的后仿真、LPM参数化库的使用以及Nios Ⅱ系统的完整架构，同时对LCD的硬件实现有更深入的认识。通过6~10讲的学习读者对软件/硬件协同设计的思想也可以有初步的认识。

本书由于篇幅和课时的限制，不可避免地存在所有实验教程的通病，那就是缺乏理论方面的阐述。学生必须在课前认真阅读Altera公司提供的技术资料，结合本教材提供的内容和代码，通过实验课的动手和动脑后，才能更深入地理解所有实验的细节。这些细节，对于读者深入理解SOPC的设计方法是十分重要的。

今后如有机会，我们将根据不同的行业，逐渐丰富针对该行业的系统实验，不只是提供一个LCD图形显示系统的设计范例。如果有更多既能反映行业基础知识，又能利用课堂上的有限时间，既讲清设计要点，又能自己动手模仿，并可以使用到如Avalon总线的各种类型的接口和多Nios Ⅱ核协同处理等FPGA的高级能力，则本教材将能让更多的读者在自己的领域中发挥更大的作用，设计出具有国际先进水平的SOPC嵌入式系统，这就是编写本书的宗旨。

附录　GX-SOC/SOPC 专业级创新开发实验平台

附录1　GX-SOC/SOPC-DEV-LAB Platform 开发实验平台概述

GX-SOC/SOPC-DEV-LAB Platform 开发实验平台采用 Altera 公司的 Cyclone 系列的 FPGA 芯片,整个系统采用模块化设计,各个模块之间可以自由组合,大大提高实验平台的灵活性。同时实验平台还提供了丰富的接口模块,供人机交互,从而大大增加了实验开发者开发的乐趣,满足了普通高等院校、科研人员等开发 SOC/SOPC 的需求。

开发工程师可以使用 Verilog HDL 语言和 VHDL 语言和原理图输入等多种方式,利用 Altera 公司提供的 Quartus Ⅱ 及 Nios Ⅱ 软件进行编译、下载,并通过北京革新科技有限公司 GX-SOC/SOPC-EP2C35-M672 创新开发实验平台进行结果验证。开发实验平台提供多种人机交互方式:固定模块,灵活互连,如键盘阵列、按键、拨挡开关输入、七段码管、大屏幕 TFT 彩色 LCD 显示、串口通信、VGA 接口、PS2 接口、USB 接口、Ethernet、CF 卡、SD 卡、CAN 总线接口等。通过 MODULE 选择开关组,利用 Altera 公司提供的一些 IP 资源和 Nios Ⅱ 32 位处理器,用户可以在该开发实验平台上完成不同的 SOPC 设计。

GX-SOC/SOPC-DEV-LAB Platform 开发实验平台参考图片如附图1.1所示。

我们要培养的学生不但要具备系统设计的能力和对新系统新模块组合方式的创新能力,还能够与当今国外最先进的全新嵌入式设计思想相接轨。所以,丰富的外围模块是用户不遗余力的发展的方向。如果能够通过已有的经验,建立尽可能多的"积木",让初学 SOC/SOPC 技术的学生,能够充分发挥系统搭建和系统设计的长处,不为繁琐的细节所累,这样才是真正符合 SOC/SOPC 系统设计的意愿和初衷,才能让学生通过实验学习逐步进入到具备创新开发设计能力的境界,而不是总停留在根据实验报告、搭线、写报告这样一个初级的能力水平线上。

GX-SOC/SOPC-DEV-LAB Platform 创新开发实验平台适用的专业范围包括:计算机专业和电科类专业的本科生、研究生、博士生,IC 集成电路/IP CORE 设计验证人员,全国相关各科研院所,如计算机科学、微电子、通信、测控技术与仪器设计、电子工程、机电一体化、自动化等相关专业;航天部、电子部、图像/通信研发等领域。

GX-SOC/SOPC-DEV-LAB Platform 创新开发实验平台不仅是全国高校本科生、研究生年度竞赛的最理想的良师益友,也是各科研院所成功开发特色新产品的最佳选择。

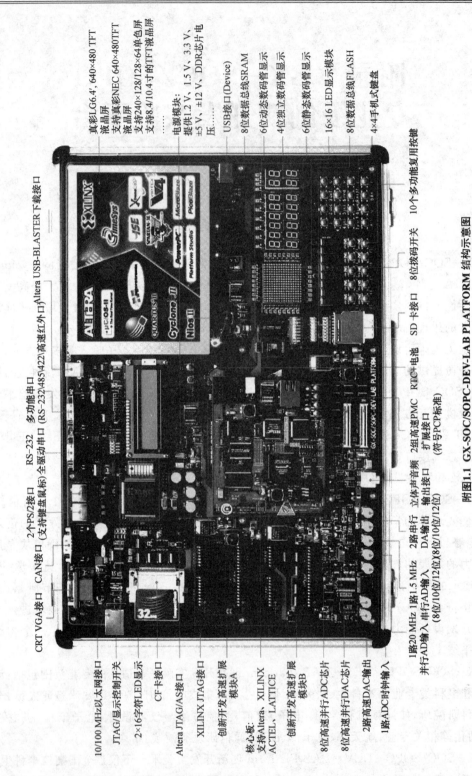

附图1.1 GX-SOC/SOPC-DEV-LAB PLATFORM 结构示意图

注意：支持8位/16位/32位/64位数据总线的专业级核心板（ALTERA/XILINX、ACTEL、LATTICE……），所有核心板与本平台无缝结合。

附录2　GX–SOC/SOPC–DEV–LAB Platform 创新开发实验平台简介

　　(1) 线路板工艺精良,频率范围宽,电路抗干扰性能好。创新开发实验平台主要有1个数字时钟源,提供 100 MHz、75 MHz、50 MHz、48 MHz、24 MHz、12 MHz、1 MHz、100 kHz、10 kHz、1 kHz、100 Hz、10 Hz、2 Hz 和 1 Hz 等多个时钟,用户可根据自己需要使用相应的时钟。

　　(2) GX–SOPC–EP2C35–M672/GX–SOPC–EP1C20–M400/GX–SOPC–EP1C12–M324 核心开发板与开发实验平台无缝结合。

　　(3) 提供1个 USB–Blaster 接口完成向 Altera FPGA 芯片的高速下载、调试与程序固化;也可通过开发实验平台所提供的 JTAG(Altera/Xilinx) 或 AS(Altera) 接口完成核心板设计代码的下载调试与程序固化。

　　(4) 两个串行接口:一个用于 SOPC 开发时的调试,另一个完成多功能通信(配备如 RS–232/485/422/IRDA 红外等)。

　　(5) 1个 USB 接口。

　　(6) 1个 VGA 接口(模拟/数字两用)可利用 CPLD/FPGA 来实现特定的视频输出。

　　(7) 2个 PS2 接口可以接键盘与鼠标。

　　(8) 1个 Ethernet 10 MHz/100 MHz 高速接口,芯片为 Intel LTX971A,实现 TCP/IP 协议转换。

　　(9) 1路 CAN 总线接口。

　　(10) 1路音频 CODEC 模块(立体声双通道输出)。

　　(11) 1路8位高速串行 SPI 总线 ADC 接口,速度为 1 Msps,1 Msps 为采样速度为每秒 1 M 个样点。(可选配10位/12位)。

　　(12) 2路8位高速串行 SPI 总线 DAC 接口,速度为 30 Msps(可选配10位/12位)。

　　(13) 1路8位高速并行总线 ADC 接口,速度为 20 Msps(可选配8位高速并行总线 ADC、速度为 75 Msps)。

　　(14) 1路8位高速并行总线 DAC 接口,速度为 1.2 μs(可选配2路8位高速并行总线 DAC 接口,速度为 1.2 μs)。

　　(15) I^2C E^2PROM,其型号为 AT24C02N。

　　(16) I^2C RTC 实时时钟芯片,具有时钟掉电保护和电池在线式充电功能。

　　(17) 3个单色 LCD 字符/图形液晶屏接口。

　　(18) 1个 640×480 TFT 彩色液晶 LCD 显示屏接口与模块。

　　(19) 1个 640×480 TFT 彩色液晶 LCD 显示屏可扩展接口。

　　(20) 16个 LED 显示。

　　(21) 8个拨挡开关输入。

　　(22) 10个按键输入,F1~F8 输出高电平,F9 和 F10 输出低电平。

　　(23) 1个 4×4 键盘阵列。

　　(24) 2个复位按钮。

(25) 16 个七段数码管显示。
(26) 16×16 矩阵 LED 显示模块。
(27) 1 路蜂鸣器。
(28) 存储器模块提供 512 kB 的 SRAM(可选配 1MB SRAM)和 1MB 的 Flash ROM(可选配 2MB 的 Flash ROM)。
(29) 1 个 Compact Flash 卡接口。
(30) 1 个 SD 卡接口。
(31) 2 组各 8 个拨码开关组。
(32) 精心设计 4 个 100PIN 高速板对板接插件接口,速度大于 1 Gb/s,确保各厂家今后几年内推出的超高速 FPGA 核心板稳定、可靠运行。
(33) 精心设计 2 个 64PIN、32 位 PCI 标准总线 PMC 高速接口,速度确保 660 MHz,供创新开发设计之用。
(34) 精心设计 2 组与 Altera 公司高档次开发板相兼容的扩展接口,且带宽速度更宽、性能更高,完全满足各高等院校参加竞赛时创新开发的要求。如设计 DSP 子功能板、ARM 子功能板、特色 8/16 位单片机子功能板、语音子功能板、视频子功能板、各种 USB 接口子功能板、千兆以太网子功能板、GPRS 子功能板、RF 卡功能板等。
(35) 实验平台提供 100 MHz、75 MHz、50 MHz、48 MHz、24 MHz、12 MHz、1 MHz、100 kHz、10 kHz、1 kHz、100 Hz、10 Hz、2 Hz 和 1 Hz 等多个时钟源。
(36) 10 路电源输出(均带过流、过压保护):VCC5 V(5 A);VCC5 VF(5 A);VCC3 V3(5 A);VCC12 VP(5 A);VCC5 VT(3 A);VCC12 VT(3 A);VCC5 VA(3 A);VCC-12 VP;VCC-5 VA;VCC3 V3 A(1.5 A)。
(37) 线路板工艺精良,频率范围宽,电路抗干扰性能好。

附录 3　GX-SOC/SOPC-DEV-LAB Platform 创新开发实验平台的组成和结构

　　GX-SOC/SOPC-DEV-LAB Platform 创新开发实验平台是专门为 Altera 公司提供的 Cyclone 系列教学套件精心设计的一套多功能综合教学平台。实验平台由数 10 个硬件功能模块组成,配有丰富的人机交换接口。实验平台可根据各院校不同的专业分为如下不同的应用层次:
　　(1) 对初级用户,本实验系统可选择基础类型的 FPGA 实验。
　　(2) 对综合类用户,本实验系统可选择提高类型 FPGA 实验及 SOPC 软硬件实战训练。
　　(3) 对专业及科研人员,本实验系统除了选择提高类型 FPGA 实验及 SOPC 软硬件实战训练之外,还可选择与 ARM/POWER PC/DSP/单片机相关的软硬件应用设计,结合 Uclinux 操作系统及 UCOS Ⅱ 实时多任务系统,利用本实验平台可做 U-BOOT 及操作系统的修改与移植。
　　创新开发实验平台各硬件功能模块描述如下。

1. 4×4 键盘阵列

4×4 键盘阵列由 16 个负脉冲信号发生器按键组成,其功能如下表示:

	COL0	COL1	COL2	COL3
ROW3	1	2	3	C
ROW2	4	5	6	D
ROW1	7	8	9	E
ROW0	A	0	B	F

可以利用拨码开关 MODUL_SEL 第 4 位进行键盘方式选择:当拨下处于"OFF"时,使用 4×4 键盘;当拨下处于"ON"时,使用 3×4 键盘。

下面介绍键盘的原理真值表以及每个按键对应的输出值,如下所述。

(1) 3×4 键盘功能:

ROW3	ROW2	ROW1	ROW0	COL2	COL1	COL0	对应按键	输出
1	1	1	0	1	1	0	A	AFH
1	1	1	0	1	0	1	0	00H
1	1	1	0	0	1	1	B	BFH
1	1	0	1	1	1	0	7	70H
1	1	0	1	1	0	1	8	80H
1	1	0	1	0	1	1	9	90H
1	0	1	1	1	1	0	4	40H
1	0	1	1	1	0	1	5	50H
1	0	1	1	0	1	1	6	60H
0	1	1	1	1	1	0	1	10H
0	1	1	1	1	0	1	2	20H
0	1	1	1	0	1	1	3	30H
X	X	X	X	1	1	1	无	11H

(2) 4×4 键盘功能:

ROW3	ROW2	ROW1	ROW0	COL3	COL2	COL1	COL0	对应按键	输出
1	1	1	0	1	1	1	0	A	AFH
1	1	1	0	1	1	0	1	0	00H
1	1	1	0	1	0	1	1	B	BFH
1	1	1	0	0	1	1	1	F	FFH
1	1	0	1	1	1	1	0	7	70H
1	1	0	1	1	1	0	1	8	80H
1	1	0	1	1	0	1	1	9	90H
1	1	0	1	0	1	1	1	E	EFH

ROW3	ROW2	ROW1	ROW0	COL3	COL2	COL1	COL0	对应按键	输出
1	0	1	1	1	1	1	0	4	40H
1	0	1	1	1	1	0	1	5	50H
1	0	1	1	1	0	1	1	6	60H
1	0	1	1	0	1	1	1	D	DFH
0	1	1	1	1	1	1	0	1	10H
0	1	1	1	1	1	0	1	2	20H
0	1	1	1	1	0	1	1	3	30H
0	1	1	1	0	1	1	1	C	CFH
X	X	X	X	1	1	1	1	无	11H

注意：A、B、C、D、E、F是功能按键。输出对应于 FPGA 芯片上的 D0～D7 数据线输入。
附图 3.1 为 4×4 键盘原理图。

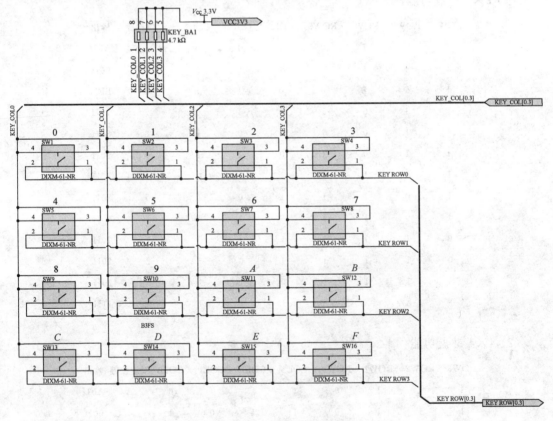

附图 3.1　4×4 键盘原理图

2. 数码管显示

实验平台上共有 16 个数码管，其中包括 6 个共阴数码管（动态七段译码输出）DP1C－DP6C 和 10 个共阳数码管（6 个静态七段译码输出 DP1B－DP6B 和 4 个独立无显示七段译码输出 DP1A－DP4A）。拨码开关 DISP_SEL 的第 8 位控制 6 个静态输出共阳数码管，拨到"ON"时亮,拨到"OFF"时灭;拨码开关 DISP_SEL 的第 7 位控制独立的 4 个共阳数码管,拨到"ON"时亮,拨到"OFF"时灭;拨码开关 DISP_SEL 的第 1 位到第 6 位分别决定每个静态共阳数码管的输出数据来源,每一个拨码开关对应一个数码管,拨到"ON"时表示数据来自 FPGA 内部,拨到"OFF"时由实验平台十六进制数按键 F1~F6 来输入数据(F6 对应 DP6B,F5 对应 DP5B,依此类推),每按下十六进制数按键就显示一个十六进制数(十六进制数递增加 1)。附图 3.2 所示为 6 个静态(见图(b))、6 个动态七段译码输出(见图(c))和 4 个独立无显示七段译码输出电路图(见图(a))。

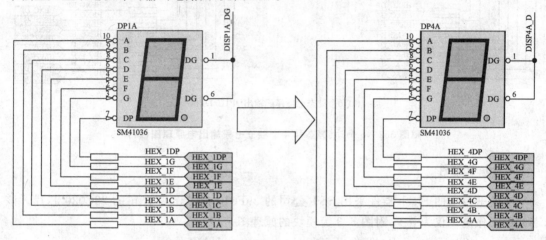

(a) 4 个独立无显示七段译码输出 DP1A-DP4A

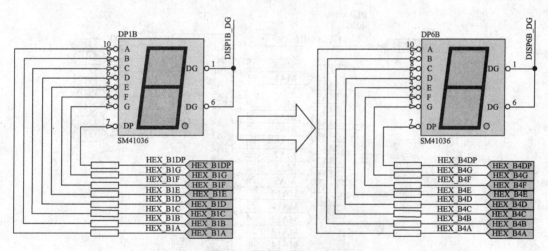

(b) 6 个静态七段译码输出 DP1B-DP6B

附图 3.2　6 个动、静态和 4 个独立七段输出电原理图

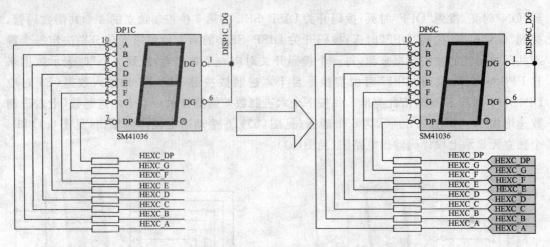

(c) 6个动态七段译码输出DP1C-DP6C

附图 3.2 6 个动、静态和 4 个独立七段输出电原理图(续)

3. Flash 器件

实验平台上的 Flash 器件采用 SST 公司的 39F010 或 Atmel 公司的 29C020 芯片。该芯片的工作电压仅为 3 V,附图 3.3 为模块的原理图。

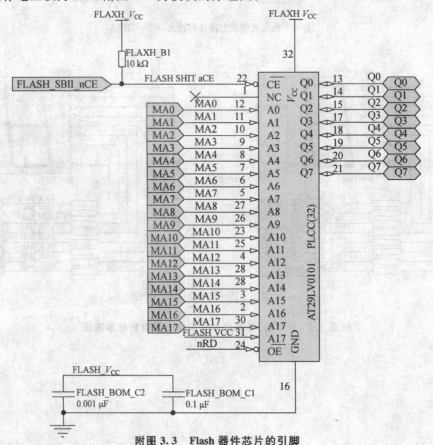

附图 3.3 Flash 器件芯片的引脚

4. SRAM 器件

实验平台上的 SRAM 采用 ISSI 公司的 IS61C1024(或 IS61C1024L)芯片。这类芯片是高速低功耗的 SRAM,存储量为 1 MB,作为通用存储器使用,附图 3.4 为模块的原理图。

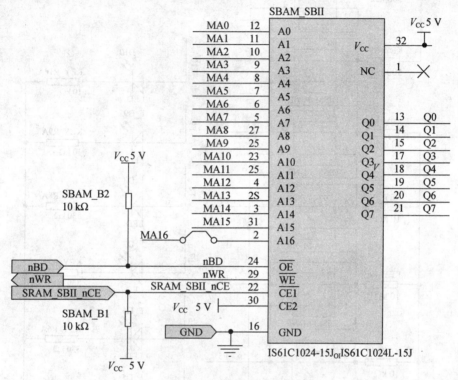

附图 3.4 SRAM 器体芯片的引脚

图中:A0～16 为地址线;CE1 和 CE2 为 2 个芯片使能信号;OE 为读输出使能信号;WE 为写使能信号;Q0～Q7 为数据线。

5. 多功能复用按键

多功能复用按键组中,F1～F8 平时输出为低电平,按下输出为高电平;F9～F10 平时输出为高电平,按下输出为低电平。

F1～F6 是十六进制信号发生器按键,当 DISP_SEL 的第 1 位～第 6 位中任一拨下处于"OFF"时,按下对应的复用按键就可以产生四位二进制数,在 6 个共阳静态数码显示管上从 0～F 顺序循环显示,即十六制进数从 CPLD 输出到数码管。当 DISP_SEL 的第 1 位～第 6 位任一拨下处于"ON"时,每组 4 位二进制数由 FPGA 输出至数码管并对应显示成十六进制数,且 F1～F4 相对应的 4 组 4 位二进制数产生器,也可通过 CPLD 输出到核心板的 FPGA 上去,并由用户自定义使用。

F7～F9 是固定脉冲信号发生器按键。当核心板时钟为 50 MHz 时,按 F7 或 F8 产生 200 μs 的相同固定正脉冲信号,其信号输出分别对应最右引脚、中间引脚;按 F9 产生 200 μs 的固定负脉冲信号,其信号输出对应最左引脚。通过 PULSE 组针输出,方便用户使用。

F10 是备用按键，用户也可用作复位按键。

附图 3.5 所示为多功能复用按键原理图。

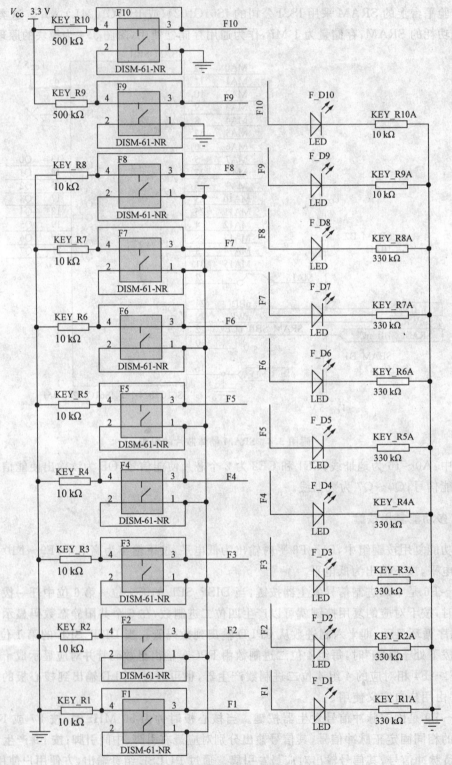

附图 3.5　多功能复用功能按键原理图

6. LED 指示灯

指示灯组 LED1～LED16 是由用户来定义指示灯。

LED1～LED8 直接与配置有 FPGA 芯片的核心板相连,与拨码开关 MODUL_SEL 的第 1 位～第 3 位选择状态无关,引脚输出高电平时对应的 LED 灭,低电平则亮。

LED9－LED16 是与开发平台上的功能模块组配套的,只有在拨码开关 MODUL_SEL 第 1 位～第 3 位处于相应功能模块的选择状态时,才有效;高电平点灭,低电平亮。

附图 3.6 为 LED1～LED15 指示灯原理图。

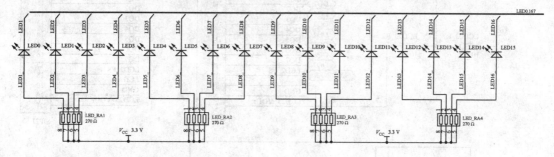

附图 3.6　LED1～LED15 指示灯原理图

7. LCD 图形－字符液晶屏接口模块

实验开发平台上提供了 1 组 2×16 或 4×16 的字符液晶屏接口,其接口定义为 LCD1。

实验开发平台上提供三组 LCD 点阵/图形液晶显示模块接口(LCD2、LCD3、LCD4),可接入多种型号的 128×64 或 240×128 点阵/图形液晶显示屏,可显示各种字符及图形。

液晶屏接口可与 CPU 直接相连,具有标准数据总线、控制线及电源线接口。具体的技术性能指标参考所使用的液晶屏生产厂家的相关资料,液晶屏可以由用户选配使用:

- LCD2、LCD4　点阵/图形液晶显示模块接口(T6963);
- LCD3　点阵/图形液晶显示模块接口(KS0107/KS0108);
- LCD1　字符液晶显示接口(KS0066/KS0070/KS0075;SPLC780A)。

附图 3.7 是 LCD 图形－字符液晶屏接口模块原理图。

8. Audio 模块

开发平台上的 Audio 模块由 16 位的音频数模转换器、功放和一个音频接口组成。

功放采用 Philips 公司的 TDA1308(或 CUSTOMER 公司的 MS6308)芯片,由 2.8～5.5 V 低压供电,低功耗,高信噪比,低失真率,可应用于 CD、DVD、MP3、PDA 等音频设备,附图 3.8 为 Audio 芯片的原理图。

音频数模转换器采用 Philips 公司的 TDA1311(或 CUSTOMER 公司的 MS6311)芯片。它由电压驱动、输出和偏置电流与电压成比例,接收 16 位的串行输入数据,低功耗,采用连续校准概念,没有过零失真。

附录图 3.9 为 TDA1311 芯片的方框图。

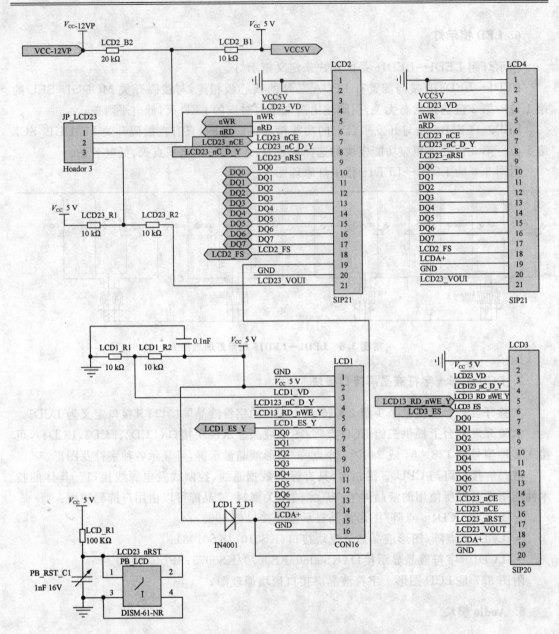

附图 3.7 LCD 图形—字符液晶屏接口原理图

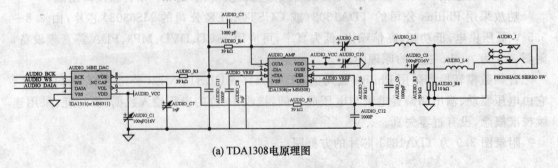

(a) TDA1308 电原理图

附图 3.8 Audio 模块原理图

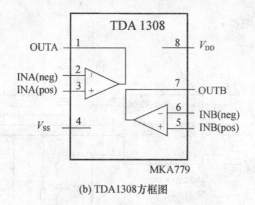

(b) TDA1308方框图

附图 3.8　Audio 模块原理图(续)

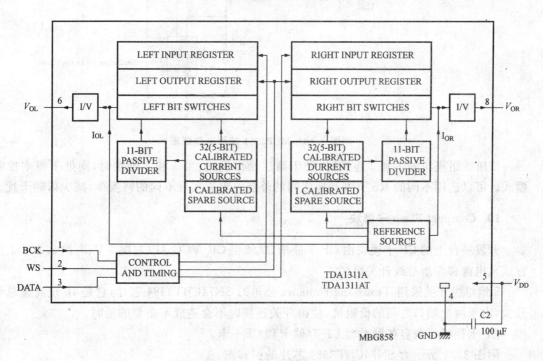

附图 3.9　TDA1311 方框图

来自 FPGA 的信号通过功放音频放大后,然后由接口输出到扬声器。

9. CAN 总线通信模块

CAN 总线通信模块精心为 XILINX FPGA IP Core 而设计。

开发平台上的 CAN 总线通信模块由 CAN 总线连接头 CAN_DB9、CAN 通信芯片 U2 和 2X2 跳线组 CAN_JP 组成。

U2 采用 Microchip 公司的 MCP2551 芯片,它是一个可容错的高速 CAN 器件,可作为 CAN 协议控制器和物理总线接口,可为 CAN 协议控制器提供差分收发能力,完全符合 ISO-11898 标准,包括能满足 24 V 电压要求,工作频率高达 1Mb/s。

该模块共有两种工作模式,可通过跳线组的相应连接来实现。MCP2551 芯片电原理和跳线组模块如附图 3.10 所示。

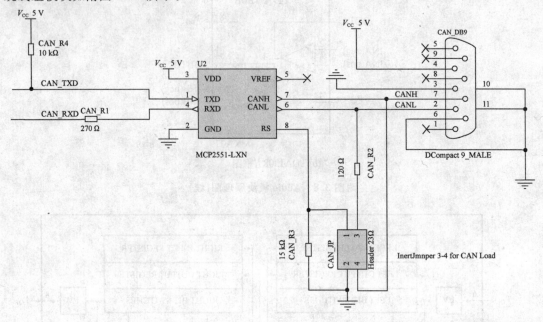

附图 3.10 MCP2551 芯片电原理图

当跳线组模块的 1 和 2 连接时,处于高速操作模式;当 3 和 4 连接时,则处于斜率控制模式。可以选用不同的 RS 引脚和地之间的外接电阻来实现不同的转换率,减少射频干扰。

10. Compact Flash 卡模块

开发平台上的 CF 卡模块由 CF 卡插槽、跳线组 CF_VCC_JP(左跳 5 V、右跳 3.3 V 工作方式)、电源和 5 组总线开关组成。

5 组总线开关采用 Texas Instruments 公司的 SN74CBT3384 芯片,它是 10 位高速总线开关,由于两个端口之间的低阻抗,使得开关连接时不会造成不必要的延时。

CF 卡插槽可兼容各种类型 CF 存储卡和 CF+卡。

附图 3.11 所示为 SN74CBT3384 芯片的引脚图。

11. 以太网接口模块

本模块为 XILINX FPGA IP Core 而精心设计。

开发平台上的以太网接口模块由以太网网卡器件、以太网电平信号隔离转换器件和标准以太网接口 RJ45 组成。

以太网器件使用 Intel 公司的 LXT971ALC 芯片。它是一片高速以太网收发器芯片,它可实现 10 Mb/s 和 100 b/s 两种协议,集成了媒介独立接口(MII)、扰频器/解扰器、双重速率时钟回路和全双工自判决功能于一身,附图 3.12 为该芯片的原理图。

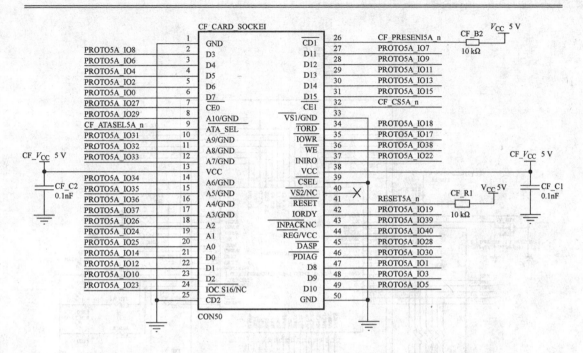

附图 3.11 SN74CBT3384 芯片电原理图

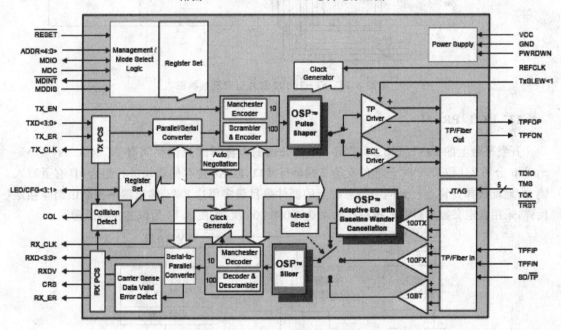

附图 3.12 LXT971ALC 芯片的电原理图

本开发平台使用这款芯片,配合核心板上提供的 SDRAM/Flash 芯片,使用 UClinux 操作系统实现以太网通信。

电平信号隔离转换器件采用 ST-L1102 芯片。它是标准单端口隔离模块,其绝缘、接入损耗及回波损耗符合 IEEE802.3 要求,可配合多家厂商的以太网芯片,具体应用可参考该芯片的选型指引,附图 3.13 为 ST-L1102 芯片引脚及结构图。

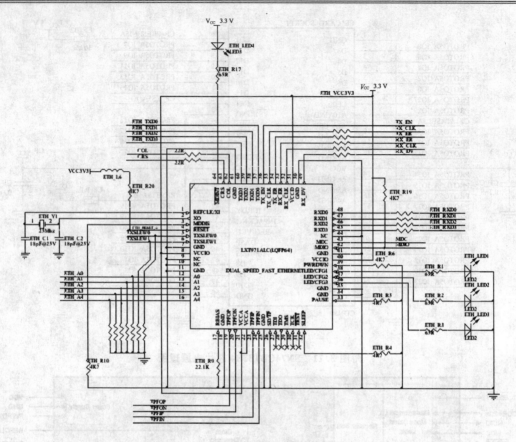

附图 3.13　ST-L1102 芯片引脚及结构图

12. I²C E²PROM

开发平台上的 I²C E²PROM 采用 Atmel 公司的电擦写式只读存储器 AT 24C02N(或 Microchip 公司 24LC02BSN)，该器件支持 2 线串行接口，以 X8 位存储器块进行组合，具有页写入能力，地址选择允许连接到同一条总线上的器件数目最多可达 8 个，输出斜率控制以消除接地反弹，采用自定义擦/写周期，擦写次数可达 1 000 000 次，附图 3.14 为该芯片的原理图。

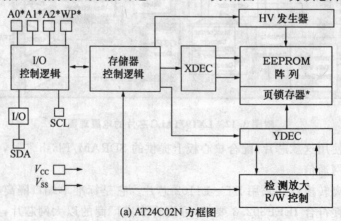

(a) AT24C02N 方框图

附图 3.14　AT24C02N 电原理图

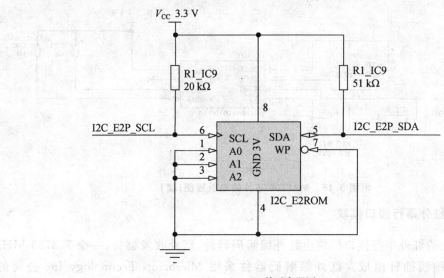

(b) 单元电器图

附图 3.14　AT24C02N 电原理图（续）

13. I²C RTC

开发平台上的 I²C RTC 采用 STMicro 公司的 M41T00（或 Dallas Semiconductor 公司的 DS1340）芯片。是一款低功耗的串行实时时钟，内部有 32.768 kHz 晶振，使用 8 字节容量的 RAM 来实现时钟功能，并采用 BCD 码配置。地址和数据通过两根双线总线进行串行传输。内部含有电源感应电路，对于供电不足的情况，将会自动切换到电池供电状态。附图 3.15 为该芯片的原理图。

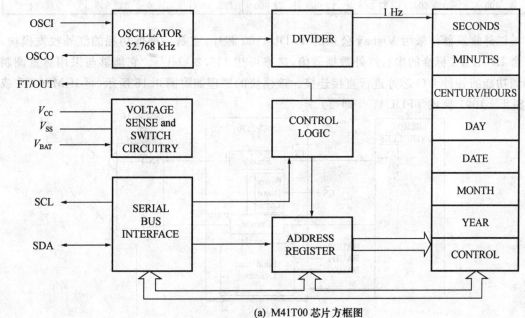

(a) M41T00 芯片方框图

附图 3.15　M41T00 芯片的电原理图

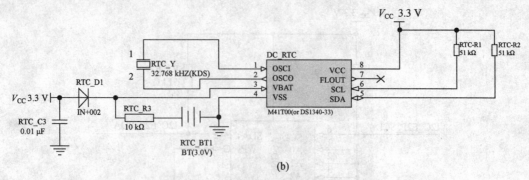

(b)

附图 3.15　M41T00 芯片的电原理图(续)

14. IRDA 红外串行接口模块

开发平台上的红外串行接口模块由红外编解码器件、红外收发器件、一个 7.3728 MHz 的晶振和 4 个跳线插针组成。红外编解码器件采用 Microchip Technology Inc 公司的 MCP2120 芯片,它是低功耗、高性能、全静态的红外编解码器件,采用的调制解调方法符合 IRDA 标准,可通过 4 个跳线插针输入编码来选择相应的波特率工作模式,如附表 3.1 所列。也可采用软件方式来选择。

附表 3.1　波特率模式的选择

BAUD2：BAUD0	f/MHz							Bit Rate
	0.6144[1]	2.000	3.6864	4.9152	7.3728	14.7456[2]	20.000[2]	
000	800	2 604	4 800	6 400	9 600	19 200	26 400	$f_{osc}/768$
001	1 600	5 208	9 600	12 800	19 200	38 400	52 083	$f_{osc}/384$
010	32 00	10 417	19 200	25 600	38 400	78 600	104 167	$f_{osc}/192$
011	4 800	15 625	28 800	38 400	57 600	115 200	156 250	$f_{osc}/128$
100	9 600	31 250	57 600	78 600	115 200	230 400	312 500	$f_{osc}/64$

红外收发器件采用 Vishay 公司的 TFDU4100 芯片,它是一种低功耗的红外收发模块,符合 IRDA1.2 标准的串行红外数据通信,速率可达 115.2 kbit/s。它能够与采用脉宽调制解调功能的各种 I/O 芯片进行直接连接。该模块的原理如附图 3.16 所示(将 IRMS6118 或 HSDL-1001 换成 TFDU4100 即可)。

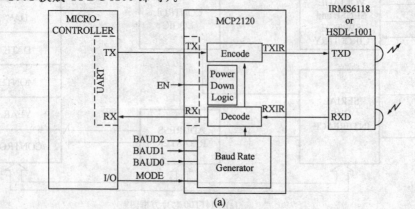

(a)

附图 3.16　红外收发器 TFDU4100 芯征的组成结构

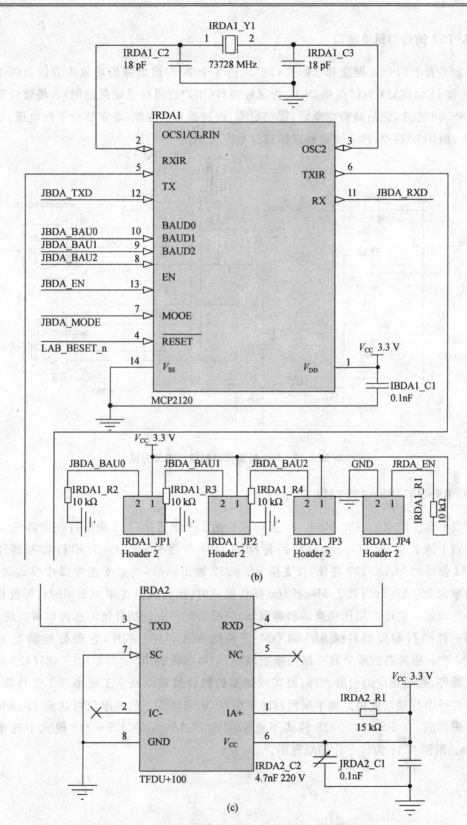

附图 3.16　红外收发器 TFDU4100 芯征的组成结构(续)

15. PS2 键盘和鼠标接口

开发平台上的 PS2 键盘和鼠标接口模块由 4 个 N 沟道增强型场效应管以及两个 PS2 接口 J4 和 J5 组成，J4 为键盘接口、J5 为鼠标接口（用户也可自己定义使用）。场效应管器件使用 BSS138 芯片，它是高密度单元，提供可靠、快速的开关性能，非常适合于低电压、低电流的应用。附图 3.17 为 PS2 键盘和鼠标接口电原理图。

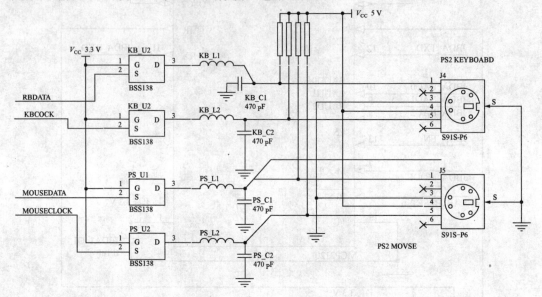

附图 3.17　PS2 键盘和鼠标接口电原理图

16. RS-232/RS-485 接口

开发平台上的 RS-232/RS-485 接口模块由 2 个串行接口、2 块串行收发器件、4 个指示灯和若干插针组成。串行接口使用标准的 DB9 母接头，其中一片串行收发器件采用 MAXIM 公司的 MAX3237 芯片，仅支持 RS-232 输出标准，当处于正常操作模式时，运行数据速率为 250 kb/s；当处于 MegaBaud 操作模式时，运行数据速率为 1 Mb/s，可提供更高速的串行通信。它还可用作快速调制解调器，只要通过相应的插针组的选择即可实现。

另一片串行收发器件采用 MAXIM 公司的 MAX3160 芯片，它很好地满足了所有 MAXIM 产品所需要的质量和可靠性标准，是一个可编程的 RS-232/RS-485/422 多协议的收发器件，通过相应的引脚选择，可实现需要的协议模式以及全工或半双工工作模式，还可当作红外串行接口使用。如果采用回转率限制，所有模式下的速率仅可达到 250 kb/s；而取消该限制后，在 RS-485/422 模式下速率可达 10 Mb/s，在 RS-232 模式下速率可达 1 Mb/s。附图 3.18 为该芯片的原理图。

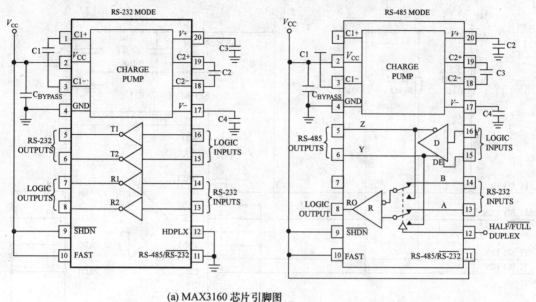

(a) MAX3160 芯片引脚图

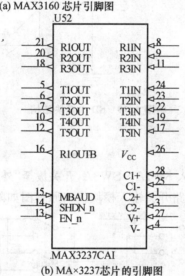

(b) MA×3237芯片的引脚图

附图 3.18　MAX3160 和 MAX3237 芯片引脚图

17. SD 卡模块

开发平台上带有一个 SD 卡通信接口,提供 SD 卡通信所需要的信号线(时钟,命令,4 个数据和 3 个电源),最大工作频率为 25 MHz。这个通信接口也支持通用的多媒体卡(MMC),实际上 SD 卡与 MMC 的区别就在于初始化的过程上。

SD 存储卡系统上定义了两种可替换的通信协议:SD 和 SPI 这两种模式是互不关联的,本设计使用后者的 SPI 通信连接方式。

SD 存储卡是一种特别为了满足新一代音频/视频消费类市场需求,面向安全、容量、性能和环境要求而设计的低成本、大容量的存储器件,它的安全系统采用互相认证功能和一种新型加密算法,来保护卡上内容不被非法使用。附图 3.19 为 SD 卡模块的结构。

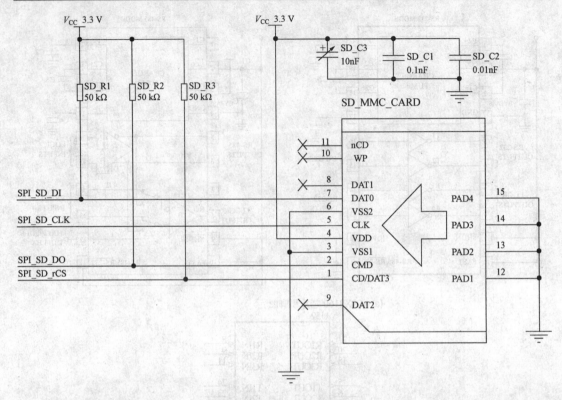

附图 3.19 SD 卡模块结构

18. 8 路开关输入

开发平台上有 8 路开关输入 SW1A~SW8A,开关拨至"外"位置为逻辑"1"电平,开关拨至"内"位置为逻辑"0"电平。8 路开关输入模块接口原理图如附图 3.20 所示。

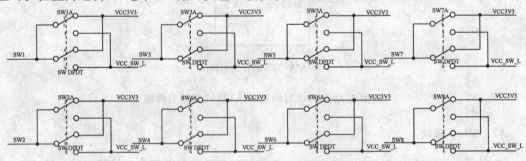

附图 3.20 8 路开关输入原理图

19. VGA 模块

VGA 模块能实现开发平台与 VGA 显示器之间的通信控制功能。

VGA 彩色显示器(640×480/60 Hz)在显示过程中除 R、G、B 三基色信号外,还有行同步 HS 信号和场同步 VS 信号。在显示器显示过程中,HS 和 VS 极性可正可负,其极性转换逻辑在显示器内自动切换。以正极性为例,R、G、B 信号位是正极性信号,并高电平有效。

当 VS=0,HS=0 时,计算机 VGA 显示器显示的内容为亮的过程,这时正向扫描过程的时间为 26 μs,当一行扫描完毕,行同步 HS=1,约需 6 μs,这时的 VGA 显示器扫描产生消隐及电子束回到 VGA 显示器的左边下一行的起始位置(X=0,Y=1);当扫描完 480 行后,VGA 显示器的场同步 VS=1,产生场同步使扫描线回到 VGA 显示器的第一行第一列(X=−0,Y=0,约为 2 个行周期)。VGA 接口是使用 15 针的标准接插件与 PC 机显示器相连接,附图 3.21 为 VGA 模块原理图。

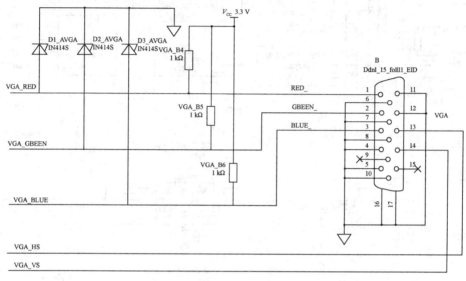

附图 3.21　VGA 模块电原理图

20. 按钮式 RESET 键

开发平台提供两个复位功能按键 SW17 和 PB_LCD,前者是整个开发平台的全局复位信号发生器,后者是 LCD 液晶显示屏的复位信号发生器。其接口原理图如附图 3.22 所示。

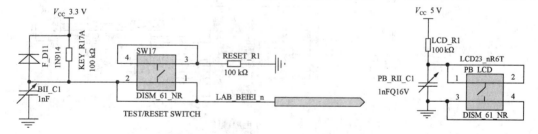

附图 3.22　按钮式 RESET 键电原理图

21. 并行 ADC

开发平台上的并行 ADC 模块由并行 8 位 ADC 器件、并行 ADC 放大器、十六进制转换器、并行总线和并行 ADC 时钟源组成。并行 8 位 ADC 器件采用 Texas Instruments 公司的 TLC5510(或 TLC5540)芯片,它使用 5 V 供电电压且只有 130 mW 的功耗,采用的半 Flash 结构相对 Flash 转换器来说,降低了功耗且减小了芯片面积附图 3.23 为该芯片的原理图。

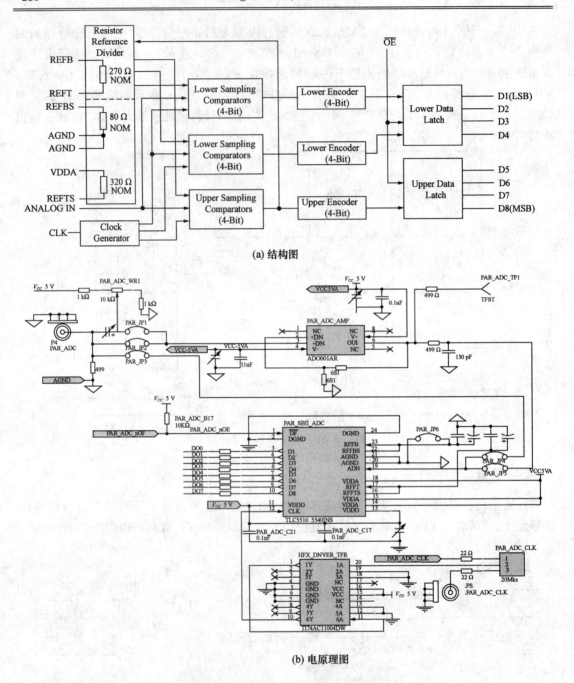

图 3.23 TLC5510 芯片结构及电原理图

并行 ADC 放大器采用 Analog Device 公司的 AD8001AR 芯片,它采用 5 V 电压供电,是一个低功耗、高速的电流反馈放大器,在 100 MHz 时有 0.1 dB 的平滑增益,并且提供 0.01% 的差分增益和 0.025° 的相位误差。由于它的低失真度和调节灵敏性,使得它成为比较理想的高速 AD 转换器的缓冲器。

并行 ADC 为 TLC5510,出厂时的时钟源提供 20 MHz 的输入时钟频率。

22. 并行 DAC 模块

开发平台上的并行 DAC 模块由一个并行 8 位 DAC 器件和一个并行 DAC 电压基准源组成。并行 8 位 DAC 器件采用 Analog Devices 公司的 AD7302（或 AD7801）芯片，工作电压为 2.7～5.5 V，功耗小适合于电池驱动应用，具有高速寄存器和双缓冲接口逻辑以及可与并行微处理器和 DSP 兼容的接口附图 3.24 为该芯片的原理图。

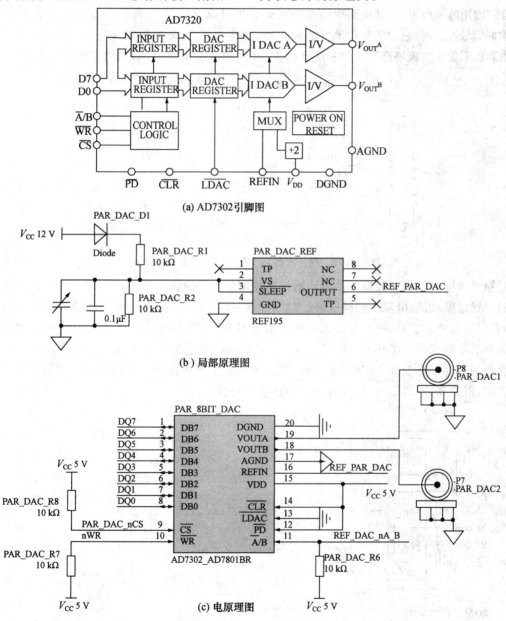

附图 3.24　并行 DAC 模块 AD7032 结构及原理

23. 彩色液晶 VGA TFT-LCD 和触摸屏

开发平台上提供了彩色液晶 TFT-LCD 和触摸屏的接口模块。

彩色液晶 TFT-LCD 器件采用 NEC LCD Technologies 公司的 NL6448BC20（或 LG.PHILIPS LCD 公司的 LB064V02）液晶屏。它是一个由非晶状硅薄膜晶体管阵列构成的液晶显示屏，带有一个背景灯，来自主机的彩色（红、绿、蓝）数据信号被一个信号处理电路调整为最佳主动矩阵系统形式，并送到驱动电路以驱动 TFT 阵列。TFT 阵列类似一个光电开关，当受数据信号控制时，它会调节背景灯的发光量，而调节 TFT 阵列中红、绿、蓝点的发光量就能产生彩色图像。它能够产生 6 位灰度级的 262 144 种颜色，附图 3.25 为该芯片的原理图。

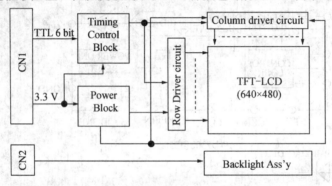

附图 3.25 彩色液晶屏 TFT-LCD 功能结构框图

触摸屏接口模块由触摸屏接口和触摸屏控制器件组成。触摸屏可选用良英股份有限公司的 4 线薄膜/玻璃电阻式触摸屏，触摸屏控制器件采用 Burr-Brown 公司的 ADS7843（或 ADS7846）芯片。它是一个 12 位采样的模数转换器，带有一个同步串行接口和驱动触摸屏的低导通阻抗开关。工作电压为 1.2 V，在 125 kHz 的速率下工作功耗达 750 μW，而在暂停状态的功耗可低于 0.5 μW。低功耗、高速率和板上开关的特性使得该芯片适用于电池驱动应用，附图 3.26 所示为触摸屏控制器功能结构框图。

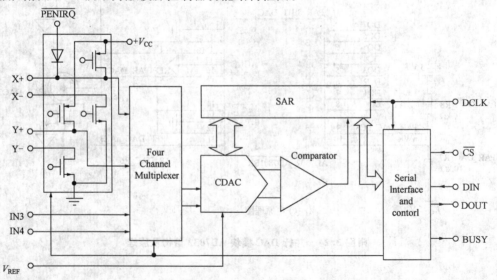

附图 3.26 触摸屏控制器功能结构框图

如果使用 LB064V02 型号的 TFT 触摸屏,在开发平台上需要做些预设置:将 TFT_DPSV 的 2 和 3 脚短接,获得使能信号;TFT_VCC 的 1 和 2 脚短接,使工作电压为 3.3 V;JP_TFT_BRIGHT 的 1 和 2 脚短接并把电阻 TFT_R26B 去掉,这样才能使该型号的触摸屏背光灯亮。

24. 串行 ADC 模块

开发平台上的串行 ADC 模块由一个串行 ADC 器件和电压基准源组成。

串行 ADC 器件采用 Analog Devices 公司的 AD7476(或 AD7477、AD7478)芯片,是一个 8(或 10、12)位高速、低功耗的连续渐进模数转换器,工作电压为 2.35~5.25 V,并产生 1 Mb/s 的传输率。转换过程和数据获取可通过$\overline{CS}$信号和串行时钟来控制,并且可以与微处理器或 DSP 相接。在$\overline{CS}$信号下降沿采样数据的同时转换也开始,在这些过程中不存在线路延时。

本实验平台出厂采用 AD7476 芯片,用户可根据自己的需要选配其他精度的芯片,附图 3.27 为该系列芯片的原理图。

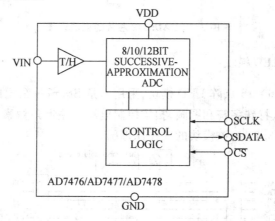

附图 3.27 AD7476 芯片的原理图

25. 串行 DAC 模块

开发平台上的串行 DAC 模块由一个串行 DAC 器件和电压基准源组成。

串行 DAC 器件采用 Analog Devices 公司的 AD5302(或 AD5312、AD5322)芯片。这一系列是双向 8(10、12)位缓冲电压输出数模转换器,工作电压为 2.5~5.5 V,片上的输出放大器可使轨对轨输出摆幅的摆率为 0.7 V/μs。

串行 DAC 系列芯片使用 30 MHz 时钟频率的多用途 3 线串行接口,并能兼容多种接口标准。

低功耗工作模式下使得这些芯片适合于电池驱动应用,5 V 下为 1.5 mW,3 V 下为 0.7 mW,而省电模式下可降到 1 μW。

实验平台出厂采用 AD5302 芯片,用户可根据自己的需要选配其他精度的芯片。

附图 3.28 为该系列芯片的原理图。

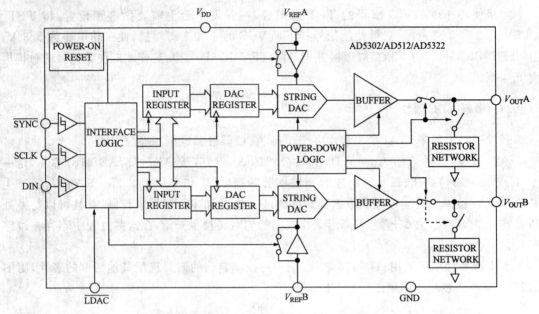

附图 3.28 AD5302 芯片的电原理图

26. 16×16 点阵 LED 模块

开发平台上提供 16×16 点阵 LED 模块,采用的是 Stamley 公司的 MD1216C 器件。可以显示各种数字、字母、特殊字符和图画,扫描控制电路从左上角像素点为起始点扫描,终止于右下角像素点,附图 3.29 为该模块的工作原理图。

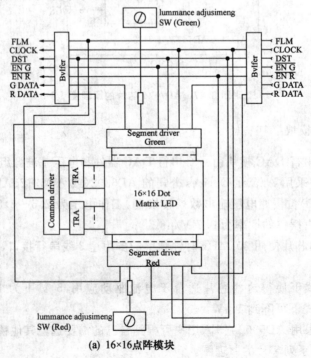

(a) 16×16 点阵模块

附图 3.29 MD1216C 器件的引脚及点阵结构

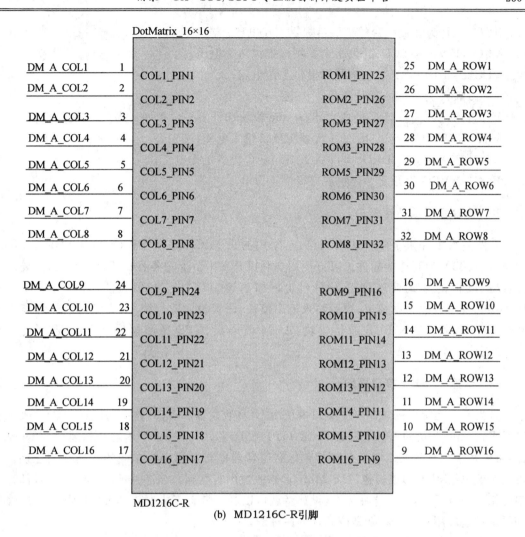

(b) MD1216C-R引脚

附图 3.29　MD1216C 器件的引脚及点阵结构(续)

27. 电源分配电路

开发平台上提供了多个电源转换芯片以及相应的转换电路,可以给基于不同工作电压的芯片提供稳定的工作电压。

VCC3V3 为 FLASH、USB1.1 接口、实验开发平台上的扩展口、触摸屏控制芯片、8 路开关输入、16 个 LED 显示灯、SD 卡接口模块、VGA 模块、RS-232、RS-485 接口模块、IRDA 红外串行接口模块、I2C E2PROM、I2C RTC、以太网接口模块、Buzzer 蜂鸣器、10 个共阳数码显示管、10 个多功能按键、4×4 按键阵列、16×16 LED 点阵提供工作电压。

VCC5V 为 SRAM、FLASH、CAN 总线模块、CF 卡接口模块、并行 DAC 和 ADC 芯片、并行数据总线、LCD、PS2 接口、实验开发平台上的板对板扩展口提供工作电压。

电源分配电路提供电压为:

VCC5VF 为核心板的扩展口提供工作电压;

VCC5VT 为 TFT 彩色液晶屏提供工作电压;

VCC12VP 为开发平台的扩展口提供工作电压；
VCC-12VP 为 LCD、开发平台扩展口提供工作电压；
VCC12VT 为 TFT 彩色液晶屏提供工作电压；
VCC3V3A 为 Audio 模块提供工作电压；
VCC5VA 为并行 ADC 的放大器、Audio 模块和开发平台扩展口提供正输入电压；
VCC-5VA 为并行 ADC 的放大器提供负输入电压；
VCC12VA 为并行 DAC、串行 ADC 和 DAC 提供工作电压；
VCC15VREG 为开发平台扩展口提供工作电压。

28. 高速板对板插件接口

开发平台上提供了多个板对板接口，采用的是 MICROLEAF CONNECTORS 公司的 5072 系列 BTB 超高速接插件。可方便用户利用开发平台上的各种资源，设计自己需要的功能，以扩展板的方式接入到开发平台上。如高速 ADC 或 DAC 模块、高速 USB2.0 和 100 Mb/s 速率的以太网模块、视频输入输出模块、语音输入输出模块、直流电动机和步进电动机、DSP 模块、CAN BUS 通信模块、ARM 核心板、GPS 通信模块、GPRS 通信模块和 RFID 通信模块等。

29. 全速 USB1.1 接口模块

开发平台上提供的 USB1.1 接口模块由 USB 收发器和 USB 连接头组成。USB 收发器采用 Fairchild 公司的 USB1T11AM(或 ISP1103D)芯片，它是一个单芯片的通用 USB 收发器，可使基于 5.0 V 或 3.3 V 的可编程标准逻辑器件与通用串行总线的物理层相连接。它可以全速(12 Mbit/s)或低速(1.5 Mbit/s)来收发串行数据。该芯片的输入输出信号都符合串行接口引进标准，有了这种标准，设计者就可以制作带有现成逻辑的 USB 器件，并能修改和更新这些应用，附图 3.30 是该芯片的原理图。

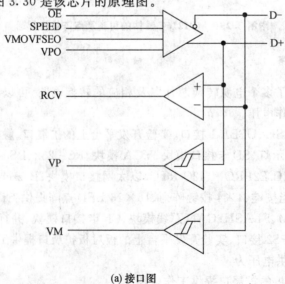

(a) 接口图

附图 3.30　USB1T11AM 芯片电原理图接口图

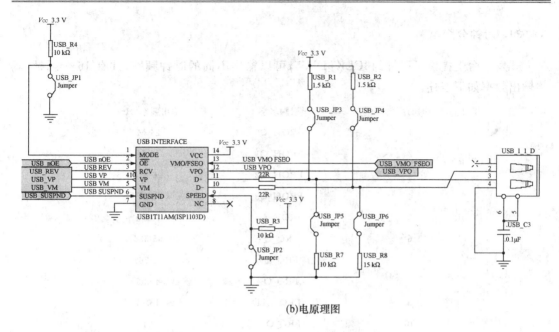

(b)电原理图

附图 3.30　USB1T11AM 芯片电原理图接口图(续)

30. 配置芯片与下载线接口模块

开发平台上提供 1 个 USB Blaster 下载线接口和 4 个 JTAG 下载接口,如附表 3.2 所列。

附表 3.2　接口名称及使用方法

接　口	使用方法
USB Blaster 接口	可通过 MODEL_SEL 的第 5 位~第 8 位这四个拨码开关进行选择。当四个开关全部拨下处于"ON"时,采用 USB Blaster 接口下载。当全部拨下处于"OFF"时,采用开发平台 LAB_JTAG_PS_AS 接口下载或者核心板上 JTAG 接口下载
LAB_JTAG_PS_AS 接口	此方式必须把核心板插在实验仪上才可以使用
XC_PC_IV 接口	此方式必须把核心板插在实验仪上才可以使用,支持核心板上 Xilinx 公司的 FPGA 芯片或 CPLD 芯片
XC_JTAG 接口	提供 XC95288XL 芯片的下载配置接口。由于预配置对整个开发平台的硬件管理程序,所以一般不建议用户使用,以免造成不必要的损害
JTAG_PORT 接口	提供 EPM7064AE 芯片的下载配置接口,同样也不建议用户使用

开发平台上提供两块 CPLD 配置控制器件来对相应的功能模块进行管理配置,其中一片采用 Xilinx 公司的 XC95288XL 芯片,用来对整个开发平台的各种模块进行管理配置;另一片采用 Altera 公司的 EPM7064AE 芯片,只负责 USB BLASTER 下载电路的控制。

31. 时钟分频电路

开发平台上提供了引针组"CLK_DIV",可以输出不同的时钟频率,共有 16 个插针,具体输出频率如下表述。

引脚序号	引脚名字	输出频率(Hz)
1	FRQH_Q0	24 M
2	FRQH_Q1	12 M
3	FRQH_Q2	6 M
4	FRQH_Q3	3 M
5	FRQH_Q5	750 k
6	FRQ_Q5	65 536
7	FRQ_Q6	32 768
8	FRQ_Q9	4 096
9	FRQ_Q11	1 024
10	FRQ_Q15	64
11	FRQ_Q18	8
12	FRQ_Q20	2
13	FRQ_Q21	1
14	FRQ_Q23	0.25
15	FRQHH_Q0	25 M(或 50 M)
16	FRQHH_Q1	12.5 M(或 25 M)

32. GX – SOC/SOPC – EP2C35 – M672 核心板与 GX – SOC/SOPC – DEV – LAB Platform 开发平台相匹配的总体资源分配表

附表 3.3 是开发平台上使用的 GX – SOC/SOPC – EP2C35 – M672 核心板的引脚与 GX – SOC/SOPC 开发平台上的部分功能模块的引脚总体对应情况,有了这个表,用户就可方便地用设计软件对所设计的模块进行引脚分配。

附表 3.3 两核心板的引脚对应

BANK 对应引脚序号	芯片上功能描述	引脚名	开发平台功能描述
1	user LED0	AC10	LED0
2	user LED1	W11	LED1
3	user LED2	W12	LED2
4	user LED3	AE8	LED3
5	user LED4	AF8	LED4
6	user LED5	AE7	LED5
7	user LED6	AF7	LED6

续附表 3.3

BANK 对应引脚序号	芯片上功能描述	引脚名	开发平台功能描述
8	user LED7	AA11	LED7
9	user PB0	Y11	F1
10	user PB1	AA10	F2
11	user PB2	AB10	F3
12	user PB3	AE6	F4
13	PROTO4 IO0	F6	SW1A
14	PROTO4 IO1	A21	SW2A
15	PROTO4 IO2	B21	SW3A
16	PROTO4 IO3	B22	SW4A
17	serial DSR	H19	DSR COM1
18	serial DTR	H21	DTR COM1
19	serial CTS	L23	CTS COM1
20	serial RTS	AC15	RTS COM1
21	serial DCD	K22	DCD COM1
22	serial TXD	J22	TXD COM1
23	serial RXD	AB15	RXD COM1
24	serial CTS	L23	RI COM1
25	PROTO4 IO4	A22	TXD COM2
26	PROTO4 IO5	A23	RXD COM2
27	PROTO4 IO6	B23	RTS COM2
28	PROTO4 IO7	D21	CTS COM2
29	hex 0A	AE13	HEX 1A
30	hex 0B	AF13	HEX 1B
31	hex 0C	AD12	HEX 1C
32	hex 0D	AE12	HEX 1D
33	hex 0E	AA12	HEX 1E
34	hex 0F	Y12	HEX 1F
35	hex 0G	V11	HEX 1G
36	hex 0DP	U12	HEX 1DP
37	hex 1A	V14	HEX 2A
38	hex 1B	V13	HEX 2B
39	hex 1C	AD11	HEX 2C
40	hex 1D	AE11	HEX 2D
41	hex 1E	AE10	HEX 2E
42	hex 1F	AF10	HEX 2F
43	hex 1G	AD10	HEX 2G

续附表 3.3

BANK 对应引脚序号	芯片上功能描述	引脚名	开发平台功能描述
44	hex 1DP	AC11	HEX 2DP
45	PROTO4 IO8	C21	KBDATA
46	PROTO4 IO9	C22	KBCLOCK
47	PROTO4 IO10	C23	LCD123 nC D
48	PROTO5 IO0	E22	LCD13 RD nWE
49	PROTO5 IO1	D23	LCD1 ES
50	PROTO6 IO23	AB12	RS-485 422 H nF
51	PROTO5 IO2	G21	Q0
52	PROTO5 IO3	E23	Q1
53	PROTO5 IO4	E24	Q2
54	PROTO5 IO5	B24	Q3
55	PROTO5 IO6	B25	Q4
56	PROTO5 IO7	V21	Q5
57	PROTO5 IO8	V20	Q6
58	PROTO5 IO9	AE15	Q7
59	PROTO5 IO10	AD15	I2C E2P SCL
60	PROTO5 IO11	AC14	I2C E2P SDA
61	PROTO2 IO0	AE24	I2C RTC SCL
62	PROTO2 IO1	T21	I2C RTC SDA
63	PROTO2 IO2	V22	F5
64	PROTO2 IO3	AF23	F6
65	PROTO2 IO4	AE23	F7
66	PROTO2 IO5	AC22	F8
67	PROTO2 IO6	AB21	LED1 HEX0
68	PROTO2 IO7	AD23	LED1 HEX1
69	PROTO2 IO8	AD22	LED1 HEX2
70	PROTO2 IO9	AC21	LED1 HEX3
71	PROTO2 IO10	AD21	LED2 HEX0
72	PROTO2 IO11	AF22	LED2 HEX1
73	PROTO2 IO12	AE22	LED2 HEX2
74	PROTO2 IO13	V18	LED2 HEX3
75	PROTO2 IO14	W19	LED3 HEX0
76	PROTO2 IO15	U17	LED3 HEX1
77	PROTO2 IO16	U18	LED3 HEX2
78	PROTO2 IO17	AF21	LED3 HEX3
79	PROTO2 IO18	AE21	LED4 HEX0

续附表 3.3

BANK 对应引脚序号	芯片上功能描述	引脚名	开发平台功能描述
80	PROTO2 IO19	AB20	LED4 HEX1
81	PROTO2 IO20	AC20	LED4 HEX2
82	PROTO2 IO21	AF20	LED4 HEX3
83	PROTO2 IO22	AE20	LED5 HEX0
84	PROTO2 IO23	AD19	LED5 HEX1
85	PROTO2 IO24	AC19	LED5 HEX2
86	PROTO2 IO25	AA17	LED5 HEX3
87	PROTO2 IO26	AA18	LED6 HEX0
88	PROTO2 IO27	W17	LED6 HEX1
89	PROTO2 IO28	V17	LED6 HEX2
90	PROTO2 IO29	AB18	LED6 HEX3
91	PROTO1 IO0	E25	FPGA BUS0
92	PROTO1 IO1	F24	FPGA BUS1
93	PROTO1 IO2	F23	FPGA BUS2
94	PROTO1 IO3	J21	FPGA BUS3
95	PROTO1 IO4	J20	FPGA BUS4
96	PROTO1 IO5	F25	FPGA BUS5
97	PROTO1 IO6	F26	FPGA BUS6
98	PROTO1 IO7	N18	FPGA BUS7
99	PROTO1 IO8	P18	FPGA BUS8
100	PROTO1 IO9	G23	FPGA BUS9
101	PROTO1 IO10	G24	FPGA BUS10
102	PROTO1 IO11	G25	FPGA BUS11
103	PROTO1 IO12	G26	FPGA BUS12
104	PROTO1 IO13	H23	FPGA BUS13
105	PROTO1 IO14	H24	FPGA BUS14
106	PROTO1 IO15	J23	FPGA BUS15
107	PROTO1 IO16	J24	FPGA BUS16
108	PROTO1 IO17	H25	FPGA BUS17
109	PROTO1 IO18	H26	FPGA BUS18
110	PROTO1 IO19	K18	FPGA BUS19
111	PROTO1 IO20	K19	FPGA BUS20
112	PROTO1 IO21	K23	FPGA BUS21
113	PROTO1 IO22	K24	FPGA BUS22
114	PROTO1 IO23	J25	FPGA BUS23
115	PROTO1 IO24	J26	FPGA BUS24

续附表 3.3

BANK 对应引脚序号	芯片上功能描述	引脚名	开发平台功能描述
116	PROTO1 IO25	M21	FPGA BUS25
117	PROTO1 IO26	T23	FPGA BUS26
118	PROTO1 IO27	R17	FPGA BUS27
119	PROTO1 IO28	P17	FPGA BUS28
120	PROTO1 IO29	T18	FPGA BUS29
121	PROTO1 IO30	T17	FPGA BUS30
122	PROTO1 IO31	U26	FPGA BUS31
123	PROTO1 IO32	R19	FPGA BUS32
124	PROTO1 IO33	T19	FPGA BUS33
125	PROTO1 IO34	U20	FPGA BUS34
126	PROTO1 IO35	U21	FPGA BUS35
127	PROTO1 IO36	V26	FPGA BUS36
128	PROTO1 IO37	V25	FPGA BUS37
129	PROTO1 IO38	V24	FPGA BUS38
130	PROTO1 IO39	V23	FPGA BUS39
131	PROTO1 IO40	Y22	FPGA BUS40
132	PROTO2 IO32	AE19	FPGA BUS41
133	PROTO2 IO33	AF18	FPGA BUS42
134	PROTO2 IO34	AE18	FPGA BUS43
135	PROTO2 IO35	AA16	FPGA BUS44
136	PROTO2 IO36	Y16	FPGA BUS45
137	PROTO2 IO37	AC17	FPGA BUS46
138	PROTO2 IO38	AD17	FPGA BUS47
139	PROTO2 IO39	AF17	FPGA BUS48
140	PROTO2 IO40	AE17	FPGA BUS49
141	PROTO6 IO0	AE9	PROTOB IO0
142	PROTO6 IO1	AF9	PROTOB IO1
143	————	——	PROTOB IO2
144	PROTO6 IO2	AC9	PROTOB IO3
145	PROTO6 IO3	AF6	PROTOB IO4
146	PROTO6 IO4	AC8	PROTOB IO5
147	PROTO6 IO5	AD8	PROTOB IO6
148	PROTO6 IO6	W10	PROTOB IO7
149	PROTO6 IO7	Y10	PROTOB IO8
150	PROTO6 IO8	V10	PROTOB IO9
151	PROTO6 IO9	V9	PROTOB IO10

续附表 3.3

BANK 对应引脚序号	芯片上功能描述	引脚名	开发平台功能描述
152	PROTO6 IO10	AD6	PROTOB IO11
153	PROTO6 IO11	AD7	PROTOB IO12
154	PROTO6 IO12	AE5	PROTOB IO13
155	PROTO6 IO13	AF5	PROTOB IO14
156	PROTO6 IO14	AD4	PROTOB IO15
157	PROTO6 IO15	AD5	PROTOB IO16
158	PROTO6 IO16	AC5	PROTOB IO17
159	PROTO6 IO17	AC6	PROTOB IO18
160	PROTO6 IO18	AF4	PROTOB IO19
161	PROTO6 IO19	AE4	PROTOB IO20
162	PROTO6 IO20	W8	PROTOB IO21
163	PROTO6 IO21	AB8	PROTOB IO22
164	PROTO6 IO22	AA9	PROTOB IO23
165	PROTO2 IO30	AC18	PROTOB IO24
166	PROTO2 IO31	AF19	PROTOB IO25
167	PROTO2 IO32	AE19	PROTOB IO26
168	PROTO2 IO33	AF18	PROTOB IO27
169	PROTO2 IO34	AE18	PROTOB IO28
170	PROTO2 IO35	AA16	PROTOB IO29
171	PROTO2 IO36	Y16	PROTOB IO30
172	PROTO2 IO37	AC17	PROTOB IO31
173	PROTO2 IO38	AD17	PROTOB IO32
174	PROTO2 IO39	AF17	PROTOB IO33
175	PROTO2 IO40	AE17	PROTOB IO34
176	————	———	PROTOB IO35
177	————	———	PROTOB IO36
178	————	———	PROTOB IO37
179	————	———	PROTOB IO38
180	————	———	PROTOB IO39
181	————	———	PROTOB IO40
182	PROTO2_cardsel_n	AA20	CARDSELB n
183	OSCB		OSCB
184	CLKB_IN		CLKB IN
185	PROTO2 CLKOUT	AF14	PROTO2 CLKOUT
186	PROTO1 IO0	E25	PROTOA IO0
187	PROTO1 IO1	F24	PROTOA IO1

续附表 3.3

BANK 对应引脚序号	芯片上功能描述	引脚名	开发平台功能描述
188	PROTO1 IO2	F23	PROTOA IO2
189	PROTO1 IO3	J21	PROTOA IO3
190	PROTO1 IO4	J20	PROTOA IO4
191	PROTO1 IO5	F25	PROTOA IO5
192	PROTO1 IO6	F26	PROTOA IO6
193	PROTO1 IO7	N18	PROTOA IO7
194	PROTO1 IO8	P18	PROTOA IO8
195	PROTO1 IO9	G23	PROTOA IO9
196	PROTO1 IO10	G24	PROTOA IO10
197	PROTO1 IO11	G25	PROTOA IO11
198	PROTO1 IO12	G26	PROTOA IO12
199	PROTO1 IO13	H23	PROTOA IO13
200	PROTO1 IO14	H24	PROTOA IO14
201	PROTO1 IO15	J23	PROTOA IO15
202	PROTO1 IO16	J24	PROTOA IO16
203	PROTO1 IO17	H25	PROTOA IO17
204	PROTO1 IO18	H26	PROTOA IO18
205	PROTO1 IO19	K18	PROTOA IO19
206	PROTO1 IO20	K19	PROTOA IO20
207	PROTO1 IO21	K23	PROTOA IO21
208	PROTO1 IO22	K24	PROTOA IO22
209	PROTO1 IO23	J25	PROTOA IO23
210	PROTO1 IO24	J26	PROTOA IO24
211	PROTO1 IO25	M21	PROTOA IO25
212	PROTO1 IO26	T23	PROTOA IO26
213	PROTO1 IO27	R17	PROTOA IO27
214	PROTO1 IO28	P17	PROTOA IO28
215	PROTO1 IO29	T18	PROTOA IO29
216	PROTO1 IO30	T17	PROTOA IO30
217	PROTO1 IO31	U26	PROTOA IO31
218	PROTO1 IO32	R19	PROTOA IO32
219	PROTO1 IO33	T19	PROTOA IO33
220	PROTO1 IO34	U20	PROTOA IO34
221	PROTO1 IO35	U21	PROTOA IO35
222	PROTO1 IO36	V26	PROTOA IO36
223	PROTO1 IO37	V25	PROTOA IO37

续附表 3.3

BANK 对应引脚序号	芯片上功能描述	引脚名	开发平台功能描述
224	PROTO1_IO38	V24	PROTOA IO38
225	PROTO1_IO39	V23	PROTOA IO39
226	PROTO1_IO40	Y22	PROTOA IO40
227	cf_POWER	AD16	CF POWERA
228	cf_ATASEL_n	AE16	CF ATASELA_n
229	cf_PRESENT_n	W15	CF PRESENTA_n
230	cf_CS_n	W16	CF CSA_n
231	PROTO1_cardsel_n	K21	CARDSELA_n
232	pmc_AD0	L20	PMC AD0
233	pmc_AD1	L21	PMC AD1
234	pmc_AD2	L24	PMC AD2
235	pmc_AD3	L25	PMC AD3
236	pmc_AD4	M19	PMC AD4
237	pmc_AD5	M22	PMC AD5
238	pmc_AD6	M23	PMC AD6
239	pmc_AD7	R24	PMC AD7
240	pmc_AD8	U22	PMC AD8
241	pmc_AD9	U25	PMC AD9
242	pmc_AD10	W21	PMC AD10
243	pmc_AD11	W23	PMC AD11
244	pmc_AD12	W24	PMC AD12
245	pmc_AD13	W25	PMC AD13
246	pmc_AD14	Y21	PMC AD14
247	pmc_AD15	Y23	PMC AD15
248	pmc_AD16	Y24	PMC AD16
249	pmc_AD17	Y25	PMC AD17
250	pmc_AD18	Y26	PMC AD18
251	pmc_AD19	AA23	PMC AD19
252	pmc_AD20	AA24	PMC AD20
253	pmc_AD21	AA25	PMC AD21
254	pmc_AD22	AA26	PMC AD22
255	pmc_AD23	AB23	PMC AD23
256	pmc_AD24	AB24	PMC AD24
257	pmc_AD25	AB25	PMC AD25
258	pmc_AD26	AB26	PMC AD26
259	pmc_AD27	AC23	PMC AD27

续附表 3.3

BANK 对应引脚序号	芯片上功能描述	引脚名	开发平台功能描述
260	pmc_AD28	AC25	PMC AD28
261	pmc_AD29	AC26	PMC AD29
262	pmc_AD30	AD24	PMC AD30
263	pmc_AD31	AD25	PMC AD31
264	pmc_BE_n0	R20	PMC BE n0
265	pmc_BE_n1	T22	PMC BE n1
266	pmc_BE_n2	T24	PMC BE n2
267	pmc_BE_n3	T25	PMC BE n3
268	pmc_GNT_n	M24	PMC GNT n
269	pmc_STOP_n	P24	PMC STOP n
270	pmc_SERR_n	U23	PMC SERR n
271	pmc_M66EN	K25	PMC M66EN
272	pmc_IRDY_n	P23	PMC IRDY n
273	pmc_LOCK_n	K26	PMC LOCK n
274	pmc_FRAME_n	N24	PMC FRAME n
275	pmc_DEVSEL_n	R25	PMC DEVSEL n
276	pmc_PAR	T20	PMC PAR
277	pmc_CLK	W26	PMC CLK
278	pmc_RESET_n	G22	PMC RESET
279	pmc_IDSEL	M25	PMC IDSEL
280	pmc_TRDY_n	N23	PMC TRDY n
281	pmc_PERR_n	U24	PMC PERR n
282	pmc_INTA_n	M20	PMC INTA n
283	pmc_INTB_n	Y14	PMC INTB n
284	pmc_INTC_n	AA13	PMC INTC n
285	pmc_INTD_n	Y13	PMC INTD n
286	pmc_REQ_n	N20	PMC REQ

表中注意：

(1) "——————————，—————"表示芯片与开发实验平台没有连接分配。

(2) LED1 HEX0 ——LED6 HEX3 是受开发平台上的 XILINX 控制芯片管理；PMC 系列的功能是 Cyclone Ⅱ 独有的。

(3) 开发平台功能 PROTOA IO0－PROTOA IO40 分别对应实验平台扩展模块 I/O EXT_B_A1、I/O EXT_B_A2 和 I/O EXT_B_A3；开发平台功能 PROTOB IO0－PROTOB IO40 分别对应实验平台扩展模块 I/O EXT_B_B1、I/O EXT_B_B2 和 I/O EXT_B_B3。

以上介绍了整个开发平台的各个模块的大致情况和原理功能，以及引脚分配的总体情况。在此基础上，可以通过控制 FPGA BUS 的数据来源，分出了 7 个功能模块组。这 7 个功能模块组包含了整个开发平台上大部分功能模块,由 MODUL_SEL 的第 1 位到第 3 位三个拨码开关,通过 3 位二进制码的形式来选择需要使用的功能模块组,剩下还有一个状态为自定义的 50 路总线信号与核心板断开连接选择状态,即 MODUL_SEL 的第 1 位到第 3 位三个拨码开关全为 OFF 状态。

下面对每个模块组包含的功能以及对应的 FPGA 引脚使用逐一介绍。

模块一:6 个共阴数码显示管/串行 ADC 和 DAC/VGA 模块/8 个 LED/LCD/红外串行接口/SRAM。

当三个拨码开关处于"000",即 MODEL_SEL1、MODEL_SEL2 和 MODEL_SEL3 全部拨下处于"ON"状态时,选择本模块。BUS 和 FPGA 引脚对应如附表 3.4 所列。

附表 3.4 BUS 与 FPGA 引脚及模块功能

BUS 引脚序号	FPGA 引脚名	对应模块功能	BUS 引脚序号	FPGA 引脚名	对应模块功能
BUS0	E25	HEXC_A	BUS25	M21	KEYF_ROW1
BUS1	F24	HEXC_B	BUS26	T23	KEYF_ROW2
BUS2	F23	HEXC_C	BUS27	R17	KEYF_ROW3
BUS3	J21	HEXC_D	BUS28	P17	VGA_HS
BUS4	J20	HEXC_E	BUS29	T18	VGA_VS
BUS5	F25	HEXC_F	BUS30	T17	VGA_RED
BUS6	F26	HEXC_G	BUS31	U26	VGA_GREEN
BUS7	N18	HEXC_DP	BUS32	R19	LED9
BUS8	P18	HEXC_BIT1	BUS33	T19	LED10
BUS9	G23	HEXC_BIT2	BUS34	U20	LED11
BUS10	G24	HEXC_BIT3	BUS35	U21	LED12
BUS11	G25	HEXC_BIT4	BUS36	V26	LED13
BUS12	G26	HEXC_BIT5	BUS37	V25	LED14
BUS13	H23	HEXC_BIT6	BUS38	V24	LED15
BUS14	H24	SPI_ADC_nCS	BUS39	V23	LED16
BUS15	J23	SPI_ADC_SCLK	BUS40	Y22	LCD3_ES
BUS16	J24	SPI_ADC_SDATA	BUS41	AE19	IRDA_MODE
BUS17	H25	SPI_DAC_DIN	BUS42	AF18	VGA_BLUE
BUS18	H26	SPI_DAC_SCLK	BUS43	AE18	F10
BUS19	K18	SPI_DAC_nSYNC	BUS44	AA16	SW5A
BUS20	K19	KEYF_COL0	BUS45	Y16	LCD2_FS
BUS21	K23	KEYF_COL1	BUS46	AC17	LCD23_nCE
BUS22	K24	KEYF_COL2	BUS47	AD17	nWR
BUS23	J25	KEYF_COL3	BUS48	AF17	nRD
BUS24	J26	KEYF_ROW0	BUS49	AE17	F9

模块二:并行 ADC 和 DAC/LCD/FLASH/SRAM/Buzzer/4 个独立 7 段显示的共阳数

码管/红外串行接口。

当三个拨码开关处于"001",即 MODEL_SEL1 拨下处于"OFF"状态,MODEL_SEL2 和 MODEL_SEL3 拨下处于"ON"时,选择本模块。BUS 引脚和 FPGA 引脚对应模块功能如表 3.5 所列。

附表 3.5　BUS 与 FPGA 引脚及模块功能

BUS引脚序号	FPGA引脚名	对应模块功能	BUS引脚序号	FPGA引脚名	对应模块功能
BUS0	E25	nWR	BUS25	M21	MA15
BUS1	F24	nRD	BUS26	T23	MA16
BUS2	F23	PAR_ADC_nOE	BUS27	R17	MA17
BUS3	J21	PAR_DAC_nA_B	BUS28	P17	BUZZER
BUS4	J20	PAR_DAC_nCS	BUS29	T18	SRAM_8BIT_nCE
BUS5	F25	LCD23_nCE	BUS30	T17	HEX_3A
BUS6	F26	LCD3_ES	BUS31	U26	HEX_3B
BUS7	N18	LCD2_FS	BUS32	R19	HEX_3C
BUS8	P18	FLASH_8BIT_nCE	BUS33	T19	HEX_3D
BUS9	G23	PAR_ADC_CLK	BUS34	U20	HEX_3E
BUS10	G24	MA0	BUS35	U21	HEX_3F
BUS11	G25	MA1	BUS36	V26	HEX_3G
BUS12	G26	MA2	BUS37	V25	HEX_3DP
BUS13	H23	MA3	BUS38	V24	HEX_4A
BUS14	H24	MA4	BUS39	V23	HEX_4B
BUS15	J23	MA5	BUS40	Y22	HEX_4C
BUS16	J24	MA6	BUS41	AE19	HEX_4D
BUS17	H25	MA7	BUS42	AF18	HEX_4E
BUS18	H26	MA8	BUS43	AE18	HEX_4F
BUS19	K18	MA9	BUS44	AA16	HEX_4G
BUS20	K19	MA10	BUS45	Y16	HEX_4DP
BUS21	K23	MA11	BUS46	AC17	HEX_1DP
BUS22	K24	MA12	BUS47	AD17	HEX_2DP
BUS23	J25	MA13	BUS48	AF17	IRDA_MODE
BUS24	J26	MA14	BUS49	AE17	F9

模块三:16×16 LED 点阵/8 个 LED 显示灯/PS2 鼠标或键盘接口模块/CAN 总线通信模块/USB Blaster 模块。

当三个拨码开关处于"010",即 MODEL_SEL2 拨下处于"OFF"状态,MODEL_SEL1 和 MODEL_SEL3 拨下处于"ON"时,选择本模块。附表 3.6 所列为 BUS 和 FPGA 引脚对应和对应模块功能。

附表 3.6 BUS 和 FPGA 引脚对应及对应模块功能

BUS 引脚序号	FPGA 引脚名	对应模块功能	BUS 引脚序号	FPGA 引脚名	对应模块功能
BUS0	E25	DM_COL1	BUS25	M21	DM_ROW10
BUS1	F24	DM_COL2	BUS26	T23	DM_ROW11
BUS2	F23	DM_COL3	BUS27	R17	DM_ROW12
BUS3	J21	DM_COL4	BUS28	P17	DM_ROW13
BUS4	J20	DM_COL5	BUS29	T18	DM_ROW14
BUS5	F25	DM_COL6	BUS30	T17	DM_ROW15
BUS6	F26	DM_COL7	BUS31	U26	DM_ROW16
BUS7	N18	DM_COL8	BUS32	R19	LED8
BUS8	P18	DM_COL9	BUS33	T19	LED9
BUS9	G23	DM_COL10	BUS34	U20	LED10
BUS10	G24	DM_COL11	BUS35	U21	LED11
BUS11	G25	DM_COL12	BUS36	V26	LED12
BUS12	G26	DM_COL13	BUS37	V25	LED13
BUS13	H23	DM_COL14	BUS38	V24	LED14
BUS14	H24	DM_COL15	BUS39	V23	LED15
BUS15	J23	DM_COL16	BUS40	Y22	CAN_TXD
BUS16	J24	DM_ROW1	BUS41	AE19	CAN_RXD
BUS17	H25	DM_ROW2	BUS42	AF18	MOUSEDATA
BUS18	H26	DM_ROW3	BUS43	AE18	MOUSECLOCK
BUS19	K18	DM_ROW4	BUS44	AA16	SW5
BUS20	K19	DM_ROW5	BUS45	Y16	epm CPLD0
BUS21	K23	DM_ROW6	BUS46	AC17	epm CPLD1
BUS22	K24	DM_ROW7	BUS47	AD17	epm CPLD2
BUS23	J25	DM_ROW8	BUS48	AF17	epm CPLD3
BUS24	J26	DM_ROW9	BUS49	AE17	epm CPLD4

模块四：触摸屏/TFT 彩色液晶屏/3×4 按键阵列/4×4 按键阵列/PS2 鼠标或键盘接口/USB 接口/Audio 接口模块。

当三个拨码开关处于"011"，即 MODEL_SEL1 和 MODEL_SEL2 拨下处于"OFF"状态，MODEL_SEL3 拨下处于"ON"时，选择该模块。附表 3.7 所列为 BUS 引脚和 FPGA 引脚的对应，及对应模块功能。

附表 3.7 BUS 与 FPGA 引脚对应及模块功能

BUS 引脚序号	FPGA 引脚名	对应模块功能	BUS 引脚序号	FPGA 引脚名	对应模块功能
BUS0	E25	TOUCH_DCLK	BUS25	M21	TFT_B3
BUS1	F24	TOUCH_CS_N	BUS26	T23	TFT_B4

续附表 3.7

BUS引脚序号	FPGA引脚名	对应模块功能	BUS引脚序号	FPGA引脚名	对应模块功能
BUS2	F23	TOUCH_DIN	BUS27	R17	TFT_B5
BUS3	J21	TOUCH_DOUT	BUS28	P17	TFT_DPSH
BUS4	J20	TOUCH_IRQ	BUS29	T18	TFT_EN
BUS5	F25	TOUCH_BUSY	BUS30	T17	KEYF_COL0
BUS6	F26	TFT_VS	BUS31	U26	KEYF_COL1
BUS7	N18	TFT_HS	BUS32	R19	KEYF_COL2
BUS8	P18	——	BUS33	T19	KEYF_COL3
BUS9	G23	TFT_CLK	BUS34	U20	KEYF_ROW0
BUS10	G24	TFT_R0	BUS35	U21	KEYF_ROW1
BUS11	G25	TFT_R1	BUS36	V26	KEYF_ROW2
BUS12	G26	TFT_R2	BUS37	V25	KEYF_ROW3
BUS13	H23	TFT_R3	BUS38	V24	MOUSEDATA
BUS14	H24	TFT_R4	BUS39	V23	MOUSECLOCK
BUS15	J23	TFT_R5	BUS40	Y22	USB_nOE
BUS16	J24	TFT_G0	BUS41	AE19	USB_SUSPND
BUS17	H25	TFT_G1	BUS42	AF18	USB_VPO
BUS18	H26	TFT_G2	BUS43	AE18	USB_VMO_FSEO
BUS19	K18	TFT_G3	BUS44	AA16	USB_REV
BUS20	K19	TFT_G4	BUS45	Y16	USB_VP
BUS21	K23	TFT_G5	BUS46	AC17	USB_VM
BUS22	K24	TFT_B0	BUS47	AD17	AUDIO_BCK
BUS23	J25	TFT_B1	BUS48	AF17	AUDIO_WS
BUS24	J26	TFT_B2	BUS49	AE17	AUDIO_DATA

模块五：CF卡接口模块。

当三个拨码开关处于"100"，即 MODEL_SEL3 拨下处于"OFF"状态，MODEL_SEL1 和 MODEL_SEL2 拨下处于"ON"时，选择该模块。附表 3.8 所列为 BUS 与 FPGA 引脚对应和对应模块功能。

附表 3.8　BUS 与 FPGA 引脚对应及模块功能

BUS引脚序号	FPGA引脚名	对应模块功能	BUS引脚序号	FPGA引脚名	对应模块功能
BUS0	E25	PROTOA_IO0	BUS25	M21	PROTOA_IO25
BUS1	F24	PROTOA_IO1	BUS26	T23	PROTOA_IO26
BUS2	F23	PROTOA_IO2	BUS27	R17	PROTOA_IO27
BUS3	J21	PROTOA_IO3	BUS28	P17	PROTOA_IO28
BUS4	J20	PROTOA_IO4	BUS29	T18	PROTOA_IO29
BUS5	F25	PROTOA_IO5	BUS30	T17	PROTOA_IO30

续附表 3.8

BUS 引脚序号	FPGA 引脚名	对应模块功能	BUS 引脚序号	FPGA 引脚名	对应模块功能
BUS6	F26	PROTOA_IO6	BUS31	U26	PROTOA_IO31
BUS7	N18	PROTOA_IO7	BUS32	R19	PROTOA_IO32
BUS8	P18	PROTOA_IO8	BUS33	T19	PROTOA_IO33
BUS9	G23	PROTOA_IO9	BUS34	U20	PROTOA_IO34
BUS10	G24	PROTOA_IO10	BUS35	U21	PROTOA_IO35
BUS11	G25	PROTOA_IO11	BUS36	V26	PROTOA_IO36
BUS12	G26	PROTOA_IO12	BUS37	V25	PROTOA_IO37
BUS13	H23	PROTOA_IO13	BUS38	V24	PROTOA_IO38
BUS14	H24	PROTOA_IO14	BUS39	V23	PROTOA_IO39
BUS15	J23	PROTOA_IO15	BUS40	Y22	PROTOA_IO40
BUS16	J24	PROTOA_IO16	BUS41	AE19	CF_POWERA
BUS17	H25	PROTOA_IO17	BUS42	AF18	CF_ATASELA_n
BUS18	H26	PROTOA_IO18	BUS43	AE18	CF_PRESENTA_n
BUS19	K18	PROTOA_IO19	BUS44	AA16	CF_CSA_n
BUS20	K19	PROTOA_IO20	BUS45	Y16	CLKOUTA
BUS21	K23	PROTOA_IO21	BUS46	AC17	CARDSELA_n
BUS22	K24	PROTOA_IO22	BUS47	AD17	OSCA
BUS23	J25	PROTOA_IO23	BUS48	AF17	CLKA_IN
BUS24	J26	PROTOA_IO24	BUS49	AE17	F9

模块六：以太网接口模块/SRAM/LCD/Audio 接口模块/2 个 LED 显示灯/CAN 总线通信模块/串行 ADC 和 DAC/红外串口通信模块/USB Blaster 模块。

当三个拨码开关处于"101"，即 MODEL_SEL1 和 MODEL_SEL3 拨下处于"OFF"状态，MODEL_SEL2 拨下处于"ON"时，选择该模块。附表 3.9 所列为 BUS 和 FPGA 引脚对应和模块功能。

附表 3.9 BUS 与 FPGA 引脚对应和模块功能

BUS 引脚序号	FPGA 引脚名	对应模块功能	BUS 引脚序号	FPGA 引脚名	对应模块功能
BUS0	E25	ETH_TXD0	BUS25	M21	ETH_A4
BUS1	F24	ETH_TXD1	BUS26	T23	nRD
BUS2	F23	ETH_TXD2	BUS27	R17	nWR
BUS3	J21	ETH_TXD3	BUS28	P17	LCD3_ES
BUS4	J20	COL	BUS29	T18	AUDIO_DATA
BUS5	F25	CRS	BUS30	T17	AUDIO_WS
BUS6	F26	TX_EN	BUS31	U26	AUDIO_BCK
BUS7	N18	TX_CLK	BUS32	R19	LED9
BUS8	P18	TX_ER	BUS33	T19	LED10

续附表 3.9

BUS 引脚序号	FPGA 引脚名	对应模块功能	BUS 引脚序号	FPGA 引脚名	对应模块功能
BUS9	G23	RX_ER	BUS34	U20	IRDA_MODE
BUS10	G24	RX_CLK	BUS35	U21	CAN_TXD
BUS11	G25	RX_DV	BUS36	V26	CAN_RXD
BUS12	G26	ETH_RXD0	BUS37	V25	SPI_ADC_nCS
BUS13	H23	ETH_RXD1	BUS38	V24	SPI_ADC_SCLK
BUS14	H24	ETH_RXD2	BUS39	V23	SPI_ADC_SDATA
BUS15	J23	ETH_RXD3	BUS40	Y22	SPI_DAC_DIN
BUS16	J24	MDC	BUS41	AE19	SPI_DAC_SCLK
BUS17	H25	MDIO	BUS42	AF18	SPI_DAC_nSYNC
BUS18	H26	ETH_RESET_n	BUS43	AE18	LCD23_nCE
BUS19	K18	TXSLEW0	BUS44	AA16	LCD2_FS
BUS20	K19	TXSLEW1	BUS45	Y16	epm CPLD0
BUS21	K23	ETH_A0	BUS46	AC17	epm CPLD1
BUS22	K24	ETH_A1	BUS47	AD17	epm CPLD2
BUS23	J25	ETH_A2	BUS48	AF17	epm CPLD3
BUS24	J26	ETH_A3	BUS49	AE17	epm CPLD4

模块七：4 个十六进制信号发生器按键/USB 接口模块/串行 ADC 和 DAC/LCD/Buzzer/SRAM/Audio 模块/红外串口通信模块/CAN 总线通信模块/并行 ADC 和 DAC/SD 卡接口模块。

当三个拨码开关处于"110"，即 MODEL_SEL2 和 MODEL_SEL3 拨下处于"OFF"状态，MODEL_SEL1 拨下处于"ON"时，选择该模块。附表 3.10 所列为 BUS 和 FPGA 引脚对应和模块功能。

附表 3.10 BUS 和 FPGA 引脚对应和模块功能

BUS 引脚序号	FPGA 引脚名	对应模块功能	BUS 引脚序号	FPGA 引脚名	对应模块功能
BUS0	E25	F1_HEX0	BUS25	M21	LCD23_nCE
BUS1	F24	F1_HEX1	BUS26	T23	LCD3_ES
BUS2	F23	F1_HEX2	BUS27	R17	LCD2_FS
BUS3	J21	F1_HEX3	BUS28	P17	BUZZER
BUS4	J20	F2_HEX0	BUS29	T18	PAR_ADC_CLK
BUS5	F25	F2_HEX1	BUS30	T17	nRD
BUS6	F26	F2_HEX2	BUS31	U26	nWR
BUS7	N18	F2_HEX3	BUS32	R19	AUDIO_BCK
BUS8	P18	F3_HEX0	BUS33	T19	AUDIO_WS
BUS9	G23	F3_HEX1	BUS34	U20	AUDIO_DATA
BUS10	G24	F3_HEX2	BUS35	U21	IRDA_MODE

续附表 3.10

BUS 引脚序号	FPGA 引脚名	对应模块功能	BUS 引脚序号	FPGA 引脚名	对应模块功能
BUS11	G25	F3_HEX3	BUS36	V26	CAN_TXD
BUS12	G26	F4_HEX0	BUS37	V25	CAN_RXD
BUS13	H23	F4_HEX1	BUS38	V24	SPI_ADC_nCS
BUS14	H24	F4_HEX2	BUS39	V23	SPI_ADC_SCLK
BUS15	J23	F4_HEX3	BUS40	Y22	SPI_ADC_SDATA
BUS16	J24	USB_nOE	BUS41	AE19	SPI_DAC_DIN
BUS17	H25	USB_SUSPND	BUS42	AF18	SPI_DAC_SCLK
BUS18	H26	USB_VPO	BUS43	AE18	SPI_DAC_nSYNC
BUS19	K18	USB_REV	BUS44	AA16	USB_VMO_FSEO
BUS20	K19	USB_VP	BUS45	Y16	SPI_SD_DI
BUS21	K23	USB_VM	BUS46	AC17	SPI_SD_CLK
BUS22	K24	PAR_ADC_nOE	BUS47	AD17	SPI_SD_DO
BUS23	J25	PAR_DAC_nA_B	BUS48	AF17	SPI_SD_nCS
BUS24	J26	PAR_DAC_nCS	BUS49	AE17	F9

当三个拨码开关处于"111",即 MODEL_SEL1、MODEL_SEL2 和 MODEL_SEL3 全部拨下处于"OFF"状态时,总线关闭,所有与核心板相连接的 50 路信号相关功能模块组被隔离,只能使用未与总线开关相连的功能模块。

附录 4　GX-SOPC-EP2C35-M672 Cyclone Ⅱ 核心板硬件资源介绍

北京革新科技有限公司的 GX-SOPC-EP2C35-M672 核心板既可作为核心板开发套件,也可与 GX-SOC/SOPC-DEV-LAB Platform 系列创新开发实验平台无缝结合。

附图 4.1 为 GX-SOPC-EP2C35-M672 核心板外围接口模块实物图。

1. 核心板简介

革新公司的 GX-SOPC-EP2C35-M672 核心板采用 Altera Nios Ⅱ 嵌入式处理器和低成本的 Cyclone EP2C35 芯片,该核心板为嵌入式的开发应用提供了理想的设计环境。

这款 Cyclone 系列的 Nios Ⅱ 核心板可以作为一个基于 Cyclone Ⅱ 芯片的嵌入式开发硬件平台使用,其中的 Cyclone EP2C35F672C8 芯片集成了最高达 33 216 个逻辑单元和 473 kb 的片上 RAM。

该核心板用 32 位 Nios Ⅱ 处理器的参考设计进行预配置,硬件设计者可以使用参考设计来了解该核心板的特性,软件设计者可以直接使用核心板上预配置的参考设计进行软件设计。本文档描述了该核心板的包括引脚的详细信息等硬件特性,以便设计者能够使用板上资源进行一般 FPGA 设计。

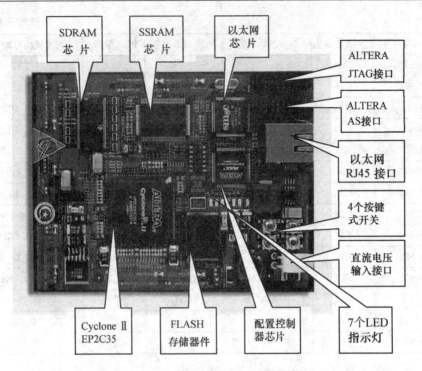

附图 4.1　GX-SOPC-EP2C35-M672 模块外形

附图 4.2 为北京革新科技有限公司的 GX-SOPC-EP2C35-M672 核心板平面图。

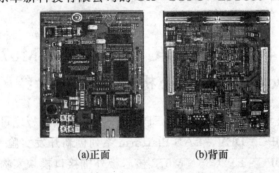

(a)正面　　　(b)背面

附图 4.2　GX-SOPC-EP2C35-M672 核心板平面图

2. 核心板特点

(1) 采用 12 层板工业级标准精心设计；
(2) 采用 Cyclone Ⅱ ™EP2C35F672 器件；
(3) MAX EPM7256 CPLD 配置控制逻辑；
(4) 8 Mb 同步 SRAM，速度为 167 MHz(可选配为 250 MHz)；
(5) 128 Mb DDR SDRAM，速度为 167 MHz；
(6) 128 Mb Flash 闪存；
(7) EPCS16 串行配置器件(16 Mb)(可选配 EPCS64-64 Mb)；
(8) 10/100 以太网物理层/介质访问控制(PHY/MAC)；
(9) 以太网连接器(RJ-45)；

(10) 4个扩展/原型插座(每个都有 100 个可用用户 I/O 引脚、超高速 BTB 插口(速度大于 1 Gb/s)),可选配扩展板或根据用户定制构成各种功能应用的核心板;

(11) 提供可以实现 FPGA 与 CPLD 配置的独立的 1 个 JTAG 接口和 1 个 AS 接口;

(12) 4 个按键式开关;

(13) 7 个 LED 指示灯;

(14) 上电复位电路;

(15) 提供高可靠、高稳定的板级及芯片级电压;

(16) GX–SOPC–EP2C35–M672 Cyclone Ⅱ 版 Nios Ⅱ 核心开发板模块,面向国内外开发型用户,可独立/或用户量身定制底板灵活使用。

3. 核心板方框图

附图 4.3 所示为 GX–SOPC–EP2C35–M672 核心板电路方框图。

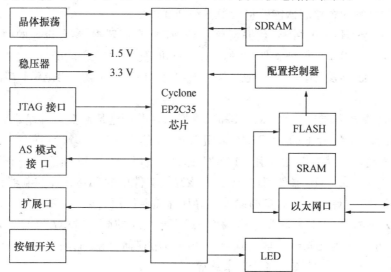

附图 4.3　GX–SOPC–EP2C35–M672 核心板电路方框图

4. 核心板周连器件接口说明

Nios Ⅱ 开发套件的 documents(文档)目录包含完整的 Nios Ⅱ 核心板电路图、物理布局数据库和 GERBER 文件,这里只对 Nios Ⅱ 核心板的组件进行简单介绍,以方便用户使用。

(1) Cyclone EP.2C 35 器件:该器件是 672 脚 FBGA 封装,附表 4.1 为 Cyclone EP2C35 芯片特性。

附表 4.1　Cyclone EP2C35 芯片特性

项　目	数　量
逻辑单元数	33,216
M4K RAM 模块数	105
(128 乘以 36 位)总 RAM 位数	483,840
锁相环(PLL)数	4
最大 I/O 引脚数	475

它带有 18×18 个乘法器，支持高性能的 DSP 应用；带有管理系统时钟的锁相环；可支持 SRAM 和 DRAM 器件的高速外部存储器接口，因此 Cyclone Ⅱ 器件对于大面积的应用提供了低成本的解决方案。

核心板提供两种配置 Cyclone Ⅱ 器件的方法：

① 设计者可以在电脑上使用 Quartus Ⅱ 软件，通过连接到 Cyclone Ⅱ JTAG 接口上的 Altera 下载线，直接配置 Cyclone Ⅱ 器件。

② 当核心板上电后，配置控制器件就会用存储在 FLASH 中的硬件配置数据来对 Cyclone Ⅱ 器件进行配置。

(2) FLASH 存储器件：使用一片 AMD 公司的 16 MB AM29LV128M FLASH 存储器件与 Cyclone Ⅱ 器件连接。该器件具有一条 16 位的数据总线，通过使用"BYTE#"输入，可以把它当作一条 8 位数据总线使用。它实现两个目的：一是用来给 Cyclone Ⅱ 器件上实现的 Nios Ⅱ 嵌入式处理器作通用只读存储器和非易失性存储器；二是保存 Cyclone Ⅱ 配置数据，以便加电时配置控制器能够将数据下载到器件中。

Nios Ⅱ 参考设计的硬件配置数据预存在 FLASH 存储器中，参考设计的硬件配置数据装入后，其中的监控程序可以把文件(新的 Cyclone Ⅱ 配置数据或 Nios Ⅱ 嵌入式处理器软件)下载到 FLASH 存储器，嵌入式处理软件包括了对这种 AMD FLASH 存储器的擦写程序。

该 FLASH 存储器与片上的 SRAM 和以太网器件共用地址和数据总线。

(3) SDRAM 芯片：片上的 SDRAM 采用 Micron 的 MT46V16M16 芯片。它是一个高速动态随机访问的内存，仍然使用 JEDEC 标准 SSTL_2 接口和 2n－prefetch 结构。SDRAM 器件与 Cyclone Ⅱ 器件相连，包含在该开发套件中的 SDRAM 控制器允许 Nios Ⅱ 处理器将 SDRAM 器件作为大容量的线性可寻址存储器使用。

(4) SSRAM 器件：该核心板采用容量为 512 KB×36 的同步 SSRAM 器件，它们与 Cyclone Ⅱ 器件相连，作为 Nios Ⅱ 嵌入式处理器的通用存储器使用，所有的同步输入都由一个受时钟输入上升沿触发控制的寄存器来选通。

SSRAM 器件与 FLASH 存储器和以太网器件共用地址和数据总线。

(5) 以太网芯片：LAN91C111 是一个混合信号模拟/数字器件，它可实现 10 Mb/s 和 100 Mb/s 两种协议，该器件的控制引脚与 Cyclone Ⅱ 器件相连，以便 Nios Ⅱ 系统能够通过 RJ－45 接口接入以太网，Nios Ⅱ 开发套件上包括处理器系统与 LAN91C111 以太网器件进行通信的相应硬件和软件组件。

以太网器件与 FLASH 存储器和 SSRAM 器件共用地址和数据总线。

(6) 扩展口：在核心板的背面有四个扩展口，每一个都有 100 个引脚，并在 12 V 电压下工作。其主要用处就是使核心板与革新公司自主研发的开发平台相连，可与上面的 LCD、LED、七段数码显示管、A/D、D/A、串口、音频口和视频口进行通信，用户也可以开发自己定义的接口板。

(7) 按钮开关：核心板上有四个短时接触式按钮开关，每一个开关都用上拉电阻与配置控制器件的 I/O 引脚相连，不可提供给用户使用。

每个按钮的功能如附表 4.2 所列。

附表 4.2　按钮开关的名称与功能

按钮名字	PLD_CLR	CPU_RESET	CPLD_BOOTSEL	RECONFIG
功能	清除	CPU 复位	使用安全配置数据	使用 FLASH 中数据进行配置

(8) LED：核心板上提供了 7 个独立的 LED，它们都与配置控制器件相连。当配置控制器件引脚输出高电平时，对应的 LED 亮，其中 PWR1_LED 是上电状态指示灯，LED1 是用户使用状态指示灯，LED2 是工厂配置状态指示灯，LED3 是下载状态指示灯，LED4 是错误状态指示灯，LED5 是配置完成指示灯，LED6 是 FLASH 使用指示灯。

(9) 配置控制器芯片：核心板上采用一块 Altera MAXR 7000 EPM7256AE 器件作为配置控制器，其预编程用于管理核心板的复位和用 FLASH 存储器中的数据配置 Cyclone Ⅱ 器件。

① 复位：EPM7256AE 从电源检测/复位发生器(LM2678)取得加电复位脉冲，并且通过内部逻辑把它分配到核心板上其他复位引脚，包括 LAN91C111 复位、FLASH 存储器复位和扩展口复位。

② 开始配置：有下列四种方法开始配置：
- 核心板加电；
- 单击 RECONFIG 按钮；
- 在 EPM7256AE 的 reconfigreq_n 输入引脚输入低电平；
- 单击 CPLD_BOOTSEL 按钮。

③ 用 FLASH 存储器配置 Cyclone：当上电或按下 CPLD_BOOTSEL 按钮时，配置控制器开始后即读取 FLASH 存储器的数据，以此来配置 Cyclone Ⅱ FPGA。大多数用户从不需要重新编程配置控制器，这可能导致核心板不能正常工作。Nios Ⅱ 开发套件包含原始的配置控制器编程文件(config_controller.pof)，如果 EPM7128AE 器件的逻辑被改变，可以用这个编程文件恢复工厂配置，这个编程程序文件位于 examples 目录的 factory_recovery 文件夹中。

④ 配置数据：Quartus Ⅱ 软件可以有选择地生成 hexout 配置文件，而作为配置数据适用于直接下载并存储在 FLASH 存储器。

新的 hexout 文件可以通过 Nios Ⅱ IDE 保存到 FLASH 存储器中，Nios Ⅱ 预装参考设计包含将 hexout 文件从主机下载到 FLASH 存储器的功能。

⑤ 用户和安全配置：配置控制器可以管理保存在 FLASH 存储器的两个单独的 Cyclone Ⅱ 器件配置，这两个配置通常称为用户配置和安全配置。

复位时配置控制器首先用用户配置数据配置 Cyclone Ⅱ 器件，如果配置失败(用户配置无效或不存在)，配置控制器再用安全配置数据配置 Cyclone Ⅱ 器件。

配置控制器要求用户配置数据和安全配置数据在 FLASH 存储器的固定位置。Nios Ⅱ 参考设计预装在 FLASH 存储器的安全配置区，建议用户不要改写安全配置数据。

如果单击 CPLD_BOOTSEL 按钮，配置控制器忽略用户配置，直接用安全配置数据配置 Cyclone Ⅱ 器件。

不要擦除安全硬件映像(安全硬件配置数据)。

(10) 电源电路:核心板使用 12 V 的输入电源,板上的电源电路还可以产生 3.3 V 和 1.5 V 稳压电源。各种电源使用以下:
- 12 V 电源用于插在四块扩展口上的任何器件;
- 3.3 V 电源用作所有 Cyclone Ⅱ I/O 引脚的电源(Vccio),也用于扩展口子卡;
- 1.2 V 电源只用作 Cyclone Ⅱ 器件核心的电源(Vccint),不用于任何插座;
- 2.5 V 电源用作 DDR SDRAM 的电源,Cyclone Ⅱ 器件核心部分也有用到该电源。

(11) 时钟电路:核心板包含 50 MHz 和 25 MHz 自激振荡器和零偏移点到点时钟分配网络,零偏移缓冲器分配 50M Hz 时钟和 Cyclone Ⅱ 器件内部锁相环时钟输出,25 MHz 时钟用于网卡驱动。

50 MHz 自激振荡器插座提供基本的工作频率,时钟缓冲器将零偏移时钟信号送到核心板的不同点。

(12) JTAG 连接口:核心板有两个兼容 ByteBlasterMV、ByteBlaste Ⅱ 和 MasterBlaster 下载电缆的 10 针 JTAG 插座(ALTERA_AS 和 ALTERA_JTAG),每个 JTAG 插座分别连接一个 Altera 器件并形成单器件 JTAG 链,前者连接 MAX EPM7128AE 器件,后者连接 Cyclone Ⅱ FPGA 器件。

(13) EPCS16 串行配置器件:由于 Cyclone Ⅱ 芯片是基于 SRAM 的器件,在每次上电、系统初始化或需要新配置数据时,都要重新下载配置数据。而串行配置器件是 FLASH 一种带有串行接口的存储器器件,它能够为 Cyclone Ⅱ FPGA 芯片存储配置数据,并且在上电或重配置时下载这些数据。

参考文献

[1] 夏宇闻. Verilog 数字系统设计教程(第 2 版)(M)北京:北京航空航天大学出版社,2008.
[2] Samir Palnitka 《Verilog HDL, A Guide to Digital Design and Synthesis》2th Edition.
[3] Altera 公司有关技术资料的网址:http://www.altera.com/literature/lit—index.html.
[4] Altera 公司有关 Cyclone Ⅱ FPGA 芯片系列的技术资料网址:http://www.altera.com/products/devices/cyclone2/cy2—index.jsp.
[5] Altera 公司有关 Nios Ⅱ 处理器 IP 核的技术资料网址:http://www.altera.com/literature/lit—Nio2.jsp.
[6] Altera 公司有关 Quartus Ⅱ 工具的技术资料网址:http://www.altera.com/literature/hb/qts/quartusii_handbook.pdf.
[7] 革新科技公司资料. GX-SOC/SOPC 开发实验平台手册.
[8] Modelsim SE 6.0 User Manual.pdf (Modelsim SE 6.0 工具用户手册).
[9] Modelsim SE 6.0 Tutorial.pdf (Modelsim SE 6.0 教程).
[10] Avalon_specification.pdf (Avalon 接口规范).
[11] Nios Ⅱ_processor_reference.pdf (Nios Ⅱ 处理器参考手册).
[12] Nios Ⅱ_software_developer.pdf (Nios Ⅱ 软件开发者手册).
[13] Volume 1 Design and Synthesis.pdf (Quartus Ⅱ 设计和综合).
　　 Volume 2 Design Implementation and Optimization.pdf (Quartus Ⅱ 设计实现和优化).
　　 Volume 3 Verification.pdf (Quartus Ⅱ 验证).
　　 Volume 4 SOPC builder.pdf (SOPC builder 工具使用手册).
　　 Volume 5 Embedded Peripherals.pdf(SOPC builder 外设).

为了方便读者查阅,以下几份技术资料已经收集到本书附带的光盘中:
有关 Altera FPGA 器件、IP 核、工具、设计方法等更多的技术资料请参考:
　　http://www.altera.com/literature/lit—index.html